U0417428

国学经典文库

植物百科全书

走进植物世界　发掘物种之谜

图文珍藏版

赵然◎主编

线装書局

植物神经系统之谜

20世纪以来，许多科学家围绕植物是否有神经系统这个有趣的问题展开了一场论战。而这场论战的发起者，就是19世纪大名鼎鼎的生物学家达尔文。

达尔文在200多年前提出了震惊世界的进化论观点，这是我们都知道的。其实，他还是一位研究食肉植物的专家。

捕蝇草

一天，达尔文在捕蝇草的叶片上发现了几根特殊的"触发毛"，当其中一根或两根被弯曲过来时，叶片就会猛然关闭。于是，他提出了一个大胆的假设：捕蝇草的这种行为，很可能是由某种信号极快地从"触发毛"传到捕蝇草叶内部的运动细胞引发的，它快得简直像动物神经中的电脉冲。在此之后，植物学家对捕蝇草的电特性进行了更加仔细的观察和研究。他们不仅记录到电脉冲，而且还测出一些很不规则的电信号。

不久前，沙特阿拉伯科学家赛尔经过6个月的研究。发现植物有一个"化学神经系统"，当有人想伤害它时，它会及时发现并表现出防御反应。因此，塞尔认为植物和动物一样有着类似的感觉，两者唯一的区别是：动物能表达这种感受,植物的感觉是由化学反应产生的,这种化学反应与人的神经系统极为相似。

但是在科学界中也有不少人对植物有神经系统这个观点持反对意见。他们认为,植物体中的电信号通常每秒只有 20 毫米,速度实在太慢了,不像高等动物的神经电信号,速度能达到每秒好几千毫米。因此,植物体中的电信号显得不那么重要,也可以说,植物根本就没有任何神经组织。

关于植物到底有没有神经系统的问题,到目前为止,科学界还没有一个统一的认识。

植物的喜、怒、哀、乐

其实,不只人类,任何有生命的物体都有感情,都有喜、怒、哀、乐,只是它们都有着自己特殊的表达方式。人或者动物可以用表情、动作来表达自己的感情,那么,植物是如何表达自己感情的呢?解开植物喜、怒、哀、乐的秘密,将能为人类的生产生活带来更多的便利。

所有植物都是喜欢颜色的。各种植物不但自身有着各种美丽的外衣,视力也非常好,它们能辨别各种波段的可见光,尽可能地吸收自己喜爱的光线。近年来,农业科学家发现,用红色光照射农作物,可以增加糖的含量;用蓝色光照射植物,则蛋白质的含量增加;紫色光可以促进茄子的生长。所以,根据植物对颜色的喜好和具体的生产需要,农作物种植者可以给植物加盖不同颜色的塑料薄膜。同样,在培育观赏植物的过程中,也可以利用植物喜好颜色的习性。一些生物科学家开始研究植物喜好颜色的习性,并由此形成了一门"光生物学"的科学。

植物不但喜欢颜色,而且喜欢声音。植物科学家们做过一个有趣的实验,他们让农作物听音乐，结果像玉米和大豆这些农作物长得很快，并且果实累累。但是像胡萝卜、甘蓝和马铃薯等作物对音乐却十分挑剔，并不是所有音乐都爱听，它们都喜欢音乐家威尔第·瓦格纳的作品，而白菜、豌豆则热衷于莫扎特的音乐。植物有时为了表示对某些事物的不满，还会表现出反抗，而作为表达它们不满情绪的代价就是死亡。像玫瑰这种典雅高贵的植物，在听到自己不喜欢的摇滚乐后就会凋谢，牵牛花则更为“刚烈”，听到摇滚乐四周后就会完全死亡。

实验表明，植物也喜欢人的关爱，喜欢人跟它们说话。如果我们像爱抚动物那样爱抚植物，它们就会心情愉悦；但要是突然对它们大声怒斥，它们就会发出受到惊吓的气息。

日本的生物学教授三和广行曾经做过这样一个实验：将电极插入植物的叶片内，并连通到电流表上，用以测量叶片所释放的生物电能，然后再将所测得的电能放大，再用扩大器播放出来，就听到了植物发出的声音。如果将植物的枝叶折断，或者让昆虫咬它们的叶子，植物同样会因为“疼痛”而“哭泣”。

西红柿在生长期如果缺水，便会发出类似人类的“呼喊”声，若“呼喊”后仍得不到水“喝”，“呼喊”声就会变成“呜咽”声。这种声音是那些从根部向叶子传导水分的导管在萎缩时发出的。当它们缺水时，导管内的压力就会明显上升，当压力上升到相当于轮胎碾压的25倍时，最终就会造成这些导管破裂而发出“哭泣”声。

美国纽约一位精通“植物语言”的专家柏克斯德博士在认真研究过植物感知感觉的内容和规律后，能用微电波把植物的感觉记录下来。博士对这种电波记录进行了反复的实验。科学家们预言：用不了多久，植物还可能充当一些凶杀案件的“目击者”，将为人类侦破案件提供很大帮助。

植物的"保护伞"

一些生长在高山上的植物,在它们每年的生长期中,既需要温暖的阳光,又要避免被过强的太阳辐射灼伤身体。那么,它们是如何解决这个矛盾的问题的呢?原来,植物在生长过程中为了适应恶劣的环境,演化出了不少绝招来应对。其中,植物的毛在某些植物的生存上起到了举足轻重的作用。

有这样一种浑身长着白色棉毛的怪异小草,它生长在四川西部、云南西北部和西藏东部海拔1000~5000米的泥石滩上,外表矮小、上半身像一堆棉花糖的它常躲在积雪和残冰中,它的药效与新疆天山上的名贵草药雪莲花很相似,根据它奇特的外形,植物学家给它起了一个形象的名字——绵头雪兔子。

在攀登高山时,运动员为了克服高海拔地带空气稀薄、气温低、太阳辐射强等恶劣的气候条件,需要采取许多有效的防护措施。

绵头雪兔子的生活环境则更加艰苦,一旦在岩石缝隙或碎石中扎根,就要在原地忍受生长过程中几十个日日夜夜的严寒和强太阳辐射的考验。但是,为什么绵头雪兔子有如此强大的生命力,在如此恶劣的环境里还能生生不息呢?植物学家经研究发现,这是由于它们身上白色棉毛的作用。绵头雪兔子身上的棉毛与蝎子草的螯毛不同,它们的毛是由死细胞组成的,已经失去了生命力,纯净的空气取代了细胞中的原生质体。这种充满气体的毛呈白色,具有很强的反光作用。它们可以保护植物体在晴朗的白天不被阳光灼伤;在寒冷的夜间又可以像羽绒服一样有效地保持植物的体温。

绵头雪兔子是菊科凤毛菊属植物,在同属的数百个成员中,还有近二十种像绵头雪兔子这样身披棉毛的"高山勇士",它们都是植物利用棉毛适应高山严酷生存环境的典范。

其实,我们身边的植物也有很多都有棉毛。例如,绢茸火绒草是一种生长在我国华北和西北等地区高山草地上的菊科植物,它们头状花序周围的总苞片被灰白色的棉毛盖得严严实实,在夏天烈日的照耀下银光闪闪,好像穿了一件羊绒外衣。

这些功能各异的植物毛为什么会成为植物生存的保护伞,其中还有很多不为人知的缘由,有待科学家们进一步探索。

植物的根总是朝下生长

举目四望我们周围的植物:绿树、花草或禾苗,参差不齐却郁郁葱葱。并且它们的根总是向地下生长,为什么会这样呢?是什么力量促使它们的根朝下生长呢?

最普遍的解释是重力因素,认为地球的引力是影响植物生长方向的重要因素。植物学家认为,植物的根总是朝着地心引力的方向生长,是通过生长调节剂在根细胞里的不同分布来实现的。

最近,几位美国科学家对玉米、豌豆和莴苣的幼苗进行专门的研究后发现,植物根冠的细胞壁上积累着大量的钙,密度最大的部位在根冠的中央。由此,他们认为,除了地球策略因素的影响外,钙对植物根的生长方向,也起着非常重要的作用。

科学家们认为,不只人类和运动能识别方向,很多植物也有辨别方向的能力。在美国有一种莴苣,其叶面总是和地面垂直,且全都是南北指向,因此,人们将其称为“指南针植物”。为什么这种植物的叶片会有这种奇特的习性呢?有两位植物学家在经过仔细观察后发现,只要一遮阴,植物叶片的指南特性就消失了,因此,他们断定叶片指南一定与阳光密切相关。在进一步研究后他们发现,叶片的指南特性对植物的生长很有利,因为在中午阳光最强烈的时候,垂直叶片的受光面积极小,可以大大减少水分的蒸腾;而在清晨和傍晚,叶片又可以在耗水少的情况下进行较多的光合作用。这样,指南针植物即使在干旱的环境条件下,也能得到较好的生长。

不过,植物生长的方向到底取决于什么,目前依然是个科学难题。

植物也能做手术

植物如果生病了应该怎么办?能像人类或动物生病了那样通过吃药、打针、外科手术等各种手段进行诊治吗?是的,植物生病了同样需要加以诊治。

植物生病最常用的治疗手段就是实施外科手术。包括清除植物病灶的"扩创"手术、"截肢"手术,甚至是骇人听闻的"砍头"手术。

为什么需要对植物实施"外科手术"呢?原来,"外科手术"可以清除植物局部患病的组织,有效地防止病灶扩散,能去除病源,以便植物能健康生长。而且"外科手术"对于防止果树、树木的烂皮病、溃疡病和腐烂病等十分有效。

例如,树木得了由类立克次体引起的病害,如果及时进行"截肢手术",用剪刀把病枝剪掉,就能防止病害蔓延到全树,可以收到很好的防治效果。患簇生病的檀香木和得簇顶病的木瓜,病源在植物体内移动极慢,往往只局限在顶梢。这时如果果断地下决心实行"砍头"手术,及时去掉患病的顶梢,檀香木和木瓜就能重新健康地生长。

有些植物经过手术后,还需敷药。例如,患簇生病的檀香木在实施"砍头"手术后,将金霉素糊状药剂敷在病树茎的截面上,疗效就会更好。

植物间的“生化大战”

二战时，美国向日本的广岛、长崎扔下两枚原子弹，加快了二战结束的进程，同时也给当地的人民、生态环境造成巨大破坏，遗患至今。在现代的国际社会，这种能给全人类带来无法估量的灾难的化学战争是坚决被禁止的。但是千百年来，在植物间却悄悄地进行着化学战争，这是它们为抵御其他植物或昆虫、动物等的侵袭，维持生存的手段。

其实有些植物比人类更聪明，面对那些袭击它们的昆虫，并不是坐以待毙，而是拿起它们的化学武器进行抵抗。舞毒蛾在袭击了橡树以后，会被橡树叶子分泌的一种叫单宁（单宁也叫胺质，是一种能溶解于水或酒精的化学物质，略带酸性，有涩味，多存在于某些植物的干、茎、皮、根、叶子或果实里面）的化学物质所毒害，反应变迟钝，行动也变缓慢，最后只能成为鸟儿的美餐。

据科学家观察，西红柿和土豆在遭受某些昆虫侵袭的时候也会分泌一种叫阻化剂的化学物质，昆虫如果把这种化学物质吃到肚子里就无法进行消化，以后它们就再也不敢偷吃西红柿和土豆了。还有一种叫作赤杨的树在受到枯叶蛾的攻击后，树叶就会迅速分泌出更多的单宁酸和树脂，减少营养成分。蛾子只好飞向另一棵赤杨，但没想到这棵赤杨也早就接到警报，把身上的营养成分都转移到其他部位，并备好“化学武器”准备迎接它们的“大驾”了。

还有一种体内含有特殊化学物质的植物，叫作藿香蓟。它有着十分厉害的一招，它的化学物质会使昆虫发生变化，以致昆虫无法产卵，再也无法生儿育女。所以昆虫以后也只能对它敬而远之了。

美国有两位科学家在华盛顿州的西特尔城的一片树林进行了有关植物化学物质的实验。他们发现这片树林里的柳树和桤树的树叶一旦遭到某些昆虫

（比如毛虫）的侵袭，营养性质就会发生变化。为了弄清这些营养物质如何发生变化，变化到什么程度，他们开始进行一项实验：把几百条毛虫都放到树上，然后仔细观察，很快他们就发现这些树木在遭到袭击后会在树叶上面分泌出一种属于生物碱或耐烯化合物的化学物质，昆虫吃了后很难消化，就再也不敢侵犯它了。更令人惊奇的是，两位科学家无意之中竟然发现在距离这片树林约30~40米远的另一片树林里，同样也散发出了这种化学物质，但是这里并没有人来放毛虫，而且又相距这么远，那里的树林是以什么方式得到"警报信号"的呢？

科学家们还发现，黑核桃长在哪里，哪里的植物就不得安宁，十分"霸道"。原来黑核桃能分泌一种对许多植物都有害的化学物质，使得它周围的植物都不能正常生长。

有科学家做过这样一个实验：他们把种植着野草的花盆里的水取出一部分，浇到苹果树的根部，发现苹果树的生长速度明显变慢了。经过分析，他们得出结论：野草能够分泌对苹果树有害的化学成分。

还有科学家发现：在美国南部和墨西哥的干旱地区生长着一种银胶菊，它的根部能分泌一种能量相当大的化学物质，即使用两万倍的水把这种物质稀释了，它仍具有很强的抑制作用。但是银胶菊却不似黑核桃那般霸道，它是个彬彬有礼的君子，它分泌这种化学物质是为了进行"计划生育"。植物为什么也要进行计划生育呢？原来，银胶菊生长的地区降水量非常低，严重干旱缺水，为了节约宝贵的地下水，避免整个地区物种的灭亡，它们只好对自己的苗木繁殖加以控制了。

科学家从这些植物的身上得到灵感，进行了一些探索研究，并发明和研制了一些更有趣的化学物质。如在水果的生长过程中使用一种特意研制的生长素，就能使水果提前成熟。同时，科学家还研制了一种能加速植物衰老、使叶子提前脱落的化学物质：脱落酸。这种脱落酸可不是专门用来搞破坏活动的，在遇到气温升高或空气中水分含量增加的时候,这种脱落酸就能派上用场了。把植物的种子浸入到脱落酸里,种子就会进入休眠状态,从而避免种子提前发芽的现象发生。因此,如果使用得当,这种脱落酸也会为人类造福。在遇到天气突然变冷的时候,也可使用脱落酸让某些植物的叶子提前脱落,进入休眠状态以保护植物。

现在,许多农民将这种化学物质用到棉花的生产中。在棉花成熟的季节,用脱落酸将棉花的叶子全部脱掉,棉花田里就只剩下挂满棉桃的棉花秆了,用摘棉机收获棉花就十分方便了,并且收棉效率、棉花的质量都有很大提高。

此外,科学家还研究了许多用于农作物和其他植物的化学物质,如有一种作用正好与脱落酸相反的植物激素叫细胞分裂素,它能促进植物生长发育,延缓植物衰老,使蔬菜长时间保持新鲜,提高果实的产量等。可见,化学物质对植物的生长真是有着非常重要的作用呢!

植物设计师

日常生活中,我们离不开植物,在我们人类的发展过程中,植物也曾给予我们很多有益的启示。

鲁班是我国古代著名的发明家,有这样一个关于他的传说:有一次他在山上砍柴,不小心被一棵丝草划破了手。如此柔嫩的小草怎么能将长满老茧的手划破呢?鲁班觉得非常奇怪。细看之下才发现,原来叶子边上有许多又尖又细,十分锋利的小刺。他由此想到,如果将刀具也制作成这样,会不会更加锋利呢?于是他请铁匠依此将一把铁片打造成刺状,再加上一副木框,拿它来锯树,发现速度比斧头快多了,世界上第一把锯子也由此诞生。

车前草貌不惊人,十分普通。但它叶子的结构却十分奇特,是按螺旋形来排列的,使每片叶子都能得到充足的阳光。建筑师们由此得到灵感,设计建造了一座螺旋状排列的13层楼房,这种建筑十分新颖别致,每个房间都能享受到温暖明亮的阳光,避免了普通楼房结构方面的不足。

高山上的云杉树干底部粗大、上端细小,正是这种形状使得云杉即使长年累月受到狂风的袭击,也能牢牢地挺立在山冈上。电视塔类似圆锥形结构的设计灵感便是从云杉那里得到的,这种模仿云杉建成的电视塔即使遇上台风的冲击也不会有倒塌的危险。

最近,日本建筑师从翠竹挺拔和坚韧的特性中得到启发,设计并建造了一幢43层的大楼。这幢大楼的设计与热带的参天大树有异曲同工之妙,上窄下宽的结构使它即使遭到强烈地震的袭击也能安然无恙。

天麻无根无叶的原因

天麻在古医书上有“神草”之称,是我国一种十分珍贵的药材,对眩晕、小儿惊痫等症有特殊的疗效。天麻的生长过程神秘莫测,长相也别具一格。

初夏时节,在阴湿的林区山间,从地面突然冒出像细竹笋似的、砖红色的花穗,穗的顶端排列着黄红色的朵朵小花,不到1米长的光杆孤零零地摇曳着,看上去真像一支箭,所以有的地方叫它“赤箭”。花开过后,结上一串果子,每个果里有上万粒不到1微米长、小如沙尘的种子,随风飘扬,却不见一片绿叶长出。细心的采药人,顺着这根“赤箭”往下追,从地下挖出一些像马铃薯、鸭蛋、花生米等不同大小的块茎,也找不到一条根,这些块茎就是天麻。

没有根,不见叶,全身没有叶绿素,不会进行光合作用,也无法吸收水分和无机盐类,那天麻是怎样长大的呢?原来,天麻在生长期有它自己的秘诀:“吃菌”。

在林子里到处蔓延着一种名叫蜜环菌的真菌，菌盖是蜂蜜色，菌柄上有环，所以叫作蜜环菌。它们的菌丝体无孔不入，专靠吮吸其他植物的养料为生，腐烂木材、危害森林。当遇到天麻时，菌丝也照例把块茎包围起来。没想到真菌这时占不到便宜了，天麻的细胞里有一种特殊的酶，能把钻到块茎里面来的菌丝当作很好的食料消化、吸收掉，真菌反而成了天麻的食物！靠着蜜环菌的喂养，天麻长大了，没有根和叶一样生活得很好。这样，在漫长的进化过程中，根和叶慢慢退化了，在块茎的节间，我们还可以依稀看到叶的痕迹——薄薄的小鳞片。可是，当天麻衰老的时候，生理机能衰退，已没有“吃菌”的能力，这时反而成为蜜环菌的食物。所以，天麻和蜜环菌是共生的关系，前期天麻吃蜜环菌，后期则是蜜环菌吃天麻。

当人们摸清楚天麻的脾气后，只要把它的“粮食”——蜜环菌准备好，给它一个阴湿的环境，在平原地区也可以进行人工栽培。

斑竹竹斑的形成

毛泽东主席在九嶷山上观赏秀美的斑竹时曾写下这样一首诗：“九嶷山上白云飞，帝子乘风下翠微。斑竹一枝千滴泪，红霞万朵百重衣。”

九嶷山，位于湖南省永州市宁远县城南 30 千米处，素以独特的风光、奇异的溶洞、古老的文物、动人的传说驰名中外。又名“九疑山”，山上碑刻也大多称它为“九疑”，只有清代同治年间王方晋的碑文中写为“九嶷”。据说，它有舜源、娥皇、女英、潇韶、石域，石楼、桂林、杞林、朱明等九座山峰，常常会使游人感到十分惊疑，九嶷山由此得名。

九嶷山上长有一种秆高 7~13 厘米、直径 3~10 厘米的斑竹，生长在海拔 2000 米的高山上。斑竹的秆具紫褐色斑块与斑点，分枝也有紫褐色斑点。这

斑竹

种斑竹用处不大,最开始只是当地农民砍下它拿回家挂蚊帐用。不过山中的古代碑文铭刻中,提到斑竹的就有好几处:“往往幽踪传帝子,万竿修竹晕成斑”“泪痕空点斑竹苔”……

斑竹在古代产于湖南湘江一带,又名“湘妃竹”。《楚辞·九歌》有这样一个美丽的传说:古代南方有条恶龙危害百姓,舜帝知道后寝食难安,决定去南方替百姓除灾解难,惩治恶龙。最终在同恶龙斗争的过程中牺牲了。他的两个妃子娥皇、女英闻讯赶来,十分悲痛,一直哭了九天九夜,最后也死在了舜帝的坟边。她们的眼泪洒到了九嶷山的竹子上,竹竿上便呈现出紫色的、雪白的,甚至是血红的泪斑,“湘妃竹”由此得名。

当然,传说终归是传说,竹斑并不可能是妃子的“泪痕”。那么,竹斑到底是怎么形成的呢?原来,竹斑的形成与斑竹的生长环境密切相关。斑竹生长在苦竹丛下,环境湿度高达95%,温度在28℃~29℃之间。竹子一出生便会被这里的一种寄生青苔缠上,一直伴随其生长。当竹子被砍掉,刮掉覆盖在上面的青苔，竹子上的斑痕便露出来了，这些斑痕就是诗人笔下的“千滴泪”。它实际上是真菌寄生在竹子身上留下的美丽花纹。

还有一种刚竹被称为“虎斑竹”。它上面生有茶褐色或者赤褐色不规则的斑点，呈云纹状。寄生在竹子上的这种真菌，不但对竹子的生长无害，反而增添了竹材的工艺价值，可以用它生产出精美的竹制工艺品。据统计，九嶷山上现在只存有一万多根斑竹，已经被保护起来。

神秘的海底之花

1965年3月21日，潜水员瑞克在澳大利亚西海岸的外海地区潜水。当他正在下潜的时候，突然在一块岩石上看到一朵非常美丽的小花，这朵花的花瓣是红色的，下边还长着黄色的叶子。据说潜水员如果看到海底之花便会有好运，想到这里，瑞克十分高兴。他伸手准备将小花摘下来，谁知道手刚一碰到小花，他的整个手臂如同触电般一阵麻痹，几乎晕死过去。他拼命游出了水面，伙伴们将筋疲力尽的他送往医院，经过抢救，他终于脱离了危险。

瑞克在医院里向伙伴们提起了这件怪事，大家都觉得十分不可思议。于是只好求助于著名的植物学家哥萨教授，听完瑞克的讲述，教授十分感兴趣，决定帮他调查清楚这件事，揭开海底之花的谜团。

在潜水员的帮助下，哥萨教授在瑞克出事的地方下潜到了海底寻找他所说的海底之花。终于看到了那朵红色的小花，教授十分兴奋，由于事先做好了准备，他戴上了三层专用的防护手套，把手伸向了小花。但是手套也未能抵挡住海底之花的“攻击”，教授被一阵强烈的电流几乎电晕过去。但教授很快调整过来，他从身上抽出砍刀试图将海底之花砍下来以做研究之用，但海底之花异常坚固，这时教授已经筋疲力尽了，他只好使出全身力气将小花的花瓣砍了下来。

潜水员们迅速将教授从水里捞出来，奇怪的是，他手里握着的海底之花的花瓣一离开水面便迅速干枯了，并由原来的鲜红色渐渐变为墨绿色。

处于半昏迷状态的教授被迅速送往医院进行抢救，最后虽然脱离危险，但几天后，那种麻痹的感觉仍时时困扰着他。看来传说中神奇的海底之花确实存在，但为什么海底之花会使人麻痹？为什么它的花瓣会迅速干枯？为什么它的花瓣和叶子会如此坚韧？教授更加迷惑了。至今，这些问题都还是未解之谜。

冰藻也有自卫能力

人类和动物在危险时刻都会进行自卫。有趣的是，生活在南极海域中的冰藻也有自卫能力，不过它是对紫外光有着明显的自卫能力，正是因为它的这种能力使得它能对其他海洋生物起“屏蔽”保护作用。那么，海藻是如何自卫的呢？

1986年以来，南极上空出现了臭氧洞，对地球生态环境和人类的生存造成了极大的威胁。为此，世界各国都加强了对臭氧洞的研究。其中最重要的课题之一便是研究臭氧洞的紫外线对南极海洋的穿透能力及其对海洋生物的影响。

众所周知，强烈的紫外线对地面生物具有明显的杀伤力。因此，强紫外线一般在医院和实验室用于消毒、杀菌等。人如果在阳光下曝晒，皮肤就会变黑。不过从阳光中射过来的紫外线不像从臭氧洞穿过来的那样强烈。强烈的紫外线会使人得皮肤癌，这也是不争的事实。

紫外线不只对陆地生物，对海洋生物的影响也非常大。现在，由于臭氧层被破坏,南极海洋浮游植物的生产力大幅降低。强烈的紫外线会使染色体、脱氧核糖核酸和核糖核酸产生畸变,从而导致生物的遗传病和产生突变体。

冰藻是海洋中浮游植物的一类,主要为硅藻,聚居地一般在海洋的底层或中间层。它们的生活方式独特,生长繁殖能力也十分顽强。在南极海洋生态系统中占有重要地位。人们一直不知道冰藻对紫外线有吸收和"屏蔽"作用,率先发现冰藻对紫外线辐射有"自卫"能力这一现象的是芬兰的一位科学家。实验结果发现,冰藻在波长330纳米处的紫外线吸收峰比一般浮游植物高,冰藻还能吸收波长270纳米的紫外线,这两种波长的紫外线正是臭氧洞中透过的紫外线的波长范围之一。这与一般浮游植物是不同的。它的这种能力使紫外线不能穿透海洋上的冰块,从而使冰下海水中的其他海洋生物不受紫外线的伤害。

作为海洋生物中的一种浮游植物,冰藻为什么会有其他海洋植物所没有的"自卫"能力呢?海洋生物学家们认为,冰藻的"自卫"能力可能与能防紫外线的氧化酶和催化酶有关,但目前还没有弄清楚其确切机制。

带刺的玫瑰

娇艳的玫瑰芬芳艳丽,深得人们喜爱,但是她身上却长满了刺,似乎是怕别人伤害她。玫瑰花为什么会长刺呢?在希腊故事中,玫瑰是爱神维纳斯创造的。有一次,一些蜜蜂在花园里蜇了丘比特的鼻子,维纳斯很生气,就拔掉了它们的针,针都掉到玫瑰花上了,所以玫瑰以后就带刺了。

当然,玫瑰花的刺其实是大自然赐予玫瑰的特殊礼物。玫瑰娇嫩美丽,没有什么自我防卫武器,为了保护自己的叶、花和芽,避免动物和鸟类把它们吃掉,玫瑰只有长出锋利的硬刺,可以说这也是植物的一种自我保护。

玫瑰

玫瑰花语

玫瑰色彩缤纷，不同颜色的玫瑰所表达的内涵也不尽相同。红玫瑰代表热情、真爱，所以在情人节那天，人们会选择以赠送红玫瑰来表达自己对情人的爱恋；黄玫瑰代表珍重、祝福和道歉，将黄玫瑰作为礼物送给朋友，代表纯洁的友谊和美好的祝福；白玫瑰代表纯洁、天真；紫玫瑰代表浪漫、真情和珍贵、独特；黑玫瑰则代表温柔、真心；橘红色玫瑰代表友情和青春美丽；蓝玫瑰则代表敦厚、善良。

功效多样的玫瑰

玫瑰不但非常美丽，还具有较高的药用价值。玫瑰可以入药，其花有行气、活血、收敛伤口的作用。玫瑰是提取天然维生素 C 的优质原料，果实中的维生素 C 含量很高。玫瑰香气馥郁，是世界上著名的香精原料，早在隋唐时期，就备受宫廷贵人的青睐，据说杨贵妃一直能保持肌肤柔嫩光泽的最大秘诀，就是在她沐浴的华清池内，长年浸泡着鲜嫩的玫瑰花蕾。玫瑰花瓣既可沐浴也可护肤养颜，是一种天然的美容护肤佳品。玫瑰还十分可口！人们常用它熏茶、制酒和配制各种甜食。

落叶背朝天的原因

落叶从树上飘落下来绝大部分都是面朝地、背朝天的，这是日常生活中很常见的现象。但是落叶为什么总是背朝天呢？

原来一片树叶面与背的构造是不相同的。叶面的表皮下由排列有序、结构紧密的细胞层，即“栅栏组织”构成；叶片背面则是由排列疏松的细胞层，即“海绵组织”构成。这两种结构不同的细胞层，形成了同一片树叶“背”与“面”不同的比重：叶面要重于叶背。在树叶飘落时，自然是以结构紧密较重的一面先落地了。

还有一个原因，叶子在生长的过程中，由于种种原因，形状会变成弯曲状，叶尖下垂，所以下落的时候会正面朝下，背面朝天。

风景树“皇后”“生子”之谜

雪松是松科家族的佼佼者，树体高大，亭亭玉立，洁净如碧，为世界著名的三大观赏树种之一，有风景树“皇后”的美誉。印度民间将其视为圣树。雪松最适宜孤植于草坪中央、建筑的前庭中心、广场中心或主要建筑物的两旁及园门的入口等处。雪松原产于喜马拉雅山西部阿富汗至印度海拔 1300~3300 米之间，不过，遗憾的是，这高贵的“皇后”引进我国后却迟迟不肯“生子”。这是什么原因呢？

雪松

松树一般都是雌雄同株的裸子植物。春天新枝的基部生出雄球果，顶端生有1~2个雌球果，雌球果的表面会分泌出一种黏液，风一吹，雄球果上的花粉便被吹散，就能黏在雌球果上，使其授粉结籽。

但是，在雪松结的松塔里全是空的，很难找到一个松子。经科学家们长期观察发现，原来雪松绝大部分都是雌雄异株，雌雄同株者只占5%。我国引进的雪松多是孤株栽植，很少成林。再加上我国的地理条件和印度、阿富汗有很大不同，这就使得雪松雌球果和雄球花的成熟时间相差10天左右，所以，当雄球花上的花粉被吹散时，雌球果还未成熟，自然授粉效果差，因此，这种风景树“皇后”也就一直未能生下“一儿半女”。为了获得饱满的种子，繁殖雪松，人们把成熟的雄球花摘下，筛选出花粉，放在0℃~5℃的冰箱里保存，等雌球果成熟时，进行人工授粉。从此，结束了我国雪松一直靠从国外引进的历史，使得雪松家族在我国也能旺盛地繁衍。

合欢树预测地震之谜

我们知道很多动物有预测地震的本领,但植物也能预测地震,你知道吗?植物生理学家最近发现,有些植物不仅能对外界变化作出相应反应,而且还具有一套独特的预测灾祸降临的本领。

日本有一位名叫鸟山的学者,专门从事植物地震预测方面的研究。他以合欢树作为实验对象,用高灵敏度的记录仪器,测量合欢树的电位变化。

经过数年的研究,鸟山惊奇地发现,这种植物能感受到火山活动、地震等前兆的刺激,在这些自然现象发生之前,合欢树内会出现明显的电位变化,电流也会突然增强。例如,1978 年 6 月 6 日至 9 日 4 天中,合欢树电流正常,但 1978 年 6 月 10 日至 11 日,突然出现极强大的电流,结果 6 月 12 日下午 5 点 14 分,在树附近的地区发生了里氏 7.4 级的地震。此后,余震持续了十多天,电流也逐渐减弱。余震消失后,合欢树的电流才恢复正常。1983 年 5 月 26 日中午,日本海中部发生了 7.7 级地震,在震前的 20 多个小时,鸟山教授又一次观察到合欢树异常的电流变化。

实验表明,合欢树不仅能预测地震,而且预测的还十分准确。合欢树为什么能预测地震呢?有关专家认为,合欢树在地震前两天能够做出反应,出现异常大的电流,是由于它的根系能敏感地捕捉到作为地震前兆的地球物理化学和磁场的变化。

尽管现在已有许多地震监测仪器,人们仍期望加强对植物预测地震的研究,以便使人类能多途径地、更准确地预测、预报地震,尽可能地减少地震造成的危害及损失。合欢树的这个特点现在正逐渐为人们所应用,为人类准确预报地震提供了一条新的途径。

无花果的花之谜

无花果为桑科植物,从外观上只能看见果而不见花,故而得名。难道无花果真的是不开花就结果吗?其实,这是一个误解,世界上没有不开花就结果的植物。无花果不仅有花,而且有许多花,只不过人们用肉眼是看不见的。

无花果

平时人们吃的无花果,只是花托膨大形成的“肉球”,而并不是真正意义上的果实。无花果的花和果实都藏在那个“肉球”里面。这个“肉球”仅在上部开了一个小口,中间有一处凹陷。在凹陷周围开了许多小花,这就是植物学上所说的“隐头花序”。

如果把无花果的肉球切开,用放大镜观察,就可以看到里面有无数的小球,小球中央的孔内生长着无数绒毛状的小花。雄花和雌花上下分开,每朵雄花、每朵雌花各结一个小果实,也藏在“肉球”内。因此,无花果的名字其实是名不副实的。

美味的无花果

无花果味道香甜，营养丰富。鲜果中果糖和葡萄糖的含量高达15%～28%，还可以加工成蜜饯、果干、果酱和罐头食品。无花果入药可开胃、止泻，是治疗喘咳、吐血和痔疮的良药。

香蕉树不是树

香蕉树十分粗壮高大，有的树高甚至超过10米，因此，它往往被人们认为是一种树。其实，香蕉树并不是树，而是一种生长在热带的草本植物。

香蕉树真正的茎是地下的块状茎，那里贮存着丰富的营养物质，香蕉的根系、叶片、花轴和吸芽都是从这里生长出来的。地面上的树干部分则是由叶鞘相互包裹所成的假茎，每一片新叶都从中心部分的地下茎伸出，生长至最后一片叶时，由假茎中心伸出花轴及花序，因此香蕉树并没有坚硬的木质部。香蕉树一般都是软软的，不能像其他的树木那样坚硬挺立，也不能像别的树木那样年年直立生长，生长一段时间后，生长期就结束了，树上的枝叶就会逐渐枯死。等到来年再从根部长出新芽，继续向上生长，展开阔大的叶子，再结出新的果实。根据香蕉树的这些生长特点，可以判断它其实并不是真正的树。为了区别它和香蕉的果实，才称它为“香蕉树”。

香蕉的种子

香蕉的种子所存在的位置十分隐蔽且不易察觉，因此，人们一直认为香蕉是没有种子的。其实香蕉的种子就在香蕉树的果实中，也就是我们平时所吃的香蕉顶端。但是香蕉的种子缺少胚乳，很难萌发成香蕉树，所以香蕉树一般采用扦插、压条、断根等无性繁殖的方法。

梨的果心很粗糙的原因

梨吃起来爽脆多汁,酸甜可口,风味芳香。梨还富含糖、蛋白质、脂肪、碳水化合物及多种维生素,有益于人体健康。很多人都爱吃梨,可是每次吃梨快吃到果心时,就会觉得果肉变得又粗又硬,而且味道也变得酸酸的。

所有的梨都是这样吗?是的,每个梨的果心部分都特别粗糙。

原来,在梨的果实里面,有一种质地像石头一样粗糙的组织叫作"石细胞",它是"厚壁组织"的一种,这种细胞的作用是保护种子。在靠近种子的中心部位,一般会发现附近的果肉吃起来特别粗糙,颜色也比其他部分深很多。其实这就是石细胞为了保护种子而增加了很多纤维质来让细胞壁变厚的缘故。

不过现在也有很多梨都是石细胞较少的品种,如丰水梨、鸭梨等。

"指南草"指南之谜

内蒙古大草原十分辽阔美丽,旅行者往往会流连忘返。但美丽的草原也暗藏凶险,一不小心就会因找不到方向而迷路。这时,当地的牧民就会从地上拔起一棵草,让旅行者沿着这棵草所指示的方向走,这样就不会迷路了。这棵草就是当地的"指南草"。

"指南草"是内蒙古草原上一种特有的植物,它是草原上一种叫"野莴苣"的植物的俗称。"指南草"的叶子呈南北向生长,基本上垂直地排列在茎的两侧,并且叶子几乎与地面垂直,“指南草”为什么可以指示方向呢?科学家发现,越干燥的地方,所生长的“指南草”指示的方向就越准确。原来,内蒙古草原十分辽阔,一望无际。几乎没有什么高大的树木。一到夏天,草原上的草就只能忍受那火辣辣的太阳的炙烤,中午时分,整个草原就像一个大火炉,十分炎热,水分也蒸发得很快。在这样的环境中,野莴苣只好让叶子与地面垂直且呈南北排列,这样可以在中午阳光最强烈的时候减少阳光直射的面积和水分的蒸发,还有利于吸收太阳的斜射光,增强光合作用。

内蒙古草原还有蒙古菊、草地麻头花等植物也像野莴苣一样能指示方向。

其实在自然界中,很多植物为了生存都练就了自己独特的本领,能不断改变自己,让自己以最佳的状态适应环境。在非洲的马达加斯加岛,有一种奇特的“烛台树”,当地人都把它当作指南树,在大森林里迷路的人只要找到它就能找到方向了。因为它的树干上长着一排排细小的针叶,而且不管树长多高,也不论长在什么地方,它那细小的针叶总是指向南极。

无叶之树的秘密

树木一般都有叶子,如果说世界上还有不长叶子的树,你是不是觉得很有趣呢?在南京中山植物园的温室里,就有两株不太高的光杆无叶树,科学上称它“绿玉树”。这种树的树干、树枝都是绿色的,但一年到头总是光溜溜的。有时在新枝的顶端能看到三五片极小的叶,但也会很快脱落。因此,人们称它“光棍树”。

绿玉树为什么会只长树干、枝条,不长树叶呢?其实在很久以前,绿玉树是有叶子的,但绿玉树的老家远在气候干旱、雨水稀少的非洲,为适应严酷的自然环境,绿玉树经过长期的进化,叶子越来越小,逐渐消失,最后成了无叶之树。

绿玉树

没有叶子对绿玉树来说是件好事，这样就可以减少体内水分的大量散失。绿玉树的枝条里含有大量的叶绿素，能代替叶子进行光合作用，制造其生长发育所需的养分。这是绿玉树同干旱做斗争的巧妙方法，也是它经受长期自然选择的结果。

不只绿玉树，很多植物为了生存，不仅要凭借自身顽强的生命力，还要适时做出改变，努力去适应大自然。如干旱地区的植物，就会采用减少叶片蒸腾作用的方法来保持体内的水分。

大家都知道，植物蒸腾的主要门户是植物叶子上那些细小的气孔，气孔口有两个呈半月形或哑铃状的特殊的保卫细胞。孔口敞开时，表明植物体内水分充足；在缺水时，孔口就会紧闭，以减少水分的散失。禾本科植物的叶里，还有一些特殊的大细胞，水分充足时就膨胀，使叶片舒展；水分不足时就收缩，使叶片卷成筒状，这样做也能在一定程度上减少植物水分的散失。有的植物为了长期同干旱的环境做斗争，会把自己变成全身披甲的战士。如在叶面上生成一层厚厚的蜡质、角质或绒毛之类的覆盖物，使表面细胞排列紧密粗厚。另外，在沙漠或者气候干旱的缺水地区，有些植物不长叶子，一些吃叶的动物见到光秃秃的树枝就不会去光顾它了，这样就减少了被动物吃掉的机会，这也是植物自我保护的一种表现。甚至还有植物的叶子全部退化，变成针刺状，以应付干旱。

如仙人掌科的植物和绿玉树一样，因长期生长在非洲等沙漠地带，其叶子逐渐变成针刺状或毛状，也就不足为奇了。

春笋雨后生长最快

我们常用“雨后春笋”这个词来形容事物发展迅速。的确，春雨过后，竹林里的竹笋总是生长得特别快。不出几天，就能长成高高的竹子。

竹笋为什么在春季下雨后长得特别快呢？原来，竹子是禾本科的多年生常绿植物，它们有一种既能贮藏和输送养分，又有很强繁殖能力的地下茎（俗称“竹鞭”）。地下茎和地上的竹子一样有节，是横着长的，节上长着许多须根和芽。这些芽到了春天天气转暖时，就会释放身体储备的各种生长所需的养分，向上升出地面，外面包着笋壳的就是我们常说的“春笋”。但在这个时候由于土壤还比较干燥，水分不够，所以春笋长得不快，有的还暂时藏在土里。这时如果降一场春雨，土壤中水分足了，春笋就会纷纷窜出地面。

竹笋的种类

竹笋的种类大致可分为冬笋、春笋、鞭笋三类。冬笋呈白色，肉质鲜嫩，是毛竹在冬季生于地下的嫩笋；春笋脆嫩甘鲜、爽口清新，被人们誉为春天的“菜王”，是在春天破土而出的新笋；鞭笋状如马鞭，呈白色，肉质爽脆，味微苦而鲜，是毛竹夏季生长在泥土中的嫩笋。

美味的竹笋

中国人十分喜爱竹子，历代文人墨客咏竹的作品众多，常常用竹子比喻谦虚、有节操的人。竹笋的营养价值较高，自古被视为“菜中珍品”，它所含的蛋白质比较丰富，还含有人体所需的各种氨基酸。另外，竹笋具有低脂肪、低糖、高纤维素等特点。清代文人李笠翁甚至认为肥羊嫩猪也比不上竹笋，把它誉为“蔬菜中第一品”。

生长最快的植物

世界上生长最快的植物是哪种呢？答案是毛竹。虽然它并不十分高大，生长速度却十分惊人，是名副其实的“生长冠军”。

在毛竹生命期的前5年，它的生长速度并不快。原来，它是在专心致志地发展它的内部力量，为以后的迅速生长做准备。此时毛竹的根向四周生长10多米，向地下扎根近5米深。到了第6年，一场春雨过后，便可在一昼夜间长1米多高。有的甚至能在24小时之内拔高2米。以这样的速度生长15天左右，最后大约能长到20多米。

毛竹

霸道的毛竹

毛竹看起来斯文秀气，其实它还是一个小霸王呢！在毛竹的生长期，它强壮的根悄悄地“侵占”了周围其他植物根系的发展空间，致使其他植物无法获得生长所必需的水分和养料。它以资源垄断的方式独自生长，周围的其他植物只能眼巴巴地看着它生长。只有等到它的生长期结束，这些植物才能获得重新生长的机会。

竹子不常开花的原因

在日常生活中，我们很难见到竹子开花，而与竹子同属禾本科植物的稻、麦等作物开花却各有其时，这是为什么呢？

开花植物的生命周期从种子开始，经萌发、生根、生长、开花、结实，最后产生种子，便完成一个生命周期。一般来说，开花植物的生命周期大致分为三类：一年生植物是在一年或不到一年的时间里，完成了一个生命周期，植株随之死亡；二年生植物是在两年或跨两个年头的时间里，完成了一个生命周期，植株随之死亡；还有一种多年生植物则要经过几年生长以后，才开始开花结实，但植株却能存活多年。竹子却与这些植物不同，它属于多年生一次开花植物，能成活多年，但只开花结实一次，结实后植株就会死亡。

知道了这个道理，竹子为什么不经常开花的原因也就清楚了。

那么竹子多久才开花呢？这个没有人知道，因为竹子只有在遇上反常的气候时，才大量开花结实，以产生生命力强的后代，去适应新的环境，而在平常年景一般都不开花。所谓“竹子开花大旱年”，说的就是这个道理。

荷叶能凝聚水滴的原因

雨后初晴,人们可以在公园的荷塘边看到这样的美景:荷叶上的水珠滚来滚去,如泪滴般晶莹剔透,美不胜收。好奇的人可能要问了,这些雨水为何不能溶于荷叶,而在上面凝结成水珠呢?

荷叶

经科学实验证明,液体和固体接触有浸润和不浸润两种现象,雨水遇见荷叶就属于不浸润现象。荷叶叶面上有许多密密麻麻的茸毛,每根毛都十分纤细,上面含有既不带正电,也不带负电的中性蜡分子。当水滴落到蜡面的荷叶上时,水分子之间的凝聚力要比在不带电荷的蜡面上的附着力强。所以雨水落在荷叶面上不会浸润整个叶面,而是聚集成水珠。

荷叶自洁效应

我们发现,荷叶上的脏东西只需用少量的水就可以很方便地清洗掉。原来,荷叶表面十分平坦,具有极强的疏水性,还有它那一层蜡状晶体,使洒在荷叶上的水自动聚集成水珠,水珠的滚动把落在叶面上的尘土、污泥粘吸并带离叶面,使叶面始终保持洁净,这就是著名的"荷叶自洁效应"。不过如果把一滴洗涤剂或洗衣粉溶入水珠,水珠就会立即解体散开平铺在荷叶上。

液体的表面张力

液体的水有一种被称为表面张力的特性,即聚拢自身体积的特性。这种张力的物理特性就像一层弹性的薄膜把水包裹住不让它流出来,使得液体的表面总是试图获得最小的、光滑的面积。

玉米头顶开花腰间结实

玉米有一种非常奇怪的特性:头顶开花,腰间结实。不像一般的植物,哪里开花就在哪里结实。为什么玉米会有这样的"怪癖"呢?

这就得从植物的生长特性说起了,玉米和小麦等禾本科植物一样,都是雌雄同花植物。一开始玉米的花和果实都长在茎秆顶上,但是随着生活环境的变化,玉米的果实又非常硕大,这就使得柔弱的茎秆承受不了果实的重量,十分容易倒伏。为了继续生存和繁衍下去,玉米不得不逐渐随着客观条件的变化而改变自身各部分器官的构造,这就使得玉米茎秆上花序的雌蕊逐渐退化,最后只剩下三个雄蕊;而长在玉米叶腋里的花序中的花,只留下了雌蕊,雄蕊退化了。

就这样,玉米从雌雄同花植物变成了同株异花植物。三株雄蕊的花高高地开在茎秆的顶端，借着风力传播花粉，而又大又粗的果实则牢牢地结在玉米秆中部的叶腋里，这样就不容易倒伏了。玉米这种头顶开花、腰间结实的现象是长期进化的结果，也是植物为了适应环境而不得不进行的改变。

耐寒植物的花朵也能发热

植物学家注意到了植物的一些奇特习性，如在气温常为零下几十度的北极地区，仍然有植物能够不惧严寒，绽放出美丽的花朵。更为奇特的是，这些植物花朵内的温度总比外部气温要高。

20世纪80年代，瑞典有三位植物学家在北极地区实地考察时发现，那里的很多植物都像向日葵那样有追逐太阳的习性，花朵总是对着太阳。他们想，花朵的内部温度比外界高会不会就是这个原因呢？为了证实这个猜想，他们做了一个实验，将一株仙女木花的花萼用细绳绑住，使其不能随意转动方向。结果显示，由于被固定的花不能追逐太阳了，它的温度比那些未固定的花朵温度要低0.7℃。这个实验证明了他们的猜想是正确的。由此他们认为，北极气候寒冷，花朵为了满足植物生长的需要，会做向阳运动以集聚热量，有利于种子的孕育及结果。

但是这一理论后来遭到了挑战。美国著名的植物学家丹·沃尔发现了一种叫臭菘的极地植物，这种植物花苞内的温度总是恒定地保持在22℃左右，这种现象用向阳理论就解释不通了。为了弄清臭菘是如何维持这个温度的，丹·沃尔进行了一系列的测试和研究，他发现臭菘体内的乙醛酸体细胞内部十分有利于酶的化学转移。花朵中的"发热细胞"在臭菘体内的脂肪转变成碳水化合物时，会将其所释放的能量变为己用。

植物自然发热有着极其重要的意义。丹·沃尔的观点是，花朵内有了足够的热量，就能大大加速花朵香气的传播，招引一些甲虫、尺蛾等传粉使者前来为它们传播花粉。

有很多学者并不同意丹·沃尔的这一观点。美国植物学家克努森认为，臭菘提高局部温度更重要的是为了延长自身的生殖季节，使它有足够长的温暖期来开花、结果和产生种子，而并不仅仅是为了引诱昆虫。

丹·沃尔则辩解说，昆虫的肌肉在低温时几乎无法正常工作，在这种情况下，发热的花朵无疑像一间间温暖的小房，引诱昆虫前来寄宿，同时也达到了传播花粉的目的。

目前，耐寒植物花朵的"发热"现象还没有一个确切的解释，有待科学家们进一步探索。

植物的辐射也能治病

欧洲著名的医生、杰出的草药巫师爱德华·贝奇认为，所有的生物都能发出射线，高振动的植物能提高低振动的人类的振动。他希望可以利用这种天然的方法来帮助患者治疗疾病，恢复健康。

苏联黑海市的几家疗养院在为患者治疗时不仅采用了药物疗法，还将他们带到大自然去接受植物的"治疗"。同样的道理，贝奇认为，草药具有提高人的振动的功能，使人的精神和身体轻松愉快。因此，他在为患者治病时，经常让草药和鲜花的振动充溢人体，让疾病在植物的振动下慢慢消散。

贝奇认为，凝聚了植物生命力的露珠是治疗疾病前所未有的特效药，特别是受过太阳照射的露珠。因此，他做过一个实验，分别采集了一些花朵上向阳和背阳的露珠，发现背阳的露珠药效不如向阳的露珠，因此，他推测太阳太阳光的辐射是北纬过程的基础。于是他便挑选了一些花放入一个装着清水的玻璃钵里，放在田野里晒几个小时，发现得到的水也充满了植物的振动和能量，可以用来治疗各种疾病。这已经从很多患者那里得到了证实。

贝奇在研究中发现，很多普普通通的植物对治病很有帮助。如英国乡村小路和田埂旁大量生长的黄色龙牙草可以用来治疗忧郁症；蓝色的菊苣花可以治疗忧虑过度；石玫瑰配剂可以治疗极度恐惧症。

由于与植物长期接触，贝奇觉得自己都能感觉到植物的各种反应了。当他用手轻轻抚摸各种被测的植物时，就能感觉到它发出的夺去和能量。这些植物有的会令人感到兴奋，有的则使人感到疼痛、呕吐、发热、急躁。

但现在，关于植物的振动和辐射还存在很多谜题，植物科学家们还在继续深入研究植物的这种放射性。希望答案能早日揭开，为人类带来福音！

植物生长与地球自转的关系

科学家们发现，植物的生长发育也会受到地球自转所形成的重力的影响。

地球自转对植物的影响有很多方面，无处不在的螺旋体便是受这种影响最明显的代表。例如，常常可以在潮湿的混交林或在河岸溪边看到的爬蔓植物啤酒花，啤酒花丛长得高高的、像一团乱麻似的，这一团团乱麻就是它的茎。这种茎有的会按逆时针方向攀住附近的灌木或乔木盘旋上去，形成左螺旋生长；有的会像绳索一样自相缠绕。一般来说，爬蔓植物大都是沿着支撑体向右盘旋上升的，只有少数向左旋，啤酒花就属于这极少数中的一种。

除爬蔓植物外，其他植物的叶子也都是按螺旋方式长在茎上的。最明显的就是芦荟。仔细观察就会发现，榆树、赤杨、柞树以及柳兰，草地矢车菊的叶子都是明显按螺旋方式排列在枝上。不只树木，大多数草的叶子排列也都是螺旋式的。正是由于这种排列方式，叶片之间才没有相互阻挡，使所有的叶片都能接受到太阳光的照射。一般来说,叶片按顺时针方向盘旋而上的植物占多数,逆时针而上的较少。通常的情况是,右旋植物的叶子右半部生长得比较快,左旋植物的叶子左半部生长得比较快。

叶子旋转的方向还会透露出植物的性别。如白杨、柳树、月桂树和大麻等植物,叶子从左向右排列的是阴性植物,从右向左排列的是阳性植物。一些针叶植物的螺旋性并不表现叶子在茎上的排列形式,而是表现在这些叶子的旋转方向上。像成对生长的松树针叶常常是以螺旋方式旋转的,而每一对松针旋转的方向总是相同的。

人们还发现,椰子树的叶子也是按螺旋式排列的,这种排列因其在赤道南北的位置不同而不同。生长在赤道以北的椰子树叶大多数是左旋的,而生长在赤道以南的则多是右旋的。

不只植物的茎叶,植物花朵上的花瓣、植物的果实也都是按螺旋方式集聚在一起。如聚花果、向日葵的籽,松树和白杉的球果的鳞片,都是呈螺旋状聚集排列的。

科学家经过进一步深入研究后发现,对动植物机体的发育起决定性作用的脱氧核糖核酸的分子结构也是细长的双螺旋线。这就说明了为什么生物机体的整体都有螺旋状组织。

对于这些奇特的现象,科学家的解释是宇宙中的星体都在永无止境地旋转,人们看到世界上存在的那么多螺旋现象,就是这种旋转对地球生物所产生的影响。

还有科学家认为,地球的引力场和电磁场对植物的生长发育起着巨大的作用。自然界中的螺旋现象就是宇宙中万物运动的共同规律的反应。

研究植物的螺旋状态对人类有着十分重要的意义。一些科学家通过对几十种植物叶子的左右两半分别进行各种物质含量的化验,发现发育较快的那半边所含的叶绿素、维生素 C 和植物本身生活所必需的其他营养物都比另一边多。由此，有人分析，一些植物对人体的效用，或许就取决于叶序的方向或者叶子的旋转方向。由于这种差异，造成它们所含的药用物质或其他物质的差异。

目前对植物螺旋状态的研究还在起步阶段，远未达到令人满意的程度。许多疑团还有待人们一一解开。

花开花落各有其时的原因

花开花落是一种十分常见的自然现象，但是为什么有的花喜欢在骄阳下绽放，有的则喜欢在夜色中盛开呢？植物开花的时间为何都不尽相同呢？

这得从植物各自不同的特性说起。一般来说，大多数植物都是在白天开花，在清晨的阳光下，花的表皮细胞内的膨胀压增大，上表皮细胞（花瓣内侧）生长得快，于是花瓣便向外弯曲，花朵盛开。而且在阳光下，五彩缤纷的花色十分耀眼，花瓣内的芳香油也容易挥发，这样就能吸引很多昆虫前来采蜜。由于有昆虫为花儿传授花粉，花卉就能结籽，从而增强了植物繁殖后代的能力。

但是，也有很多植物选择在晚上开花，而且这些晚上开花植物的花朵大多为白色。这是什么原因呢？同白天开花的植物一样，晚上开花的植物也要吸引昆虫来传授花粉；而五彩斑斓的颜色在夜间却并不十分明显，只有白色在夜色中的反光率最高，这样就容易被昆虫发现。因此，经过长期的演化发展，以前那些缤纷多彩的花种由于无法吸引足够的昆虫前来传授花粉，失去了繁衍后代的机会，逐渐被淘汰，而那些夜间开白色花的植物则获得了繁衍后代的机会而生存下来。

还有的植物习惯就更加有趣了，白天盛开，夜间闭合，跟人类的作息时间很相似。如睡莲、郁金香等都是在白天竞相争艳，而到了晚上却都像害羞的小姑娘似的，全躲起来了，等到第二天才继续开放。这又是什么原因呢？原来，花儿的这种昼开夜合现象是由于温度和光线的变化引起的，晚上一般气温较低，而且光线也十分柔弱，达不到花儿绽放所需的条件，植物由此产生睡眠运动。如果把已经闭合的花移到温暖的、有光线的地方，3~5分钟后它就会重新开放。

白天开出艳丽的花朵，夜晚开出洁白的花朵。不论它们的开花时间如何，这些都是植物为适应外界的生活环境，长期以来形成的习性。

叶与花的秘密

每到春天，百花争艳，由此花也被誉为“春的使者”。俗话说红花还需绿叶配，可当我们置身于万紫千红的花海时，有没有发现这样一个奇妙的现象：有的鲜花是和绿叶相伴一起，有的则是鲜花独自盛开，并不见绿叶的踪影。这是什么原因呢？

原来，很多植物的花和叶在上一年的秋天就形成了，它们都被包裹在植物的芽里。被包在芽里的花叫“花芽”；被包在芽里的叶叫“叶芽”；花和叶都被包在芽里的叫“混合芽”。为了度过寒冷的冬天，这些芽会等到第二年的春天才开花、吐叶。植物的花、叶对环境、温度等生长条件都有各自不同的要求，只有满足了这些要求，它们才会生长发育。如玉兰花，它的花芽生长需要比较低的温度，因此，它的花芽就会先于叶芽生长，我们就会先看到玉兰的花朵，过段时间才能看见它的叶。而苹果、橘子等果树，花芽生长时需要比较高的温度，因此，它们的叶芽先于花芽生长，我们会先看见它们的树叶，然后花儿才会绽放。还有的植物花芽和叶芽对生长条件的要求相差无几，因此，我们可以看见它们的花和叶同时现于枝头。

植物幼苗向太阳“弯腰”的原因

1880年,英国特征学家达尔文观察到一个有趣的现象:稻子、麦子等植物的幼苗在受到阳光的照射后,会向太阳所在的方向弯曲。但是如果把这些幼苗的顶端切去或者用东西遮住的话,就不会再出现这种情况了。这是什么原因呢?达尔文提出了这样的假设:在幼苗的尖端含有某种特殊的物质,受到阳光的照射后,这种特殊的物质就会跑到幼苗背光的一侧,从而引起幼苗的弯曲生长。

但是达尔文最终也没有弄清楚这种特殊的物质究竟是什么。他的这个发现和假设却引起了很多科学家的兴趣,很多人为了弄清这种物质,开始着手进行大量的研究。

1926年,荷兰科学家汶特经试验后发现,将燕麦幼苗的顶端切掉后,燕麦幼苗就会立即停止生长,但如果将切下来的顶端再放回原来的位置,幼苗又能重新开始生长,并向太阳的方向“弯腰”。更为神奇的是,将切下来的顶端放在琼胶上几个小时,然后把这琼胶小块放在切面上,幼苗竟能重新生长!

这个实验增强了人们寻找这种奇妙的“特殊物质”的信心。人们坚信在幼苗的尖端肯定存在这种“特殊物质”,而且这种物质可以转移到琼胶中去。

1933年,谜底终于被揭开了。化学家们从幼苗的尖端,分离出了好几种对植物的生长具有刺激作用的物质。这些奇妙的物质,被称为“植物生长素”。能够使幼苗背太阳一面的细胞分裂生长加速,使幼苗朝太阳的方向“弯腰”。

我国古代有一个“拔苗助长”的寓言,说一个急性子的人见他的苗不长,而急得到田里去把庄稼往上拔!其实种庄稼的人,都想庄稼快点长大。而植物生长素的发现,能不能运用到生产中去,让它为农业服务呢?

遗憾的是，植物中所含的天然植物生长素十分稀少，在700万棵玉米幼苗的顶端，总共只含有1‰克的植物生长素！

地下森林，光听名字就很神秘，什么是地下森林呢？其实地下森林就是指生长在火山口里面的森林，只有在火山口才能看见它们，外面一般是看不见的，就好像森林长在地底下一样。

在我国黑龙江省宁安市境内的张广才岭上，有一个著名的地下森林，位于每拔1000多米处。这个地下森林颇为壮观，在7个死火山口内，由东北向西南延伸，长达20千米，宽达4千米，面积达6万公顷。

有人实地调查了这7个火山口，最大的上口直径有500米，下口直径300米，深100多米；最小的则像一口井，山口直径20多米；深600多米。人们发现这里形成了一个理想的天然生态系统，几乎成了植物的“世外桃源”。因为这一带气候条件十分优越，年平均气温4℃，年降水量600~800毫米，土壤湿润肥沃，十分有利于植物的生长。这里生长着各种各样的植物，多达百余种，如东北著名的树木红松、鱼鳞松，珍稀的黄檗、紫椴、水曲柳等，胡桃楸和蒙古栎也选择在此安家。还有很多著名的草药也生长于此，如人参、五味子等。这里还是很多野生动物的天堂，如野猪、马鹿、金钱豹等。林间的树木还有免费的“医生”——啄木鸟、杜鹃等为它们捉虫除害呢！

这个神奇的地下森林是如何形成的呢？据专家推断，在一万年前，这一带有大量的活火山，经常会喷出大量岩浆，等到岩浆冷却以后，就变成了七个大的深洞。经过长时间的风吹雨打，岩层逐渐风化剥蚀，形成土壤，加上动植物、微生物等的活动，土层越来越厚。靠动物或风力的传播，大量种子在此生根发芽，由此形成了如今的地下森林。另外，复杂的地形使这些植被极少受到外界的破坏，也是它们得以保存至今的一个重要原因。

植物会发光的原因

在夏天,我们经常可以在树林里、草丛中看见星星点点的萤火虫飞来飞去,将宁静的夏夜装点得格外美丽。但是,不只萤火虫等动物,还有很多神奇的植物也会发光。

在我国江苏丹徒区,人们发现了几株会发光的柳树。这些田边腐朽的树桩在白天丝毫不引人注目,但一到夜晚,它们却闪烁着浅蓝色的荧光,就算狂风暴雨、酷暑严寒,这种神秘的荧光也不会消失。

这些普普通通的柳树为什么会发光呢?当地众说纷纭。经过研究,人们终于揭开了谜底。原来,柳树并不会发光,那些发光体只是一种寄生在它们身上的真菌,即假蜜环菌。人们给这种会发光的菌取名为"亮菌","亮菌"在苏、浙、皖一带分布十分普遍。它们靠吮吸植物的养料生存,其白色菌丝体长得像棉絮一样,能闪闪发光。在白天,人们是看不见这种光的,只有到了夜晚才会显现出来。其实,一千多年前的古书中就已经记载过朽木发光的现象。如药房里常见的"亮菌片""亮菌合剂"就是这种发光菌制成的药,对胆囊炎、肝炎具有相当好的疗效。

海员们有时会在漆黑的夜晚看到海面上的海火,它是一片乳白色或蓝绿色的令人目眩的闪光。深海潜水员偶尔也会在海底遇见像天上繁星般的迷人闪光。其实,这些都是海洋中某些藻类植物、细菌及小动物成群结队发出的生物光。

1900 年巴黎国际博览会上,据说发生了一个有趣的小插曲。光学馆有一间特殊的展览室,那儿没有一盏灯,但整个房间却明亮悦目。原来,光线是从一个个装着发光细菌的玻璃瓶中发出的。这种奇思妙想真是令人惊叹。

植物为什么会发光呢？研究发现，植物体内含有一种特殊的发光物质，即荧光素和荧光酶。在进行生物氧化的生命活动过程中，荧光素在酶的作用下氧化，同时释放出能量，这种能量就会以我们平常见到的生物光的形式表现出来。

我们平常用的白炽灯泡，有95%能变成热量消耗掉，很可惜只有极少量的能变成光。生物光属于“冷光”，有95%的能量转变成光，发光效率很高。而且生物光的光色柔和、舒适，希望我们能模拟生物发光的原理，为人类制造出更多新的高效光源。

路灯旁的树木掉叶晚的原因

秋季是万物凋零的季节，植物都会在这个时候落叶。可如果仔细观察，你就会发现一个奇怪的现象：同一种树木，在路灯旁的总是比其他地方的树木掉叶晚。这是为什么呢？

我们都知道，温带的多年生木本植物在秋季落叶以后，个体的生长发育便会暂停，进入休眠阶段。树木为什么会落叶呢？我们通常认为是植物为了抵御严寒的侵袭而采取的自我保护措施。其实，并不仅仅如此，还有日照时间的影响。秋季日照时间逐渐缩短，预示严寒的冬天即将来临，叶片感受到这个信号后，便会产生一系列的生理反应，将信息传递给植物。这时植物就会将营养物质转移到根、茎和芽中贮藏起来；将枝条和越冬芽中的淀粉转变成糖和脂肪；使组织含水量下降；减少生长激素，逐渐增加脱落酸和乙烯，使植物体的代谢活动大大降低，最后出现落叶休眠现象。

明白了这个道理，路灯旁的树木掉叶比其他地方晚的原因也就不难理解了。在日落后，路灯会继续照射到旁边的树木，使树木接收到错误的信号，这样植物就无法进入休眠阶段，叶片会继续因蒸腾作用而失水，这对植物的生长是极其不利的。冬季甚至会因植物根系吸水困难而引发枝条枯萎，最终导致植株死亡。

水生植物不腐之谜

大家都知道，水是生命的源泉，无论哪种植物都离不开水，否则就会有死亡的危险。不过不同的植物由于具有不同的生活习性，所需水分的多少也是不一样的。像棉花、大豆、玉米等农作物就十分不耐涝，大雨过后，如果不及时排除囤积的水，这些作物就会被淹死。时间一长，整个植株就会腐烂。但却从来没人见过被淹死的荷花，它们身体的大部分都长期浸泡在水里，为什么不会腐烂呢？还有金鱼藻、浮萍等水生植物，全身都浸泡在水里，为什么它们也没事呢？

这得从植物根的性能说起。一般植物的根，是用来吸收土壤中的水分和养料的。只有足够的空气，根才能正常地发育。在水中，植物的根得不到足够的空气，无法吸收养分，就会停止生长，最后导致整株植物死亡。

由于受到环境的影响，水生植物的根与一般植物的根不同。为适应水中的生活，它们的根都练就了一种特殊的本领——吸收水里的氧气，以确保根即使在氧气较少的情况下也能正常呼吸。

那么，水生植物是如何吸收溶解在水里的氧气的呢？水生植物的根部皮层是一层半透明性的薄膜，它可以使溶解在水里的少量氧气透过它而扩散到根里去。而且根表皮还具有上下联通的细胞间隙，形成了一个空气的传导系统。另外，水生植物的渗透力也特别强，氧气能够渗透到根里去，再通过细胞间隙供根充分呼吸。

有些水生植物的身体构造更加特殊，如深埋在池塘中的莲藕。大家都知道藕里有许多大小不等的孔，这些孔有什么作用呢？原来，在泥泞的池塘里，空气极不流通，莲藕上的孔就发挥了重要作用。这种孔与叶柄的孔是相通的，同时在叶内有许多间隙，与叶的气孔相通。污泥中的藕就是通过这种相连通的气孔来呼吸叶面上的新鲜空气。

菱角的根也生长在水底的污泥里，因此，它的结构也很特殊。它有很大的气囊，气囊是由叶柄膨胀而形成的，能贮藏大量空气，供根呼吸。还有槐叶萍等水生植物，它们有很多由叶变态形成的根，发挥根的作用。

另外，水生植物的茎表皮也具有呼吸新鲜空气的功能，而且水生植物没有一般植物表面那些防止水分蒸发的角质层。皮层细胞所含的叶绿素也有进行光合作用的功能。

水生植物正是由于具有这些特殊的构造，才能在水里正常呼吸。因此，即使长期浸泡在水里，水生植物也不会出现腐烂现象。

灵芝与仙草

关于灵芝，我国古代有许多神话传说。据说白娘子就是从天上偷得仙草灵芝使许仙起死回生的。灵芝真是这样的一种"灵丹妙药"吗？

灵芝

根据古书记载，大约在2000多年前，我国劳动人民就发现了灵芝，《神农本草经》上把灵芝分为赤芝、黑芝、青芝、白芝、黄芝、紫芝等六种。晋代化学家葛洪所著的《抱朴子》一书中把灵芝分为石芝、木芝、草芝、肉芝、菌芝等五大类，每类又各分120种。明代药物学家李时珍所著的《本草纲目》，也对灵芝的性状和用途作了记载。其实，现代科学已经鉴定出来，从前所说的各种灵芝，大部分都属于真菌的担子菌类低等植物，还有少数是矿物。

从分类学的角度来看，主要有灵芝和紫芝两种。灵芝又叫赤芝、红芝、本灵芝、菌灵芝、万年蕈、灵芝草等；紫芝又叫黑芝、玄芝等。它们跟蘑菇一样，本体都是菌丝，“灵芝”就是菌丝所形成的子实体，是用来产生“孢子”进行繁殖的。灵芝寄生在活着的或死亡的有机体上，靠着吸收这些现成的营养来生活。因为它们没有叶绿素，不能利用二氧化碳和水在阳光下进行光合作用，无法自我供给。

据化学分析和药理试验发现，灵芝具有一定的药效。它有滋补、健脑、强壮、消炎、利尿、益胃的功效。对神经衰弱、头昏失眠、慢性肝炎、肾盂肾炎、支气管哮喘以及积年胃病等病症，均有不同程度的疗效。

灵芝的形状奇特，像一把伞，但它的菌伞呈肾形，菌柄着生在菌伞的一旁。而有些在特殊环境下生长的灵芝还具有奇妙的分枝和美丽的色彩。灵芝还含有大量的角质，质地坚硬，经久不腐，因此常被用来观赏。

尽管灵芝具有一定的药用价值和观赏价值，但灵芝也并不十分稀奇，在我国很多地方都可以采集到。它也绝不是什么仙草，更不是什么能起死回生的灵丹妙药。现代科学已经将灵芝身上那层迷信的东西剔除掉了。现在，许多地方将灵芝引种驯化，成功进行了人工栽培。还有人在发酵罐中用发酵法生产灵芝菌丝体，效果也不错。

防火树防火之谜

森林是地球的氧气工厂,置身其中总是会让人感觉神清气爽。不仅如此,树木还具有绿化、美化和净化环境等功能。但是树木还有一个我们大家不为所知的功能——防火。

日本位于环太平洋火山地震带,是个地震、火灾频发的国家,历史上曾经发生过关东地震大火灾、静冈火灾、酒田火灾等十大火灾。而城市的树木曾经一再有效地阻挡了火势的蔓延,减少了人民生命财产的损失。

1979年,日本为验证树木是否具有防火性能,做了一个实验:设置四座长20米的木屋,排成2列,并在四座木屋间的空地上,一段种上常绿的珊瑚树,另一段不植树,然后将前列的木屋点火燃烧。结果,没有植树一段的后屋,不到10分钟即因受前屋的辐射热而起火,而有植树一段的后屋则完好无损。

实验证明,树木确实具有防火功能。为什么树木能防火呢?树木可以像一道防火墙,能有效阻挡火源发出的辐射热,不让辐射热点燃周围的物体。更重要的是,树木本身具有防火性能。活的树木体内含有很多水分,通常可达40%~70%;树皮还有一层紧密的木栓层保护;树叶和树干具有蒸腾作用,树木可以依靠蒸腾散热和辐射散热的功能,迅速排除体内积热,降低体温,从而使自己具有很强的耐火性。据有关资料显示,当树木对辐射热的承受限度为10000千卡/平方米时,比干燥木材大1倍,比人体大5倍,即使着火也会随时熄灭,很少会全棵树烧光。

树木的耐热性和隔热性能因树种、树形、树皮以及叶片密度等情况而异。例如,树形较均匀一致的珊瑚树,可阻挡辐射热量的83%~93%;白榄树单株可阻挡热量36%,三棵并列种植则可阻挡热量90%以上。还有树形、树叶密度比较一致的桧树，种植一株可以阻挡90%的辐射热通过，三株并列种植则可阻挡95%以上的辐射热通过，它的隔热作用可与隔火墙相媲美。

各种树木的耐热性能和隔热性能不同，人们把具有较强耐热性能和隔热性能的树种，称为“防火树”。

植物气象员

我们知道很多动物都有洞察天气变化的本领，其实，很多植物也能像气象台一样预报天气，而且还相当准确。

在澳大利亚和新西兰就生长着这样一种奇特的花。这种花对空气湿度十分敏感，快下雨时，湿度常常会增大，它的花瓣就会萎缩，将花蕊包裹起来。天晴时，空气湿度减小，它就会将花瓣重新张开。人们根据它的这种特性，给它起了一个形象的名字——“报雨花”。农民伯伯们常根据它花瓣的张合来判断天气情况。

在我国广西忻城县，生长着一种青冈树，和报雨花相似，也能预报天气。青冈树的叶子颜色会随天气的变化而变化。在晴天，树叶是深绿色；即将下雨的时候，树叶颜色变红；雨后，叶子颜色又会恢复到原来的深绿色。当地人们称这种树为“气象树”。

为什么气象树能预报天气呢？原来气象树之所以会对气候条件反应这么敏感，是因为植物叶片中所含的叶绿素和花青素的作用。当天气发生变化时，叶绿素和花青素的比值就会跟着发生变化。如在正常气候条件下，叶片呈现深绿色，是因为叶片中叶绿素含量占优势。即将下雨前，树叶会由绿变红，是因为叶绿素的合成受到了抑制，而花青素的合成却加快了，这时叶片中的花青素就占了优势。根据经验，当树叶变红后一两天之内就会下大雨。雨过天晴，树叶又会恢复深绿色。

百岁兰叶子百年不凋之谜

百岁兰是生长在西南非洲近海沙漠地带的一种珍稀植物，十分耐旱，当地居民称它“通波亚”。百岁兰的外貌十分奇特，虽然它是一棵茎、叶、花和种子俱全的树，但怎么看它都不像是树，因为它出奇的矮。百岁兰茎的直径在1米以上，茎的长度却不到20厘米。远看像是被砍伐后的残桩，近看像两片被翻开的“厚嘴唇”。在“嘴唇”的外缘，各生一片阔带形的叶子，老树的叶子常常撕裂成好几条，好像很多叶片，厚嘴唇的边上就结着花和种子。

在百岁兰生长的非洲西南部的纳米布荒漠里，十分干旱，一年的雨量只有十几毫米，有时终年一滴水都没有，但百岁兰却可以在此存活几百年甚至上千年，而且它的那两片叶子似乎永远都不会凋零，因此，百岁兰又叫“二叶树”或“百岁叶”。

植物的叶子长到一定程度就会停止生长，然后衰老、枯萎、脱落。一些常绿树的叶子也是随着枝条的生长而不断长出新叶。新陈代谢是自然界的普遍规律，但这个规律似乎对百岁兰不起作用，百岁兰终生只长两片叶子，历经百年都不脱落，而且从不显老态。那么，百岁兰仅有两片叶子却始终不凋的秘密是什么呢？

原来，百岁兰叶子含有的一种细胞具有分生能力，这种细胞位于叶子基部的生长带。分生细胞会不断地产生新的叶片组织，使叶片不停地长大，而叶子前端老化了的部分则会逐渐消失。消失的部分很快就会由新生的部分替补上，给人们造成一种叶子不会衰老的假象。其实真正不会衰老的只是它的分生细胞。另外，百岁兰的叶子里还有一些能吸收空气中水分的吸水组织。

植物追踪太阳之谜

向日葵名字的由来就是因为其总是追逐着太阳的方向。其实不只向日葵,很多花儿都会向着太阳生长,向日葵只是一个典型的代表罢了。但它们为什么会追踪太阳呢?植物学家为了解开这个谜团,进行大量的研究后发现,这是由于它们受到体内生长激素的控制。

在北极,大部分植物都擅长追逐太阳。这是因为北极气候寒冷,花儿为了吸引昆虫前来传粉,使子孙后代繁衍不息,只能向阳聚集热量,以形成一个昆虫喜爱的温暖场所。

在研究植物向阳生长特性的时候,有个令人困惑的问题一直无人能解释:人们发现许多向阳植物在接受不到光照的地下部分,也能对光做出反应。最近科学家们才解开这个谜题,原来植物的身体能像导光纤一维样把照射到地面的阳光传递到身体的其他部分。

在追踪太阳的植物中,缠绕植物可能是最有趣的了。如牵牛花,它盘绕在竹竿上的细茎全部沿逆时针方向右旋着朝上攀爬。而另一种缠绕植物蛇麻藤则与它相反,以顺时针方向左旋着向上生长。不过它们为什么会这样生长,目前还没有一个令人信服的答案。

近日,一位科学家提出了一个有趣的假设。他推断这类缠绕植物的祖先,分别生长在南北半球,植物茎为了跟踪东升西落的太阳,逐渐形成了各自不同方向的旋转,如果这种说法成立,那么,起源于赤道附近的缠绕植物,是不是左右旋转都可以呢?后来,人们真的在阿根廷靠近赤道的地区发现了左右旋转都可以的中性植物。看来,这个假设已经逐渐被事实证实了。

植物也要睡觉

我们人类一生中1/3的时间都是在睡眠中度过的,很多动物也都会冬眠。那么,植物是不是也会睡觉呢?这是一个有趣的问题。

如果细心观察,你就会发现,植物在夜晚会发生一些奇妙的变化。如公园中常见的合欢树,它那许多的小羽片在白天舒展而平缓,可一到夜晚这些小羽片就像害羞的含羞草叶子一样成对地合拢关闭了。其实这就是植物睡眠的典型现象。

花生的叶子从傍晚开始就会慢慢关闭,它也开始了它的睡眠。还有醉浆草、白屈菜、含羞草、羊角豆等植物都存在睡眠现象。

不只植物的叶片,植物的花朵也会睡觉。这些花儿的睡眠时间长短不一,太阳花的睡眠时间较长,上午10点钟醒来后绽放出缤纷的花朵,中午一过便又闭合起来睡眠了。但一到阴天,它却直到傍晚才进入"梦乡"。

还有些花儿昼夜颠倒,白天睡大觉,夜晚时分醒来。如紫茉莉下午5时左右开花,到第二天拂晓时花就闭合起来开始睡眠了。还有一些昼闭夜开的花,如月光花、待霄草、夜开花等。番红花就更奇特了,在早春开花的时候,一天之中会睡好几次。

植物的叶子、花儿这种昼开夜合或夜开昼闭的现象叫作"睡眠运动"。它不仅是一种有趣的现象,而且还是一个科学之谜。科学家们最关心的问题是,植物的睡眠运动会对植物产生什么影响呢?

原来,植物的睡眠是在长期的进化过程中对环境的一种适应。由于白天和黑夜的光线明暗差异明显、气温高低悬殊、空气湿度大小不同,为了适应这些变化,植物就形成了保护自己的睡眠运动。

植物都有各自不同的睡姿。如蒲公英睡觉时就像一把黄色的鸡毛帚,所有的花瓣都会向上竖起来闭合;胡萝卜则像正在打瞌睡的小老头。

植物也有语言

植物也有语言吗?20世纪70年代,澳大利亚的一位科学家发现了这样一个现象:植物在遭到严重干旱时,会发出“咔嗒、咔嗒”的声音。通过进一步测量,他发现,这种声音是由微小的“输水管震动”产生的。但科学家还无法解释,这声音是出于偶然,还是由于植物渴望喝水而有意发出的。如果是后者,则意味着植物也有能表示自己意愿的语言能力。那就太令人惊讶了!

不久之后,英国一位名叫米切尔的科学家,为了证明这个推测,将微型话筒放在植物茎部,倾听它是否能发出声音。经过长期测听,他虽然没有得出结论,但科学家们对植物“语言”的研究,仍然热情高涨。

1980年,美国科学家金斯勒,为监听植物生长时发出的电信号,将一台遥感装置置于一个干旱的峡谷。结果发现,植物在进行光合作用时会发出一种电信号,只要将这些信号破译出来,人类就能了解植物生长的秘密了。

金斯勒的这一发现引起了许多科学家的兴趣。但同时,他们又怀疑这些电信号真的是植物的语言吗?它们能准确完整地表达植物生长的情况吗?

最近,来自英国和日本的科学家罗德和岩尾宪三,设计出一台别具一格的“植物活性翻译机”,以便能更彻底地了解植物语言的奥秘,这种机器只要接上放大器和合成器,就能够直接听到植物的声音。

这两位科学家说,植物的“语言”常常随着环境的变化而改变。如在黑暗中突然受到强光的刺激,有的植物能发出类似惊讶的声音;有的植物在缺水时会发出饥渴的声音;还有的声音像悲鸣的口笛;有的像患者临终前的喘息声……各种各样，真是很奇妙。

罗德和岩尾宪三预测说，这种奇妙的机器，或许不仅可以运用到农业生产中，在不久的将来说不定还能充当植物翻译家，实现人与植物的“对话”呢！当然，这仅仅是一种美好的设想。不过随着科学的发展，我们期待这个美好的愿景能早日实现。

分批收获的蓖麻

植物的生长成熟都有一定的规律。但是，很多植物就很特立独行，比如同一株上的果实或种子的成熟期却有先有后，并不一致。蓖麻就是这样一种植物。

蓖麻

蓖麻种子的成熟期很不一致。为什么会出现这种情况呢？原来，在蓖麻的生长过程中，总状花序总是最先发生在主茎顶端，主茎抽出第一条分枝后，在分枝上才会再发生 2~3 个侧总状花序，分枝上又抽出第二次分枝，再发生侧总状花序。就这样，依此类推。由于各枝分生总状花序的时间不同，它们果实成熟的先后顺序也不一样，总是先分生总状花序的主茎的果实先成熟，再是各分枝。总的来说，一株蓖麻要完全成熟，前后需要两个多月的时间。

正是如此，蓖麻的果实必须分批收获。在果实呈现黄褐色、凹进部分具有明显裂痕时，就应及时采收。否则果实会自行裂开，造成裂果落粒损失。收集的果实应在充分干燥后，进行搓擦拍击，脱粒清选。

蓖麻主茎果穗上的种子比分枝上的好，所以要单收单藏，留作下次播种用。

碧桃只开花不结果之谜

桃树不仅会结出美味的果实，美丽的桃花更是深受人们喜爱。有很多公园都将桃花作为观赏品种进行栽植，每年春天一到，公园里游人如织。但是也有这样一种特别的桃树，它只会开出娇艳的花儿，却不结实。

杭州西湖的苏堤和白堤两岸，柳树和桃树是西湖的主要风景之一。这里的桃树就是只开桃花，不结桃子，它们叫“碧桃”，是专供观赏用的。每逢夏末秋初，它们的枝头上依然只有满树浓绿的叶子，而果园里的桃树早就果实累累了。

原来碧桃的花和其他桃树的花不一样，它的花被叫作“重瓣花”。因为它的花不像结果实的桃树的花，每朵花上只有 5 个花瓣。碧桃的每朵花有 7~8 个花瓣，有的甚至达到十几个花瓣。重瓣花里只有雄蕊，没有雌蕊，或者雌蕊已经退化成一个小突兀，所以不能受精。这就是它们只开花不结果的原因。

“不死”的洋葱

有这样一句歇后语：“屋檐下的洋葱头——皮焦肉烂心不死。”的确，我们日常生活中最常见的洋葱,具有十分顽强的生命力。

在剥洋葱的时候我们就会发现,洋葱的构造很奇特,它穿了很多层"衣服",而且一层紧挨一层。为什么它要穿这么多"衣服"呢?

洋葱

原来,洋葱的故乡在又旱又热的沙漠。沙漠里降水十分稀少,有时甚至终年没有一滴水。在这个水比黄金还宝贵的地方,很多植物为了生存,都想尽方法来保持自身水分,避免水分蒸发。洋葱也是这样,为了保住自己体内那点水分和营养物质,就用一层层的鳞片将自己紧紧包裹起来,这样,水分就没那么容易从身体蒸发了。

现在,在人们的田园里,洋葱已经有足够的水可以喝了,但它却依然秉性难改。

洋葱头保存水分和营养物质的能力十分惊人,一年之内都不会干枯,即使将它贮藏在热的炉灶旁边也是一样。这都要归功于它那一层又一层的"衣服"——鳞片。

因此,人们将贮藏了一年的洋葱头拿出来种植,它还能照样生根发芽。不过,干透了的洋葱也是不能发芽的。

食用发芽土豆会中毒的原因

土豆又叫马铃薯。马铃薯原产于热带美洲的山地，现广泛种植于全球温带地区。别看马铃薯不起眼，但却含有丰富的B族维生素，不仅能延缓人体衰老，而且富含膳食纤维和蔗糖，有助于防治消化道癌症和控制血液中胆固醇的含量。而且它只含有0.1%的脂肪，更是减肥者的首选。

大家知道，食用发芽马铃薯会中毒，这是为什么呢？原来，土豆在贮藏期间，如果温度较高，土豆顶芽和腋芽就容易萌发。在发芽的地方会产生一种生物催化剂——酶。酶在促进物质转化的过程中会产生一种叫作“龙葵精”的毒素。它是一种弱碱性的生物碱，溶于水，具有腐蚀性和溶血性，会使人出现恶心、呕吐、头晕和腹泻等中毒症状，严重时还会造成心脏和呼吸器官的麻痹，甚至危及生命。

怎样避免吃到发芽土豆而中毒呢？在土豆芽还较小的时候，将土豆顶部切除，这时还有一部分残留的毒素，可以将土豆在水中多泡一会儿，煮的时候时间稍长一点，使残余的毒素被破坏掉，这样，土豆还是能吃的。但是，如果土豆的芽长得太大，毒素已经扩散到整个块茎，就不能吃了。发芽的土豆一定要扔掉，千万不要觉得可惜，也不要用其来喂家畜，否则会引起中毒。

那么，如何防止土豆发芽呢？其实很简单，只要将土豆贮藏在黑暗阴凉的地方就可以了。另外，刚收获的土豆一般都有2~3月的休眠期，在休眠期内，土豆是不会发芽的。

树干呈圆柱形的原因

树木品种繁多,形态各异。但所有的树木都有一个共同的特点:树干都是圆的。为什么树干不似树冠、树叶、果实的形状那般千变万化呢?

从几何知识的角度可以这样解释:相等周长的形状,圆的面积比其他任何形状的面积都大。圆形树干中导管和筛管的分布数量比非圆形树干的多,这样,圆形树干输送水分和养料的能力就更强,更有利于树木生长。

另外,圆柱形的容积也最大,具有最大的支持力。挂满果实的果树必须要有强有力的树干支撑,这样才能维持高大的树冠的重量,圆柱形无疑最能满足这些条件。

外来的伤害也常常会对树木造成破坏,树木输送营养物质的通道皮层一旦中断,树木就会死亡。而树木的一生又难免会遭到如动物咬伤、机械损伤、自然灾害等灾难的袭击。圆柱形能有效防止和减轻这些伤害。狂风暴雨来袭时,都会沿着圆面的切线方向掠过,这样树木就只会受到一小部分影响。如果树干是方形、扁形或其他棱角形,就极易受到外界伤害,所以,圆柱形的树干是最理想的形状。

草原上很少见到乔木的原因

辽阔的大草原一望无际,处处是“风吹草低见牛羊”的美景。可是,你是否注意到,草原上除了草本植物和灌木丛外,几乎看不到乔木,这是为什么呢?

人们经过长期的科学考察发现,原来草原上的泥土层只有 20 厘米左右,再

一望无际的草原

往下就是坚硬的岩石层了。即使是茂盛的灌木丛下，土层的厚度也不超过50厘米。草本植物的根须会侧面生长，而灌木的根一般都不太长，所以它们能在草原上生存。但是乔木十分高大，树根也是笔直向下长，树大根深，那浅浅的土层当然也就满足不了乔木根的生长需要了。那些勉强在此生长的树木，也是经不起风吹雨打的。

草原上降水丰富，但由于土层浅薄，因此，土层的含水量并不多。而且草原上水分蒸发得相当快，土层中的水分容易散失。而树木的生长，不但需要一定深度的土层使根系扎牢以吸收土壤中丰富的水分和养料，还需要有足够的水分。这两个条件草原都不具备，自然也就很难在草原上看见乔木的身影。

掌状分裂的植物叶子

植物种类繁多，它们的叶子也是形形色色，千姿百态。叶子的形状有圆形、卵圆形、椭圆形，也有披针形、匙形、镰刀形、提琴形等。叶子的边缘，有的光滑，有的像波浪，有的像锯齿。这都得感谢大自然这位能工巧匠。

仔细观察就会发现，很多树叶都呈深浅不一的掌状分裂，有的出现浅裂、深裂或全裂。像棕榈、蓖麻等,叶的边缘处都有明显的分裂,从而使整片树叶出现许多缺刻。

为什么植物的叶片会呈这种掌状分裂呢?我们都知道树叶是植物进行光合作用、制造养分的主要器官,阳光是光合作用过程中的一个必要条件。植物扁平的结构能加大表面吸收光能,为了最大量地吸收光能,植物的叶片在长期的演化过程中形成了掌状分裂的形状。分裂留下的缺刻也不会完全阻挡下面的叶子接受光照,因而能保证光合作用的充分进行。

另外,这些分裂缺刻在遇到大风时,能使叶片不易被吹折,大大减少了强风的危害。植物的叶子就是经过这样长期的自然选择,出现了掌状分裂。

红色的嫩芽、新叶

春季万物苏醒,花草树木都在这时开始发芽抽枝,嫩绿的新叶碧翠欲滴,十分可爱。可如果你仔细观察就会发现,这些嫩芽、新叶并非全是绿色的,还有红色、紫色等相间其中。

大家知道,千变万化的植物色彩,是由它们体内含有的色素决定的。植物体内都含叶绿素,所以一般植物都是绿色的。但叶绿素是植物生长到一定阶段才产生的。在嫩芽、新叶萌动的阶段,它们是依靠植物体内其他部分供应养料的,叶绿素产生以后,植物能够自己制造养料了,才不需要其他部分供应养料。叶绿素产生早的植物,嫩芽、新叶就绿得快;叶绿素产生迟的植物,嫩芽、新叶就绿得迟。

植物体内含有一种叫花青素的物质,各种花果的美丽颜色就是它的作用。在植物枝芽叶绿素产生之前,这种物质把嫩芽、新叶染成红色、紫色,直到枝芽的叶绿素大量产生,草木才呈现出一片葱绿。

红叶的形成

秋季万物凋谢,树叶都会变黄,然后随着秋风到处飘零。但是也有一些树木不是变成黄色,而是变成猩红色,如枫树、乌桕、黄栌、槭树等。人们称这种猩红色的树叶为"红叶"。

红叶自古就是文人墨客们的最爱,现在我们在很多名作中都能看到红叶的身影。"霜叶红于二月花""乌桕犹争夕照红"……这些都是我们所熟知的诗句。现在,北京的香山公园就以红叶著称,每年秋高气爽的时节,漫山遍野的红叶吸引了大量的游客前去观赏。

那么,这些美丽的红叶是如何形成的呢?植物中含有大量叶绿素,而且在夏季的时候叶绿素颜色较深,因此,植物树叶在平时一般呈现绿色。但植物中还有一些叶黄素、胡萝卜素等。当秋季来临,叶绿素由于寒冷的侵袭遭到破坏,最后逐渐消失。这时树叶中的叶黄素、胡萝卜素就显现出来了,秋天的黄叶就是这样产生的。红叶的形成则是因为叶子在凋落前受到强光、低温、干旱的影响,叶内就会产生大量的红色花青素,致使树叶变红。据统计,有几千种树木的叶子能够变红。

枫叶之国

枫树是加拿大的国树,枫叶是加拿大民族的象征。加拿大国旗的中间就是一片红色的枫叶,代表了勤劳勇敢的加拿大人民。每到秋天,加拿大境内漫山遍野都是红色,仿佛一片红色的海洋,蔚为壮观。加拿大因此有"枫叶之国"的美誉。

花儿会散发香气的原因

春天百花盛开，万紫千红，阵阵花香扑面而来，令人心旷神怡。可是，花儿为什么会散发出这些迷人的香气？它们的香味从何而来？

让我们先来了解一下花瓣的结构吧！花瓣分为表皮、薄壁和维管组织三部分。薄壁组织中有许多油细胞，这些油细胞能分泌出有香气的芳香油，我们闻到的香气就是这些芳香油在空气中挥发扩散的结果。

但是也有一些花瓣里并不含油细胞，而是在细胞新陈代谢的过程中不断地产生芳香油。还有一些花瓣细胞里有一种特殊物质配糖体，它本身没有香味，不过当它经过酵素分解的时候也能够散发出芳香的气味。有的花香气浓烈，有的花清新淡雅，就是因为不同的花儿分泌芳香油和分解配糖体的能力不同。

花的颜色、开花时间、气候也能影响花香的浓淡。一般来说，颜色越浅的花，香味越浓；颜色越深的花，香味越淡。白、黄、红三种颜色的花香气最浓，其中白花可谓"香花之最"。热带地区因阳光直射，所以花香大多浓烈；寒带地区受到斜射的阳光，所以花香大多淡雅。

像向日葵这样的花在阳光照耀下香味更浓，而夜来香和栀子花则在阴雨天或晚上才散发出浓烈的香气，为什么会有这样的差别呢？这都是它们适应环境的结果。它们利用香气将昆虫吸引过来，为它们传播花粉，以达到结籽、繁衍后代的目的。

高山地区花儿颜色鲜艳的原因

电影《冰山上的来客》有一首著名的插曲——《花儿为什么这样红》，传唱至今，同时它也为植物学家提出了一个问题。

高山、高原地区气候比较寒冷，自然条件恶劣，但是生长在这里的植物并不是人们想象中的那么黯淡。与此相反，在我国云南、四川、西藏等地的高原地带，漫山遍野开着颜色艳丽的花朵。

为什么高山地区植物花朵的颜色特别鲜艳呢？植物学家们对此意见不一。大部分植物学家认为，这是高山地区植物对环境适应的结果。高山上强烈的紫外线对花朵细胞中的染色体造成破坏，阻碍核苷酸的形成。为了应对这种情况，高山植物就在体内产生出能吸收大量紫外线的类胡萝卜素和花青素，以减轻受害程度。类胡萝卜素是包含红色、橙色和黄色在内的一个大色素类群，而花青素可以使花儿呈现出橙、粉、红、紫、蓝等多种颜色。正是这两类色素使花儿的颜色变得丰富多彩。

还有些持不同意见的植物学家，他们认为，色素的增多与高山的气候条件有关。高寒地带昼夜温差可达 10℃以上。白天，温度高时，花儿进行充分的光合作用，合成的碳水化合物就多；夜间，温度降低了，白天合成的碳水化合物一部分被呼吸作用消耗掉，其余部分被用来合成各种色素。色素增多，花色自然就特别鲜艳。但这种说法尚未得到证实。

花儿盛开之谜

花开花落，是十分正常的自然现象。但花儿为什么会开放呢？其实，早在一个世纪前，就有人对此进行了研究。德国植物学家萨克斯提出一种假设，他认为，植物体内含有一种特殊物质，正是这种特殊物质在支配花儿开放。

还有的科学家提出另一种假设，认为植物能够开花，也许是由于周围环境的微妙变化决定的。1903 年，德国植物学家克列勃斯做了一个实验，他把一种香连绒草放在很弱的光照下，生长了好几年都不见它开花，最后将它们搬到阳光充足的地方，很快就开花了。由此，他提出一个新的观点：给植物创造一些如光照、水分之类的条件，就可以使植物开花。

但他的这种观点被苏联科学家柯洛米耶茨推翻。柯洛米耶茨认为，植物开花，与体内细胞液的浓度密不可分。他通过观察和实验发现，苹果树苗在一般的自然环境下，要 4~5 年才能开花，但如果对果树进行施肥，提高植物细胞液的浓度，果树只需生长一年便会开花。

还有一些科学家通过实验认为：对花的形成、开放起决定作用的是植物生长素。

那么，植物开花到底是由内部的特殊物质决定的，还是由周围的环境决定的？是由阳光照射、肥料决定的，还是由植物生长素决定的？抑或是这些因素共同作用的结果。这些问题目前还没有定论，有待于进一步研究。

“花中花”之谜

通常月季花在开放时，一朵即是一朵，但有时（罕见）会发现一朵月季花在盛开时，其中心忽生出一个短柄，柄上再生出一朵月李花的情况，看上去就像是起了个“楼台”，煞是有趣。但这时下面的那朵花便会渐渐凋谢，好像上面那朵新长出的花是来接班的一样。园艺家们认为这是一种变态，在月季花中不多见。倒是月季花花心开花，但花无柄者较多见，出柄的少见。

花的这种变态原因，尚不太明确，一般认为，花是变态的枝条，枝条缩到极短，枝条上的叶子变态为花的各个组成部分，如萼片、花瓣、雄蕊、雌蕊等。因此，花中生出短柄来，可能是一种“返祖现象”。

花中花

中午不能浇花的原因

植物和人一样需要不断补充水分，才能保持正常的新陈代谢。在夏季，花很容易干旱，要不断给花浇水以补充水分。但是，千万不要在中午给花浇水，否则很容易导致花卉死亡。这是为什么呢？

一天中，中午的气温是最高的，特别是夏天，植物叶面的温度常可高达40℃左右，蒸腾作用特别强，同时水分蒸发也快，根系需要不断吸收水分，以补充叶面蒸腾的损失。如果这个时候给花浇水，土壤温度突然降低，根毛受到低温的刺激，就会立即阻碍水分的正常吸收，而叶面水分蒸发很快，这时水分失去了供求平衡，导致植物叶片焦枯，严重时会引起全株死亡。

有养花经验的人都会在早晚浇花，因为早晚气温较低，浇水后土壤温度与气温差异小，没有引起死亡的危险。如果在阴天，气温变化不大，不管什么时候浇水都可以。

除了花，很多草本植物都不宜在夏天的中午浇水。

浇花的规律

春季是花的生长旺季,此时应该多浇水,并最好在午前浇水;夏季以清晨和傍晚为宜;立秋后花卉生长缓慢,应适当少浇水;冬季多种花卉进入休眠或半休眠期,要控制浇水,冬季浇水宜在午后1~2时进行。

用什么样的水浇花最好

雨水是一种中性水,不含矿物质,有较多的氧气,用来浇花最为理想。用融化后的雪水浇花效果也很好。

花香能治病的原因

你听说过花香能治病吗?花香疗法确实具有治病健身的功效。别具一格的花香疗法不是靠打针吃药,也不用开刀电疗,而是让患者坐在舒适的安乐椅上,一面嗅闻周围花儿溢出的阵阵幽香,一面聆听悠扬悦耳的音乐,不少疾病就是在这花香之中被治愈的。

花香为什么能治病呢?原来,构成花香的主要成分是一些有机化合物。这些有机化合物极易挥发,能够随同花香散发到空中,在人们呼吸时进入人体嗅觉器官,刺激嗅觉神经,使人感到香味的存在。如檀木发出的优雅檀香味,是一种含有檀香醇的有机化合物;白兰花浓郁的香味伴随着一些有机酸类化合物;还有我们常常嗅到的薄荷清凉香味,主要成分是萜类物质。在闻花香的同时,这些有机化合物在人体内发生作用,能够灭菌驱虫,起到消炎、消毒或缓泻等作用,达到治病的效果。

花香疗法必须在医生的指导下进行,这如同打针吃药一样。因为各种香气的化学性质不同，药理作用也千差万别，甚至有些花香还含有剧毒，一旦使用不当，就会使人中毒，引起过敏甚至休克。

高原上多紫花的原因

春天来了，各种各样的花都竞相开放。娇黄的迎春花、鲜红的山茶花，还有粉红的桃花、雪白的李花……把大自然打扮得万紫千红。可是，在青藏高原上，却是紫色的花开得特别多。为什么高原上多紫色的花呢？

这是因为高原地区海拔高，大气稀薄，太阳光中的紫外线照到地面比较多。在长期的自然选择中，只有那些花色素为紫色的花，才能有效地反射紫色光，从而适应这种高原的气候条件。

我们都知道，太阳光可分为红、橙、黄、绿、青、蓝、紫七种颜色。哪种光波被物体反射，这种物体就会呈现哪种光波的颜色；光若被全部反射时就呈白色；光若被全部吸收时就呈黑色。高原上的野花极需反射紫色光，以免遭受过多紫色光之害，这样，高原上的紫色花就特别多。同时，紫色光在阳光下显得十分光彩夺目，比其他颜色更能引起蜜蜂、蝴蝶等昆虫的注目，更易招引它们来采花传粉，以延续后代。

另一个原因是高原寒季长，地温低，有机物较难腐烂，使大多数土壤偏碱性，这也会影响花的颜色，所以深色、紫色花就多了。

春天萝卜会出现空心的原因

萝卜是一种十分常见的蔬菜，冬天和早春的萝卜肉质优良，甚至还能当水果。可是一到春天,萝卜常常变得肉质粗糙,甚至出现空心,这是什么原因呢?

萝卜在秋季的生长季节,根和叶片具有不同的功能,根吸收土壤里的水分和无机盐类,叶子则进行光合作用制造养分。冬季天气转冷时,叶里的营养就逐渐往根里贮藏,因此,在冬天,萝卜味道十分鲜美。

有人曾做过试验,萝卜生长的初期,叶子的重量比根重1~2倍;过了半个月以后,根的重量和茎叶的重量就相等了,因为养分累积到了根里;又过了半个月,根的重量就会超过茎叶重量的1~2倍,甚至3倍。

贮藏在根里的大量养分会留在春天萝卜抽薹开花时用,因为抽薹开花时需要大量养分。

到了春天,萝卜开始抽薹开花,根里贮藏的养分就会被迅速地消耗掉,纤维素反而增多。结果,根的肉质由致密的、透明的状态变成疏松的、好像由棉絮构成的状态,也就是大家知道的空心现象,并且会变得干而无味。

所以,为了避免萝卜变空心,应该在抽薹以前收获。

高原上植物生长的奥秘

在世界某些高原上,有的植物会出现一些特殊的生长趋势,引起了人们的注意。

13世纪意大利著名的旅行家马可·波罗发现帕米尔高原的植物生长与其他地方的植物生长很不一样。在海拔2100~3800米的高处这样极端恶劣的环境下,生长着各种各样的果树,也有美国的橡树和梣树、西伯利亚落叶松,还有远东的五加皮等。这些植物能承受冬季-30℃的严寒和夏季35℃以上的酷暑。更令人惊讶的是,它们的生长速度还特别快,植株和果实也长得非常大,真是高原奇迹!

在非洲的扎伊尔和乌干达交界处，有一个名叫卢文佐利的地方，那里海拔高达3300米，生长着一种平原上很不起眼的小植物——石南，在那里竟能长到25米高。在欧洲最多只有半米高的金丝桃，在那里也能长到15米。这些都十分令人惊奇。

高原植物为什么会出现这样奇特的生长趋势呢？经过科学家们对高原植物和它们的生长环境进行考察和研究后发现，这些都是由高原特殊的地理环境和气候条件决定的。如帕米尔地区，空气新鲜而干燥，二氧化碳的含量极为稀少；卢文佐利地区，降雨量很大，气温很高，土壤中的矿物质含量非常丰富。另外，高原高强度的紫外线有可能使控制植物生长的细胞染色体产生遗传突变，从而改变植物的生长速度。

不过这些都还是科学家们的初步研究结果，尚未定论，高原植物生长的奥秘究竟是什么？还有待于进一步研究。并且这方面的研究必将对人类控制农作物及经济作物的生长产生积极的影响。

植物的“针灸疗法”

为了防止病虫侵害植物，长期以来人们最常用的方法就是对植物施肥、喷农药，但这两种方法却容易产生一些环境问题。为了找出更加有效的环保方法，科学家们一直在为此进行不懈的努力。

十几年前，国外两名科学家惊奇地发现，有些植物会出现与人类的“血脉堵塞”“神经衰弱”等病类似的情况，并导致植物生长缓慢、产量降低。两位科学家突发奇想：能不能运用给人治病的方法来给植物治病呢？说做就做，他们给植物通以微电流，结果植物不但恢复了健康，产量也成倍增加了。经过“电疗”的桃子没有了令人讨厌的绒毛，黄瓜经过“电疗”后没有了籽，洋葱经过“电疗”

后没有了能使人流泪的辛辣气味。

我国山西的果树专家也用类似的方法给因缺铁而患“黄化尖绿症”的苹果树治过病。他们给缺铁的苹果树配置了一种特制的补铁药液，并像给人类打针那样，把药液注射进树的主根部位。结果疗效明显，苹果树很快恢复了健康。直到现在，这项技术都还处于世界领先地位。

我国传统的中医疗法也能运用到对植物的治疗中。在我国民间，很早就有人用针刺法给植物治病。我国南方一些经验丰富的老农，常用两根很细的竹签刺在玉米靠近根茎的“节巴”处。这样的玉米不但长得分外粗壮，连结出的玉米棒子也比没有被针刺过的玉米多得多。巴西和其他一些国外的生物学家也曾将我国这种针灸的办法运用于果树栽培，结果被针灸过的果树开花结果都更多，枝叶也更加茂盛。

为什么针灸对植物会有如此神奇的功效呢？研究人员发现，针刺后，植物通过光合作用而得到的营养物质，会比较多地停留在开花结果的部位，促进了植物的生长。而且针刺还可以加速植物细胞的分裂过程，提高植物产量。

不过针刺为什么能让植物生长得更好，是巧合还是必然？科学界目前还没有得出足以让人信服的结论。

水果皮上的白霜之谜

在吃苹果、葡萄、柿子等水果时，你是否发现，这些水果外面都裹了一层白霜，就像给水果穿了一件白色的“外衣”。那么，这件“外衣”到底是什么呢？很多人都认为，它是农药残留物。其实并不是，水果在发育成熟时，体内会分泌出一种糖醇类物质，它是生物合成的天然物质，对人体完全无害。

但是，并不是所有水果皮上的白霜都是无毒的。在水果的生长过程中，为了防止发生病虫害，果农们大多都会喷洒由硫酸铜和石灰混合制成的杀虫剂。有时候我们看到水果表面上的白霜和蓝色斑点就是石灰粉和硫酸铜的残留物，对人体有一定的毒性。因此，吃水果前一定要用水清洗干净或充分浸泡。

第二十二章　植物之最

一、树之最

最早的树

大约在一个世纪前，人们曾在美国纽约州的吉尔博挖掘出了许多树木化石，科学家认为这是生长在地球上的最早的树木。2005 年，科学家把这种树的树冠化石和树干化石组合起来，展现出这种地球上最古老的树木的复原图。它高约 9.14 米，外形看上去像现代的棕榈树，大约生长在 3.85 亿年前。这种树属于一种名为瓦蒂萨的早期蕨类植物。它没有真正的叶子，只有一些类似于叶子的小枝，这些树枝掉落到地上腐烂后能够为其他生物提供食物来源和庇护所。瓦蒂萨不像用种子来繁殖的显花植物，而是像藻类、蕨类和菌类植物那样用孢子来繁殖。

生长最慢的树

自然界树木生长有快有慢。例如在俄罗斯的喀拉里沙漠中，有一种高度很矮、圆形树冠的尔威兹加树，从正面看上去，就像是沙地上的小圆桌。因为沙漠中雨水稀少，风又大，天气干旱，所以尔威兹加树生长极其缓慢，堪称世界上生长最慢的树。它 100 年才长高 30 厘米，生长速度极慢。和毛竹的生长速度相比，尔威兹加树长得慢如蜗牛，要长 333 年，才能达到毛竹一天生长的高度。

体积最大的树

地球上的植物，形态各异，千差万别。有的个体非常微小，有的个体却很庞

巨杉

大。生长在美国加利福尼亚的巨杉，长得又高又壮，是世界上体积最大的树，堪

称树木中的“巨人”,所以人们习惯地称其为“世界爷”。

这种树一般高100米左右,最高的可达142米。体积最大的一棵巨杉名叫“谢尔曼将军”,这棵巨杉有3500年的树龄,其直径近12米,树干周长为37米,需要20来个成年人才能抱住它。人们在树干下部开了一个可以通过汽车的洞,这个洞有4匹马并列的宽度。人们要用长梯子才能爬到树干上去,如果把树干挖空,人可以爬上去60米,再从树洞里钻出来。如果用它的木料盖楼,可够盖40套5间一套的房屋。

巨杉的木材不易着火,有防火的作用,是枕木、电线杆和建筑上的良好材料,有很高的经济价值。

最粗的树

在西西里岛的埃特纳山边,有一棵叫“百马树”的大栗树,这是世界上最粗的树。人们在1972年发现了它,经测量,发现它树干的周长竟有55米,要30多人才能合抱住。树下部有大洞,由于洞内宽敞,采栗的人常把那里当宿舍或仓库用。

栗树的果实——栗子,含丰富的蛋白质、淀粉和糖分,不仅味甜可口,还有益脾补肝、强壮身体的医疗作用,可用来炒煮烹调,是一种备受人们喜爱的高营养绿色保健食品。

最粗的药用树

世界上最粗的药用树是生长在非洲东部热带草原的波巴布树。波巴布树的树皮、叶子、果实都可供药用。它的个子只有10~20米高,可是树干却粗得出奇,一般的直径都超过10米,最粗的一株树干基部直径竟有16米,要30个成年人手挽着手才能把它围一周,不愧为“药材大王”。

粗大的波巴布树,远看像坐落在热带草原上的一幢幢楼房,当地有的人家真的把这种树的树洞当房子住。这种树洞又是狮子、斑马等动物避雨或休息的场所。猴子非常喜欢吃这种树的果实,所以人们又叫它猴面包树。

树冠最大的树

孟加拉国的一种榕树的树冠可以覆盖1万平方米左右的土地,在炎热的夏季,这棵树能提供半个足球场大小的树荫,从而供许多人同时纳凉。

孟加拉国国榕树

枝繁叶茂的孟加拉榕树能由树枝向下生根。这些被称作“气根”的树根悬挂在半空中,从空气中吸收水分和养料。多数气根也扎入土中,起着吸收养分和支持树枝的作用。一棵榕树最多的可有4000多根气根,因为直立的气根很像树干,因此,从远处望去,像是一片树林,人们形象地称这种榕树为

“独木林”。据说曾有一支六七千人的军队在一株大榕树下乘过凉，可以想象，这棵榕树有多大了。当地人们还在一棵老的孟加拉国榕树下开办了一个市场，这个市场一直都人来人往，热闹非凡。它的树冠无愧为世界上最大的树冠。

最古老的种子植物

银杏树是现存树木中辈分最高、资格最老的种子植物。银杏树在2亿年前的中生代就已出现在地球上了，被称为种子植物中的“活化石”。

银杏曾经广泛分布在欧亚大陆上，后来，大部分地区的银杏被冰川毁灭，成了化石。目前，只有中国还分布有银杏树，因而，银杏树相当珍贵，并对植物学研究有宝贵的价值。

银杏的叶子碧绿，像把折纸扇，含有能防虫蛀的抗虫毒素。银杏的果实，成熟时外种皮呈现出杏子般的橙黄色，“银杏”这个名称就是因此得来的。它的种皮色白而硬，人们称其为白果。银杏的种仁味道香美，并有祛痰、息喘、止咳嗽的功效，但多吃容易中毒。现在，江苏的泰州、泰兴，苏州的洞庭山和安徽的徽州等地，盛产银杏，并且出产的白果质量最好，最负盛名。

最矮的树

在温带的树林里，生长着一种叫紫金牛的小灌木，绿叶红果，非常漂亮，惹人喜爱，由于极具观赏性，人们常常把它制成盆景。它长得最高的也不过30厘米，因此，得了一个“老勿大”的绰号。其实“老勿大”比起一种生长在高山冻土

紫金牛

带的树来要高6倍,这种树名叫矮柳。它的茎匍匐在地面上,长出像杨柳一样的花序,高不过5厘米,只有世界上最高的杏仁桉树的1/15000。生长在北极圈附近高山上的矮北极桦也很矮,甚至不及蘑菇高。

科学研究发现,因为高山上的温度极低,空气稀薄,阳光直射,风又大,只有那些矮小的植物才能适应这种环境。所以,高山植物都很矮小。

最高的树

世界上最高的树是生长在澳大利亚的一种叫作"杏仁桉"的树,它的平均高度达到100米!

杏仁桉是一种在澳洲大陆非常常见的树种,它最具特色的地方就是它的高度,一般长成的杏仁桉都在100米左右,这就已经相当高了,但这还不算最高的高度,据说澳洲当地有一棵杏仁桉高达156米,它粗粗的树干像一座高塔直插云霄,比50层楼还高!在人类关于树的所有的历史记载中,还没有哪一种树的高度能高过杏仁桉,可见杏仁桉绝对是世界第一高树了!

最重的生物

这是一种巨大的复合树——树干由一个普通的根系连接起来，重达数千吨——拉丁语中称之为“我传播”。虽然这些无性系中独立的成员相当短寿，但是它们至少有4.7万棵，而且都是雄性的，已经自身繁殖至少1万年了，甚至也许还要长很多很多年。虽然这种无性系分株比较细长，几乎不能长得很高，但是它们所覆盖的面积起码达0.43平方千米。

美国白杨能以正常的有性方式进行繁殖，产生种子。但如果条件不适合种子萌芽，或者白杨被火灾或雪崩毁坏了，它就会选择快速的无性繁殖，从根部或树干的下部长出枝条来。事实上，由于它部分具有防火性能，所以在周期的火灾当中还能茁壮成长，消灭了与之竞争的树种。

一棵成熟的白杨的根系能发出每平方千米近5000万棵芽，由于每个季节白杨的芽能长1米，所以它很快就超过别的树种。因此，美国白杨在经历了第4纪冰川后成功地在北美洲扎下根来，现在成了这个大陆上分布最广泛的树种，仅次于世界上分布最广的刺柏属树木。

木材最轻的树

巴沙木是生长在美洲热带森林里的轻木，是生长最快的树木之一。这种树四季常青，树干高大，有类似梧桐叶的树叶，芙蓉花般的黄白色花朵，棉花状的果实。中国台湾南部和广东、福建等地也都有广泛栽培。

轻木的木材是世界上最轻的，每立方厘米只有0.1克重，是同体积水的重量的1/10。用来制作火柴棒的白杨是它重量的3.5倍。巴沙木木质轻而牢固，有很大的实用价值，是航空、航海以及其他特种工艺的宝贵材料。它的用途广泛，可做木筏，往来于岛屿之间，也可做保温瓶的瓶罩。

树干最美的树

世界上树干最美的树是白桦树。

白桦树

白桦树在植物学上属于桦木科、桦木属，是一种落叶乔木，成熟以后高度一般来讲都在10~20米之间，最粗的白桦树直径有1米多。白桦树之所以被人们认为是世界上树干最美的树，是因为它的白垩色的树皮，一年四季，无论哪个季节都是雪白色的，偶尔也会带着些红晕，再加上它碧绿色的树叶的衬托，远远地看过去，亭亭玉立，煞是好看！

白桦树是温带或寒带植物，在中国的好多地方都能看到它的影子，尤其是中国东北的大、小兴安岭林区，几乎整个林区面积的1/4都是白桦树。

叶子最长的树

世界上植物的叶子形状各式各样,大小也千差万别。最大的一片叶子大到可遮住一间小房子,最小的还不及鱼鳞大。如果仔细比较它们的长度,就会发现植物的叶子长度也没有一片是完全相同的。玉米的叶片,是比较长的,大约1米左右。南美洲的亚马孙棕榈的叶子竟然接近25米长。热带的长叶椰子则拥有迄今所知道的最长的叶子,一片叶子有27米长,竖起来有7层楼房高。

对火最敏感的树

世界上对火最敏感的树是生长在非洲安哥拉的梓柯树。因为只要有人在树下点火,梓柯树就会立即喷出一种特殊的液体,把火浇灭,所以人们把这种树叫作"灭火树"。

梓柯树是多年生的常绿树,高大雄伟,枝繁叶茂,叶片细长,向下垂挂,把全树围得密不透光。在浓密的叶丛中,有许多皮球般大小的"天然灭火器"——节苞,它并不是果实,而是"自卫"的武器。节苞上面密布网状小孔,里面装满透明的液体,节苞怕见阳光,一旦被太阳光或火光照到,里面的液体便会从细孔中喷射出来。

有人曾想试验一下梓柯树对火的灵敏度和实际效果,在树下用打火机吸烟,结果一条条白色的浆液向他射来,烟未点燃,人已是满面白浆,使人啼笑皆非。也有人想在树下点起一堆熊熊篝火,但始终未能如愿。这是因为梓柯树具有把火消灭在萌芽状态的"特异功能",它喷射出来的浆液中确实含有灭火物质——四氯化碳。科学家曾在梓柯树的启示下设计成功微型自动灭火器。

根扎得最深的树

科学家研究表明,漂浮在池塘水面的浮萍的根不到 1 厘米,水稻的根也仅 20 厘米左右,棉花的根最深的也只有 2.0~2.2 米。在非洲沙漠里,有一种叫有刺阿康梭锡可斯的灌木,根长达 15 米,但这还不是世界上根长得最深的树。

世界上根长得最深的树,是生长在南非奥里斯达德附近的回声洞里的一株无花果树,它的根有 120 米长,要是挂在空中,有 40 层楼那么高。一般地说,旱生植物,根长得长而深,目前,还没有发现比这棵无花果树根更长的植物。

最凶猛的树

在世界上 500 多种能吃动物的植物中绝大多数只能吃些小昆虫。可是,生长在印度尼西亚爪哇岛上的一种名叫奠柏的树,居然能把人吃掉,因而是世界上最凶猛的树。

这种树长着许多柔软的枝条,一旦被人触动,那些枝条马上就像蛇一样把人卷住,使其脱不了身。然后这种奠柏能分泌一种强腐蚀性的液汁,把人慢慢"消化"掉。不过,当地人已经知道如何对付和利用它了。只要先用鱼去喂它,等它伸开枝条,分泌液汁,就赶快去采集它的树汁,因为这树液是制药的宝贵原料。在充满智慧的人类面前,世界上最凶猛的树也能被人们加以利用。

最容易对人造成伤害的树

一种生长在美国佛罗里达州和加勒比海沿岸的树在16世纪被西班牙探险者发现。

这种树被人们称为曼奇尼树，它的树液有毒，一滴树液便可使人失明，曾被用作箭上的毒药；曼奇尼树上的果子也有毒，咬上一口，便会起水疱且非常疼痛，轻微接触也会引起水疱。因此，人们把曼奇尼树称为最危险的树，同时，曼奇尼树也因其毒性而闻名于世。

最毒的树

在两个世纪前的爪哇，有个酋长用涂有一种树的汁液的针刺犯人的胸部，眨眼工夫，犯人就死去了。从此人们对这种树非常害怕，而这种树也因此闻名世界。在中国，人们形象地称其为"见血封喉"，形容它毒性猛烈。

这种树就是剪刀树也叫箭毒木，其树身高30米，产丁东南亚和中国的海南岛、云南等地。它的树皮中含有白色剧毒乳汁，它有急速麻痹心脏的作用。人们把这种乳汁涂在猎兽用的箭头上，制成毒箭，中箭的兽类数秒内就会中毒而亡。如果不小心让它进入眼内，眼睛顿时就会失明。它的毒性巨大，剧毒的巴豆和苦杏仁在它面前也逊色很多。因而，箭毒木是最毒的树。

最长寿的树

人活到百岁就算长寿了，但与树木相比，人的寿命简直微不足道。

许多树木的寿命都在百年以上。例如杏树、柿树，而柑树、板栗树、橘树能活到300岁，杉树可活1000岁。中国南京有一棵1400年树龄的六朝松，而山东曲阜的一棵桧柏则有2400年的树龄。中国目前活着的寿命最长的树是台湾地区阿里山的一棵红桧，已存活了3000多年了。

世界上最长寿的树，是曾经生长在非洲西部加那利岛上的一棵龙血树。它的树龄有8000~10000年。不过，在1868年，被大风刮断死去了。

龙血树一般高20米，基部周围长有10米，七八个人伸开双臂，才能合围它。它是一种常绿植物，树脂有防腐功效，呈暗红色，常被制成防腐剂。当地人形象地称它为“龙之血”，龙血树名称即由此而来。

最坚硬的树

铁桦树的硬度相当大，甚至超过了钢铁，子弹打在这种木头上，就像打在厚钢板上一样，不能洞穿，因此被认为是比钢铁还要硬的树。

由于它木质坚硬，所以非常珍贵。它一般能活300多年，树木高约20米，树干直径约70厘米，密布白色斑点的树皮呈暗红色或接近黑色，树叶是椭圆形的。它主要分布在朝鲜南部和朝鲜与中国接壤的地区以及俄罗斯东部海滨一带。

铁桦树的木质比橡树硬3倍，比普通的钢硬1倍，是世界上最硬的木材，常

铁桦树

常被当作金属使用。苏联曾经在快艇上使用铁桦树制成的滚珠球轴承。由于质地极为致密,所以铁桦树一旦入水就往下沉;更为奇特的是即使被长期浸泡在水里,它的内部仍能保持干燥。

贮水本领最强的树

生长在南美洲草原上的一种纺锤树,身躯很像一个大萝卜。这种树高可达30米,相当于10层楼房的高度。它的树干两头细中间粗,最粗的地方直径达5米,与火车通过的隧道差不多宽。纺锤树上端的枝条很少,叶片也不多,远远看去,这种树又像一个插着枝条的花瓶,因此人们又叫它瓶子树。

旱季时,人们常砍棵纺锤树作为饮水的来源,因为纺锤树的树茎内可贮存2吨多的水。一棵纺锤树几乎可供4口之家饮用半年,所以纺锤树在缺水的地区被居民们视若珍宝。纺锤树可谓是世界上贮水本领最强的树。

最能忍受紫外线照射的树

紫外线是太阳光里的一种射线，它会对生物产生影响，特别是微生物，受到一定剂量的紫外线照射，在十几分钟之内就会死亡。紫外线常被用在医院、工厂、学校等场所，进行杀菌消毒。

研究表明，如果用相当于火星表面的紫外线强度为标准，来照射各种植物，番茄、豌豆等只要3个多小时就死去；小麦、玉米等被照射70多个小时后，叶片就会死亡。但有一种植物，对紫外线忍受能力最强，这种植物名叫南欧黑松，它被照射635小时，仍完好无损。科学家估计，像南欧黑松这样的植物，能够在火星上生活一个季节。根据这一事例，人们猜测，在地球以外的行星如火星上，可能会存在生物。

最有希望的石油树

在非洲生长着一种树，高7~8米，一年四季都是光秃秃的枝条，看上去没有叶子，人们叫它光棍树。其实光棍树也有叶子，可能是因为它生活在气候非常干旱的地方，所以叶子特别特别小，落得也过于早，人们很少能看到它的叶子就以为它没有叶子。但就是这样的一种外表非常奇怪的树却被人认为是最有希望的石油植物，因为在它肉质的枝条中分泌出来的乳汁里面含有非常非常多的碳氢化合物，这种化合物正好是石油的主要成分，所以有关专家认为光棍树很可能在未来是最有希望的石油植物。这种奇树在中国南方的广东、福建一带也经常能看到。

世界上含盐最多的树

世界上含盐最多的树是生长在中国黑龙江和吉林交界处的一种叫作“木盐树”的树。一般来讲,木盐树的高度都在 6~7 米,树干非常粗壮,在中国东北的大兴安岭尤为常见。

世界上含糖最多的树

世界上含糖最多的树是北美洲的糖槭。

糖槭盛产于北美洲,尤其在加拿大分布得更多。糖槭从外表上看并没有什么特殊之处,但它的确是世界上含糖最多的树,它的含糖量达到了 85%,是不是相当高呢?我们所知道的甘蔗也不过如此,甚至有些纯种的糖类植物的含糖量还不如糖槭,这可真是奇怪!有资料显示,一棵很普通的糖槭一年的产糖量高达 2.5 千克之多,产糖最高的糖槭一年能产糖 3.5 千克呢!并且糖槭生产出来的糖和我们常见的糖类的味道比起来根本不相上下,有的人甚至认为糖槭的糖要比我们常见的糖的味道还要好。这对于盛产糖槭的国家来讲可真算得上是一种不错的经济开发项目,其前景肯定是一片光明!

世界上含酒最多的树

世界上含酒最多的树是非洲的休洛树。

休洛树盛产于非洲东部,在罗得西亚的恰西河两岸尤为常见。它也算得上是世界上最为奇特的树种之一了,因为在它树干里能分泌一种特殊的白色的液体,这种白色的液体带有天然的酒的醇香,甚至能让人迷醉,与我们日常见的酒有同样的作用,但是它要比我们做的饮用酒的味道好得多,当地人把它当作天然的美味招待远方的贵客！科学家用了好长时间才弄明白为什么休洛树能"酿酒"。原来在休洛树里面分泌的本来是一种含有糖的液体,但是当氧气不足的时候,糖类物质就会发生化学变化,变成含有酒精的液体,休洛树也就因此能"酿酒"了!

世界上含淀粉最多的树

板栗、山芋、小麦、马铃薯等的植物淀粉,主要集中在果实、种子、块根、块茎中,很少有植物的淀粉分布在茎干中,但是也有一些植物的茎干内含有丰富的淀粉。

生长在印度尼西亚、菲律宾等国的西谷椰子树是树干含淀粉最多的植物。通常一株高 11 米、直径 20 多厘米的树干,可含淀粉 100 多千克,大的树干就更多了。洁白均匀的西谷米就是这种干粉经加工制成的,味道很好,把它做成饭,吃起来和大米一样香,当地人就用它作为粮食。据说一个人在西谷椰子林内劳动 1 天,可得到够吃 1 年的西谷米。

世界上含食用油量最多的树

油棕是世界上含食用油量最多的树,一般亩产棕油 200 千克左右,相当于花生产油量的五六倍，大豆产油量的10倍，堪称“世界油王”。人们从油棕的果肉和果仁中榨油，油棕果肉含油46%~50%，果仁含油50%~55%。

油棕原产于非洲西部的热带雨林中，高约10米，树干直径30厘米。油棕四季开花，每个大穗能结上千个卵形果实。油棕树长得像椰子树，因此人们把它叫作“油椰子”。目前，我国云南、广西、广东、海南也有大量油棕树。

出木材最多的树

世界上出木材最多的树是鸡毛松。鸡毛松树干高大且又圆又直，极少凹凸，是上好的木材。树木最高可达45米，直径最大可达2米。这种树生长在海拔500~1000米的山地上，主要分布在我国海南岛山区，广西、云南也有少量分布。

由于长期砍伐，鸡毛松数量越来越少。目前鸡毛松已经成为濒危物种，被列为国家三级保护植物。

世界上唯一一棵标在地图上的树

我们在地图上看到的一般是山脉、河流、建筑，如果一棵树能够出现在地图上，那这棵树一定不简单。世界上就有一棵在地图上标出的树。它是被非洲尼日尔国人视为珍宝的“神树”，因其生长在尼日尔阿加德兹省寸草不生的特内雷地区，因而得名“特内雷之树”。

“特内雷之树”是一种金合欢树，历经风暴的侵袭，在一望无际的沙漠中傲然挺立了180多年，为了吸取养料和水分，它的根深扎到沙漠以下30多米处。

在同一地区人们栽过同种金合欢树，均未成活。因此“特内雷之树”成了当地的图腾，也是倍受沙漠化干旱之苦的尼日尔全体人民的骄傲。因为从它身上，人们可以学到勇敢地面对逆境的精神。

不幸的是，1973年“特内雷之树”被汽车撞死。为此尼日尔发表了新闻公报，全国为此树举哀，并把残损的树干运回首都尼亚美。1977年，尼日尔政府在国家博物馆为“神树”盖了亭，以示永久的纪念。

最耐盐碱的树

世界上最耐盐碱的树是红树。红树生长在东南亚、非洲等热带海岸的泥滩上。涨潮的时候，红树有一大截淹没在水里，只能看到露在海平面上的茂盛的树冠；落潮的时候，红树的根从淤泥里露出来。这种树常常长成茂密的海上森林，因为它们能够经受长期的海水浸泡和盐碱泥地的环境，而且具有防风固堤的作用。

红树的叶子是绿色的，之所以叫作红树，是因为它们的树干长期浸泡在海水中，富含单宁酸，被砍伐后氧化变成红色。

最耐干旱的树

世界上最耐干旱的树是生长在沙漠中的胡杨。胡杨是一种落叶乔木，主要分布在我国新疆南部、塔里木盆地、河西走廊等地。胡杨的生命力极强，被人们誉为“沙漠中的英雄”。它们能够忍耐极端最高温45℃和极端最低温-40℃的袭击。在干旱的沙漠地区，它们的根可以扎到10米以下的地层中汲取水分。

在非常干旱的季节，胡杨就脱掉叶子，停止生长；一旦下雨，它们就会拼命储水以备旱时使用，有了足够的水分，它们又能长出新的叶子。胡杨对盐碱有极强的忍耐力，它们的树干和叶子可以把体内多余的盐碱排出以免受伤害。据说，胡杨活着一千年不死，死后一千年不倒，倒后一千年不烂。

胡杨林

胡杨是荒漠地区特有的珍贵森林资源。它对于稳定荒漠河流地带的生态平衡，防风固沙，调节绿洲气候和形成肥沃的森林土壤，具有十分重要的作用，是荒漠地区农牧业发展的天然屏障。同时，胡杨是较古老的树种，它对于研究亚非荒漠区气候变化、河流变迁、植物区系的演化以及古代经济、文化的发展都有重要的科学价值。

最不怕冷的种子植物

一般种子植物生长活动的最低温度是0℃。到了冬天，大部分种子植物就会落光叶子，停止生长，等到来年春天再发芽。但是，也有一些耐寒的种子植物，比如松树、柏树等针叶树。

苏联科学家用人工控制的方法，把白桦树放在逐步降温的环境里，它竟能耐得住-195℃的低温。因此桦树算得上种子植物中耐寒的冠军。

最怕痒的树

世界上最怕痒的树是紫薇树,也叫痒痒树。如果你用手去挠紫薇树的树干,它的枝叶就会抖动,发出沙沙的响声,好像不胜其痒而发笑一样。有意思的是,它的抖动幅度因用力大小而异,触摸树身时用力大,“笑声”就大,用力小,“笑声”就小。

紫薇树

年轻的紫薇树干,年年生表皮,年年自行脱落,表皮脱落以后,树干显得新鲜而光滑。老年的紫薇树,不再复生表皮,筋脉暴露,莹滑光洁。紫薇的叶子呈椭圆状,夏季开花,花色有红、紫、白、蓝多种,花期长达三个月,因此紫薇花也叫“百日红”。

紫薇树产于亚洲南部和澳洲北部,我国长江流域、华南、华北、西北地区都有分布。

最会预报天气的气象树

自然界中的生物为了生存,能够很好地适应环境的变化。比如有些动物会随着环境的变化而改变体色,把自己隐藏在环境中。很多植物会随着季节的变化而改变颜色,有些植物还会随着天气的变化而改变颜色,人们可以根据植物颜色的变化来判断天气的变化。

最会预报天气的树要数广西忻城县的一棵青冈栗。这棵树高约 20 米、直径约 70 厘米,它的颜色会随着天气的变化而变化,晴天的时候,叶子是深绿色,如果叶子转变为红色,一两天内就会下雨,雨过天晴之后,又会转变为深绿色。

树叶的颜色之所以会变化,是叶绿素和花青素在起作用。遇到干旱或强光条件的时候,叶绿素的合成受到阻碍,花青素在叶子中占优势地位,因而叶子的颜色由绿转红。

最具贵族气派的树

最具贵族气派的树要数檀香树,檀香木素有“香料之王”的美誉,倍受人们推崇。檀香木用途广泛,最初用来做供佛的香料,后来逐渐应用到中医、雕刻工艺品和高级化妆品领域。其经济价值极高,以斤论价,被人们称为“绿色金子”。

檀香树是非常漂亮的树,但是它们的生长过程却不怎么光彩。它们是一种半寄生性常绿乔木,根系上长着成千上万个“吸盘”。这些“吸盘”紧紧地吸附

檀香树

在寄主植物上，从它们那里掠夺水分、无机盐和其他营养物质。虽然檀香树的根系也从土壤中吸取少量营养，但主要还是靠掠夺寄主植物的营养而成活。檀香树对赖以生存的寄主植物选择非常苛刻，主要选择洋金凤、凤凰树、红豆、相思树等豆科植物作寄主。此外，檀香树嫉妒心还特别强，不容许赖以生存的寄主树长得比它高，比它好，如果寄主树长得比它茂盛，它就会很快“含恨”而死。因此，在生长得郁郁葱葱的檀香树下，往往长着几棵面黄肌瘦、垂头丧气的寄主植物。

最亮的树

在非洲的原始森林中长着一种能够发光的树，当地的居民叫它“魔树”。在白天，这种树看上去与一般树没有什么两样，但是一到晚上，它的树干和树枝都发出闪闪的荧光来，把四周照得雪亮。当地人喜欢在晚上来到树下玩耍、休闲。

魔树为什么能发光呢？科学家经过反复研究，终于解开了这个谜团。原来，会发光的不是树本身，而是一种寄生在它身上的真菌——假蜜环菌的菌丝体。因为它会发光,所以人们也称之为“亮菌”。这种真菌靠吸收、分解树木的纤维素和木质素为营养进行生长繁殖。它们附着在树皮上,不仔细看,根本发现不了。到了夜晚,它们就发出淡蓝色的光亮来。

假蜜环菌发光是因为它体内有一种特殊的物质——荧光素和荧光酶。荧光素在酶的作用下氧化,同时放出能量,并以光的形式表现出来。

最会走路的树

大部分树木把根扎在一个地方就固定不动了,然而有些树木可以移动,其中最会走路的树是生长在南美洲的卷柏。每当气候干旱,严重缺水的时候,卷柏会自己把根从土壤里拨出来,摇身一变,让整个身体蜷缩成一个圆球状,变得又轻又圆。只要稍有一点儿风,它就能随风在地面上滚动。一旦滚到水分充足的地方,圆球就迅速地打开,把根重新钻到土壤里,暂时定居下来。如果那里的环境不再适合生长,它们就会再次搬迁。

不停地搬家虽然可以给卷柏创造生存条件,同时也有一定的危险:它们可能被风吹起挂在树上,也可能滚到路上,被车压扁,甚至有的孩子会把几株卷柏合在一起当球踢。

最小的灌木

林奈木是“灌木王国”中最小的成员,也叫林奈草和林奈花,又名北极花。它们木质茎与枝仅仅高约 5~10 厘米,细如铁丝,看上去很像苔藓。其实林奈木属于忍冬科,是四季常青的灌木,长着四片叶子,花成对生于枝顶,白色或粉红色,有香味。果实很小,近似球形,长约3毫米。

林奈木广泛分布于北半球寒冷地区,多生于针叶林和阔叶混交林下。我国东北的长白山等地区的树林下就生长着成片的林奈木。

最稀有的树

著名的佛教圣地普陀山不仅以众多的古刹闻名于世,而且是古树名木的荟萃之地。在普陀山慧济寺西侧的山坡上生长着一株称作普陀鹅耳枥的树木。这种树木除了在普陀山有生长外,世界其他地方均没有生长,而且目前仅剩下一株,因此它被列为国家重点保护植物。

普陀鹅耳枥是1930年5月由我国著名植物分类学家钟观光教授首次在普陀山发现的,后由林学家郑万钧教授于1932年正式命名。据说,在20世纪50年代以前,该树在普陀山上并不少见,可惜渐渐死于非命,只剩下最后一株。仅存的这株普陀鹅耳枥高约14米,直径60多厘米,树皮呈灰色,树叶呈暗绿色,树冠微偏。它虽然历尽沧桑,度过许多风雨寒暑,却依然枝繁叶茂,挺拔秀丽,成为普陀山一道独特的景观。

形状最奇特的树

桫椤树又名树蕨或蕨树,是白垩纪时代遗留下来的珍贵树种,出现在距今约3亿多年前,曾经是草食性恐龙的主要食物,也是当今世界上仅存的木本蕨类植物。因此有"活化石"之称,被列为国家一级保护植物。

桫椤树的树形奇特,树干似笔筒,树叶似孔雀开屏,笔直的树干高达8米,巨大的叶子长达 1~3 米，从树干顶端伸展下来，非常壮观，特别是经过人工选择在适合的地方大面积种植之后，形成的景观枝繁叶茂，遮天蔽日，非常迷人。

最珍稀的树种

银杉是 300 万年前第四纪冰川时期残留下来的世界珍宝，是我国特有的世界珍稀树种。银杉曾经被认为是地球上已经灭绝的、只保留着化石的植物。1955 年，银杉在我国首次被发现的时候，引起了世界植物界的巨大轰动。

银杉是松科的常绿乔木，主干高大通直，挺拔秀丽，枝叶茂密，尤其是在其碧绿的线形叶背面有两条银白色的气孔带，每当微风吹拂，便银光闪闪，更加诱人，银杉的美称便由此而来。银杉属于常绿乔木，高达 24 米，胸径通常达 40 厘米，有的达到 85 厘米；树干通直，树皮暗灰色，裂成不规则的薄片；小枝上端和侧枝生长缓慢，呈浅黄褐色。

目前银杉仅分布在我国广西、湖南、四川、贵州四省区的 30 多个分布点。银杉的生长发育需要一定的光照，如果不采取保护措施，它们将会被生长较快的阔叶林遮蔽，从而面临灭绝的境地。银杉被列为国家一级保护植物，政府已建立银杉保护区。

最大的蔷薇

蔷薇是一种常见的庭园植物，普通的蔷薇是丛生的小灌木，枝上长有小刺，羽状复叶，小叶呈倒卵形或椭圆形，花呈白色或粉红色，有芳香。

世界上最大的蔷薇生长在美国亚利桑那州。这棵蔷薇高达 2.75 米，树干直径为1.41米,枝叶覆盖的面积达501.3平方米,人们用68根柱子和几百米的铁管做支架,在这棵蔷薇树下搭起一座凉棚,可供150人在下面乘凉。

二、草与叶之最

陆地上最长的植物

在热带和亚热带森林里,生长着参天巨树和奇花异草,也有将人绊倒的"鬼索",这就是缠绕在大树周围的白藤。

白藤茎干一般很细只有4~5厘米,它的顶部长着一束羽毛状的叶,叶面长尖刺。茎的上部直到茎梢又长又结实,也长满了又大又尖往下弯的硬刺,就像一根带刺的长鞭一样随风摇摆,一碰到大树,就紧紧地攀住树干不放,并很快长出新叶。接着它就顺着树干继续往上爬,而下部的叶子则逐渐脱落。白藤爬上大树顶后,已经没有什么可以攀缘的了,于是它那越来越长的茎就往下坠,再次缠住比较低的树枝,如此反复,在大树周围缠绕成无数怪圈。

白藤从根部到顶部达300米以上,比世界上最高的桉树还长一倍呢。资料记载,白藤长度的最高纪录竟达500米,是陆地上最长的植物。

最大的草本植物

草本植物体形都很矮小,一般的小草只有几厘米高,稻子、小麦也仅1米左右，但是在草本植物这个大家族里，也有身躯庞大的种类，其中最大的要数旅人蕉。旅人蕉的茎有双臂合抱那么粗，高23米以上，有六七层楼高，是世界上最高大的草本植物。

旅人蕉的叶片硕大奇异，状如芭蕉，左右排列，对称均匀，犹如一把摊开的绿纸折扇，又像正在尽力炫耀自我的孔雀开屏，极富热带情趣。旅人蕉的叶片基部像个大汤匙，里头贮存着大量的清水。旅行者身带的饮水喝光，燥渴难忍时，若幸运地遇到它，只要折下一叶，就可以痛饮甘美清凉的水。因此，人们给它起名"旅人蕉"。又因为它含水多，所以又叫"水树""救命之树""沙漠甘泉"。但是实际上它不是树，而是世界上最大的草本植物。

旅人蕉原产于马达加斯加岛，在我国的广东和海南也有少量栽种。

最孤单的植物

在植物王国中，有一种植物是最孤单的，因为它只有一片叶子，所以叫作独叶草。

独叶草的地上部分高约10厘米，通常只生一片具有5个裂片的近圆形的叶子，开一朵淡绿色的花；而独叶草的下部分是细长分枝的根状茎，茎上长着许多鳞片和不定根，叶和花的长柄就着生在根状茎的节上。独叶草不仅独叶独花，而且结构独特而原始，它的叶脉是典型开放的二分叉脉序，这在毛茛科1500多种植物中是独一无二的，是一种原始的脉序。

独叶草是毛茛科的一种多年生的草本植物，是我国云南、四川、陕西和甘肃等省特有的小草。它生长在海拔2750~3975米的高山原始森林中，生长环境寒冷、潮湿，十分隐蔽，土壤偏酸性。

最顽强的植物

世界上最顽强的植物要数地衣。有人曾做过试验，结果发现地衣在-273℃

地衣

的低温下还能生长，在真空条件下放置6年还保持活力，在200℃的高温下也能生存。因此无论沙漠、荒山、南极、北极，都有地衣的身影，甚至在大海龟的背上它都能生长。

南极考察者曾在一片贫瘠而无雪覆盖的山地岩石缝中，发现有生长旺盛的地衣。在环境稍好的地方，这种植物直接依附在光秃秃的岩石上，它们通过分泌酸，在岩石上腐蚀出一个个小坑，在坑中生长。它每天的生长时间只有1~2小时，一株地衣需25年才能长到2.5厘米左右。地衣的寿命可达450年。

最能贮水的草本植物

最能贮水的草本植物是仙人掌。仙人掌生长在热带、亚热带干旱的沙漠，那里气候炎热、干旱，年降雨量在 25 毫米以下，有的地方甚至终年不下雨。在如此干旱的环境中，只有像仙人掌这种具有超强贮水能力的植物才能生存。

仙人掌为了适应干旱的沙漠环境，叶子已经退化成针状，这样可以减少水分的蒸发。它们的根系广而深，能够大量吸收地下水，它们的肉质茎厚厚的，能够贮存大量水分。茎表面有一层蜡质皮，能够防止水分蒸发。

仙人掌类植物还有一种特殊的本领，在干旱季节，它可以不吃不喝地进入休眠状态，把体内的养料和水分的消耗降到最低程度。当雨季来临时，它们又非常敏感地"醒"过来，根系立刻活跃起来，大量吸收水分，使植株迅速生长并很快地开花结果。有些仙人掌类植物的根系变成胡萝卜状，可贮存三四十千克水分。

感觉最灵敏的植物

植物和动物一样，也有感觉，花草树木受到光、温度等外界刺激会做出各种反应。比如向日葵会跟着太阳转动花盘，含羞草的叶子被触碰之后会合起来。世界上感觉最灵敏的植物是毛毡苔。有人曾做过实验，把一段长 11 毫米的头发丝放在毛毡苔的叶子上，叶子马上就会卷起来。还有人把 0.000003 毫克碳酸铵滴在毛毡苔的绒毛上，也会马上被它发觉。

毛毡苔也叫日露草，生长在热带和温带地区。它是一种食虫植物，叶子扁平，像圆盘一样平铺在地上，叶片表面长有紫红色的纤毛，能分泌香甜的黏液，吸引贪吃的小昆虫，昆虫一碰到黏液就会被粘住，成为毛毡苔的美食。

最会跳舞的植物

在我国南方有一种神奇的跳舞草，它们的触觉非常灵敏，枝叶能够随着声波震动，当音乐响起时，就会翩翩起舞。音乐节奏越快，它跳得越快；音乐节奏越慢，它跳得越慢；音乐停止时，它就停止跳舞。跳舞草又叫情人草、风流草、求偶草、多情草，是一种豆科植物。株高60~150厘米，叶柄上长有三片叶子，叶片随植株的生长而变化，初生真叶对生，以后转为单叶互生，叶片呈椭圆形或披针形，长5~10厘米。跳舞草开紫红色的蝶形花。

跳舞草是一种快要绝迹的珍稀植物。这种草既是有趣的观赏植物，也是珍贵的药材，具有很高的科研价值。

花序最大的草本植物

植物王国的花千姿百态，有一朵花生在一个花枝上的，也有几朵花生一个花枝上的，几朵花聚集在一个枝条上，按照一定的顺序排列，组成花序。

在苏门答腊热带雨林的潮湿、低洼地带生长着一种叫作巨魔芋的草本植物，它是世界上花序最大的草本植物。巨魔芋地下块茎的直径达半米，块茎上长着一枝粗壮的地上茎，高约半米，在靠近地面的地方有一片叶子。这种植物最初就裹在这片叶子里，它的肉穗花序包在大苞片中，苞片外面呈绿色，里面是红色。花序上密布着数以千计的黄色的雄花和雌花，整个花序高达3米，直径达1.3米。整个花序和花序下的茎连起来，看起来很像一个巨型的烛台。巨魔芋的花散发出腐臭味，吸引苍蝇等昆虫前来授粉。

最能预测地震的植物

世界上最能预测地震的植物是含羞草。含羞草高20~60厘米,叶子很小,成对排列。它们对环境的变化非常敏感,只要碰一下它的叶子,叶片马上就会合拢,甚至叶柄也垂下来。通常,含羞草的叶子傍晚合上,白天张开。据说,地震来临之前,含羞草的叶子就会一反常态,白天合上,晚上张开或半开。如果出现这种情况,就要提前采取措施,预防地震。

寿命最短的种子植物

植物寿命的长短,与它们的生存环境有密切关系。有的植物为了使自己在严酷、恶劣的环境中生存下去,经过长期艰苦的"锻炼",练出了迅速生长和迅速开花结果的本领。世界上寿命最短的种子植物是生活在非洲撒哈拉沙漠地区的短命菊。沙漠中长期干旱,这种植物的种子在早春稍有雨水湿润的情况下,就赶紧发芽生长,开花结果。整个生命周期,只有短短的三四个星期。

短命菊的舌状花排列在头状花序周围,像锯齿一样。它对湿度极其敏感,空气干燥时就赶快闭合起来;稍稍湿润时就迅速开放,快速结果。果实成熟之后,缩成球形,随风飘滚,一旦遇到潮湿的环境,立即生根发芽。由于它生命短促,来去匆匆,所以被称为"短命菊"。

吸水能力最强的植物

世界上吸水能力最强的植物是泥炭藓,泥炭藓也叫水苔或水藓,它们生长在沼泽地区或森林洼地。这种植物平时呈淡绿色,干燥时呈灰白色或黄白色,从生成垫状。它们的吸水能力特别强,能吸收自身体重的10~25倍的水分,比脱脂棉的吸水能力强1~1.5倍,不愧是吸水能力最强的植物。

大型的泥炭藓经过消毒加工后,可以代替脱脂棉做敷料或制造急救包。由于泥炭藓含有泥炭藓酚、丁香醛及多种酶,作伤口敷料时,有收敛和杀菌的作用,能够促进伤口愈合。

最著名的灭虫植物

在夏天,蚊虫的叮咬很讨厌,如果点上蚊香,就会使蚊子晕头转向。蚊香之所以能灭虫,因为它含有除虫菊的成分。

除虫菊的花朵中含有约百分之一的除虫菊素,用除虫菊的头状花序磨成的粉末是杀虫剂的主要来源。除虫菊对多种昆虫如蚊、蝇、臭虫和蟑螂等有毒杀作用。昆虫接触除虫菊素后1~2分钟内即出现过度兴奋,运动失调,迅速晕倒或麻痹。有一部分昆虫可于1天后复苏。除虫菊粉的活性物质会使昆虫和冷血脊椎动物产生接触性中毒,但用作杀虫剂的除虫菊粉浓度对植物及高等动物无害,因此这些杀虫剂广泛用于家庭与家畜的喷洒杀虫。

最精巧的食虫植物

世界上有很多种食虫植物，其中最精巧、最复杂的食虫植物要数猪笼草。猪笼草喜欢温暖潮湿的环境，主要分布在澳大利亚、马来西亚、印度东部、印度洋群岛以及中国的海南岛、西双版纳等地的热带森林。

猪笼草捕捉虫子的方式很奇妙，它们的捕食工具是叶子。猪笼草的叶子构造非常复杂，叶片的中脉伸出，变成卷须，卷须可以攀附着其他东西往上爬。卷须顶部有一个像瓶子一样的囊状物，瓶子口上有一个能够开合的盖子，瓶内有半瓶黏性的液体。瓶口能够分泌香甜的汁液，吸引小昆虫。当小昆虫吃得正高兴的时候，一不小心就会栽到瓶中，被有黏性的液体消化掉。

世界上价格最贵的草

世界上价格最贵的草是黑节草。这种草产于我国云南的阔叶林中，只有十几厘米高，但是茎上有很多节，节间呈黑褐色。黑节草的药用价值极高，能清热生津、消炎止痛、清嗓润喉，因此很受演员、歌唱家和教师的欢迎。

由于黑节草很受欢迎，历经长期拔采，种源已临枯竭，又因森林遭受破坏，生存环境恶化，植株大量消失，现在黑节草已经处于濒临灭绝的境地。用黑节草研制的中药在国际市场上售价每千克为 3000 多美元，因此黑节草被誉为最贵的草。

黑节草

最名贵的草药

人参号称“百草之王”,是驰名中外、老幼皆知的药材。在中国医药史上,使用人参的历史久远。早在战国时代,名医扁鹊对人参药性和疗效已有了解;秦汉时代的《神农本草经》将其列为药中上品。明代著名中医学者龚居中在《四百味歌扩》中列为第一条:“人参味甘,大补元气,止渴生津,调营养卫”,成为无数中医入门的第一句背诵歌诀。人参能入五脏六腑,是补药中的极品。

由于人们的过度采挖,以及对人参生存环境的破坏,野生人参越来越少,已经处于灭绝的边缘。人参已经被列为我国珍稀濒危植物,长白山等自然保护区已经加以保护,人参资源正在逐渐恢复和增加。

生长最快的植物

生长在中国云南、广西及东南亚一带的团花树，是生长较快的植物。它一年能长高 3.5 米，因为生长迅速，被称为“奇迹树”。生长在中南美洲的轻木长得更快，它一年能长高 5 米。

堪称向高处生长最快的植物应该是毛竹。它从出笋开始，只要两个月的时间就长成成竹了，高达 20 米，大约有六七层楼房那么高。生长最快时，一昼夜能升高 1 米。所以人们常用“雨后春笋”来形容事物发展的速度之快。

竹子的生长是一节节拉长，长成的竹子的节数和粗度与竹笋是相应的，竹子长成后就不再长高了。而所有树木的生长，是从幼芽开始，经几十年，乃至几百年的漫长生长过程。与之相比，竹子的生长是很特别的。

世界上分布最广的草

狗牙根草，又称白慕大草、绊根草、爬地草。在热带、温带都有分布，是世界上分布最广的草。在农田、草地、路旁、水沟边随处可见这种草。

狗牙根草喜欢光热，抗旱耐热能力强，耐践踏，具有很好的恢复能力。它们对保护和管理要求不高，在盐碱地也生长较快，侵占性强，是果园里的重要杂草。因此狗牙根草被广泛应用于高速公路、广场、公园等绿地。现在足球、马球、垒球、高尔夫球等体育用草地也广泛使用狗牙根草及其杂交品种。

世界上最耐盐碱的草

陆地上很多地方在远古时代都是海洋，后来陆地上升，海水干涸，海水中的盐分仍然残留在土壤中。土壤中的盐碱是植物生长的大敌，一般土壤中的盐碱含量在0.5%以下可以种植普通的庄稼，如果盐碱含量在0.5%~1.0%，只有少数耐盐性强的植物能够生长，比如棉花、甜瓜、苜蓿等。含盐量超过1.0%的土壤，植物就很难生长了。

世界上最耐盐碱的草是盐角草，又叫海篷子。这种植物主要分布在我国西北和华北的盐土中。它能生长在含盐量高达6.5%的潮湿盐沼中。盐角草之所以如此耐盐，是因为它能够将从盐碱地里吸收的大量盐碱贮存在身体内的盐泡里，它体内所含的盐分高，体液浓度大，所以能够在盐碱地生存。

最耐干旱的植物

人们熟知的耐干旱的种子植物是沙漠中的仙人掌类植物。仙人掌原产南美洲热带、亚热带大陆及附近岛屿。仙人掌特殊的结构能够适应干旱的环境。有人做过一个有趣的试验：把一棵37千克重的仙人球放在室内，一直不浇水。过了6年，仙人球仍然活着，而且还有26.5千克重。

比仙人球更耐干旱的植物是生长在沙漠里的沙那菜瓜。有人把它贮藏在干燥的博物馆里，整整8个年头，它不但没有干死，还在每年的夏天长出新芽。在这8年中，仅仅是重量由7.5千克减少到3.5千克。这种耐旱的本领，在所有的种子植物中无疑是冠军了。

世界上最大的圆叶

世界上最大的圆叶是原产于南美洲的王莲的叶子。王莲属睡莲科，是一种大型浮叶草本植物，有直立的根状短茎和发达的不定须根。

王莲是水生有花植物中叶片最大的植物，其初生叶呈针状，长到2~3片叶呈矛状，至4~5片叶时呈戟形，长出6~10片叶时呈椭圆形，到11片叶后叶缘上翘呈盘状，叶缘直立，叶片呈圆形，像浮在水面的圆盘，花的直径可达2米以上，叶面光滑，绿色略带微红，有皱褶，背面紫红色，叶柄绿色，长2~4米，叶子背面和叶柄有许多坚硬的刺，叶脉为放射网状。每片叶可承重数十千克，二三十千克重的小孩坐在上面也不会下沉。每棵王莲能长20~30片如此巨大的叶子。

王莲的叶子很大，花也很大，直径25~40厘米，花瓣数目很多，美丽而芳香。在花卉展览中，王莲是一种珍贵的花卉。

世界上最宽大的叶子

世界上最大的叶子是大根乃拉草，这种草是生长在南美洲巴西高原南部森林里的大型草本植物。它们主要分布在常绿阔叶林中。大根乃拉草的叶子非常巨大，能够把三个并排骑马的人连人带马都遮住。

世界上最小的叶子

文竹是一种常见的观赏植物,虽然名字里有个"竹"字,其实它并不是竹子,而是一种多年生藤本植物,因其枝干有节,像竹子一样,所以被称为"文竹"。文竹的分枝又多又细,通常人们认为那是文竹的叶子,实际上,那只是文竹的茎干和枝条。叶状枝纤细而丛生,呈三角形水平展开羽毛状;叶状枝每片有6~13枚小枝,小枝长3~6毫米。文竹真正的叶子已经退化为淡褐色的鳞片,长在叶状枝的基部,要用放大镜才能看清楚。因此文竹的叶子算得上世界上最小的叶子了。

最甜的叶子

世界上最甜的叶子是甜叶菊的叶子。甜叶菊是原产于南美洲的多年生草本植物。每千克甜叶菊的叶片可以提取60~70克的甜叶菊苷,其甜度大概是蔗糖的300倍。摘一片叶子在嘴里嚼一嚼,就好像吃了一口甜蜜的白糖。甜叶菊是理想的甜味剂,具有热量低的特点,它的含热量只有蔗糖的三百分之一,吃了不会使人发胖,对肥胖症患者和糖尿病人尤为适宜。长期用甜叶菊煮水喝,还有降低血压、促进新陈代谢和强壮身体的功效。

许多国家都引种栽培甜叶菊。甜叶菊在栽种的第一年能长到0.8米左右,第二年就能长到2米,生长速度很快。它的茎呈浅绿或浓绿色,全身长有甜绒毛。夏天的时候,它会开出一丛丛的小白花,散发出淡雅的香气。

三、花之最

世界最早的花

据相关科学家研究,世界上最早的花是出现于1.45亿年前的辽宁古果和中华古果。

辽宁古果和中华古果分别是由吉林大学孙革教授领导的课题组和中国地质学院的季强教授领导的课题组于辽宁的西部地区发现的。辽宁古果和中华古果现在已经被科学家确定为最古老的被子植物(有花植物),并把它们确定为早期被子植物的新科——“古果科”。现在已经完全可以肯定,出现于1.45亿年前的辽宁古果和中华古果是世界上最早的花,世界科学界的权威杂志《科学》于2002年5月7日介绍了这一最新成果。

世界上最大的花

植物界里的花朵,不但颜色不尽相同,而且大小各异。池塘里的浮萍花朵直径不到1毫米,是最小的花。桃花直径2~3厘米,玉兰花10~18厘米,牡丹20~30厘米。

牡丹虽称花王,却不是世界上最大的花。世界上最大的花是大花草的花,这种植物生长在印度尼西亚苏门答腊岛的森林里，其花朵直径达1.4米，几乎和我们吃饭的圆桌一样大。它的五片花瓣又大又厚，外面带有浅红色的斑点，每片花瓣有30~40厘米长，一朵花重6~7千克，花心呈面盆的形状，可以盛5~6升水。

大花草属于寄生植物，它寄生在像葡萄一类的白粉藤根茎里。这种古怪的植物本身是无茎无叶的，一生只开一朵花。花刚开的时候有一点儿香，不到几天就变臭了。在自然界里，这种臭花也能引诱某些蝇类和甲虫为它传粉。

世界上最香的花

世界上最香的花是一种叫作野蔷薇的花，素有“十里香”之称，意思是在十里之外都能闻到这种花的香味。

野蔷薇

野蔷薇属蔷薇科，是一种落叶灌木，原产于荷兰，花为白色单瓣花瓣，花的直径2~3厘米，外表呈圆锥形，花开于每年夏季的5~7月，香味极浓。它不仅仅是世界上最香的花，也是香味飘得最远的花。它的花还是相当好的药材。

现在在我国的南方地区也经常能看到这种花。

最臭的开花植物

自然界中并不是只有芳草香花，其实，也还有不少臭花、臭草。起码有不下几十种的植物用臭字命名，例如：臭椿、臭梧桐、臭娘子、臭牡丹、臭灵丹……有些植物的名字里虽然没有臭字，但其中也包含着臭的意思，例如鸡矢藤、马尿花、鱼腥草……这么多形形色色有臭味的植物，其臭的程度也是不同的。

在中美洲的森林里，有一种叫天鹅花的植物，这种花看上去很脏，其臭味很像腐烂的烟草，而且还有毒性，猪吃了马上会死去，没有吸烟习惯的人对这种臭味是很忌讳的。热带还有一种叫韶子的水果，它的味道虽然鲜美，闻起来却有恶臭味。

世界上最臭的植物，公认的是大花草，它的臭味很像腐烂的尸体。还有一种生长在苏门答腊密林里的巨魔芋，开花的时候，其臭味像烂鱼一样。也许臭味与它们发散的面积有关系，大花草的花朵最大，而巨魔芋的花序也是最大的。

开花最晚的植物

各种植物的开花时间是不同的，沙漠中的短命菊，出苗以后几个星期就开花结果。大多数草本植物，出苗后在当年或隔年开花，水稻、棉花、玉米是当年开花的植物，油菜、小麦是隔年开花的植物。

相比于草本植物，一般木本植物开花比较晚：桃树 3 年才开花，梨树 4 年才开花，银杏则要经过20多年才开花。毛竹在出苗后要经过50~60年才开花，而且一生只开一次花，花开完后就逐渐枯萎了。

生长在玻利维亚的凤梨是开花最晚的树。这种植物出苗后得经过150年才开花，它的花是圆锥形的花序。

最小的有花植物

世界上最小的有花植物是无根萍。无根萍的体内有大量淀粉存在。目前，无根萍体内的淀粉合成过程正在被研究。这种淀粉是一种很有前途的淀粉资源，将来很可能成为代替大米和小麦的粮食。无根萍的繁殖能力很强，每平方米的水面，有100万个它们的个体，而且它们还会继续繁殖。这种形如细砂的水生植物还是饲养鱼苗的好饲料。无根萍顾名思义是无根的浮萍的一种，它的体积很小，只有1毫米多长，不到1毫米宽。它们上面平坦，底下隆起，外形同一般浮萍很相似。虽然微小，但它也有花，当然花更小，只有针尖般大。

寿命最长和最短的花

自然界中，花的寿命通常是不长的，这是因为花都是比较娇嫩的，风吹雨打或是烈日的暴晒都会使它们枯萎。例如：玉兰、唐菖蒲等开花时间较长的花也只能开上几天；蒲公英的开花时间只有几个小时；牵牛花的开花时间也只有18个小时上下；晚上7~9点钟开花的昙花则只开三四个小时就萎谢了，“昙花一现”的说法便是由于昙花开花时间短而得来的。

实际上,世界上寿命最短的花并不是昙花,生长在南美洲亚马孙河的王莲花,在清晨的时候开放,仅仅半个小时就萎谢了。小麦的花则只开5~30分钟就谢了,这才是世界上寿命最短的花。

生长在热带森林里的一种兰花,开花时间是80天,它是世界上寿命最长的花。

颜色变化最多的花

一般的花,从花开到花落这个周期里,其色彩是没有什么变化的。但是,这种情况也不是绝对的,在自然界里,有一些花卉的颜色在一个周期里是会发生变化的。例如:金银花名字的来历便是由于它初开时色白如银,过一两天后,颜色便会变得如黄金。还有种生长在中国的樱草,在春天20℃左右时是红色的,到30℃的温室里就会变成白色。八仙花在一些土壤中开粉红色的花,在另一些土壤中开蓝色的花。不仅如此,还有一些花在受精后也会变色。比如刚开时是黄白色的棉花在受精以后变成粉红色。杏花含苞的时候是红色,开放以后颜色渐渐变浅,最后几乎变成白色。

"弄色木芙蓉"是颜色变化最多的花。初开时它的花是白色的,第二天变成了浅红色,后来又变成了深红色,到花落的时候就变成紫色的了。这些色彩的变化,看起来非常奇妙,其实都是花内色素随着温度和酸碱的浓度变化所引起的。

最罕见的花

世界上最罕见的花是生长在南美洲的雷蒙达花。

雷蒙达花生长在南美洲海拔将近4000米的安第斯山上，它100年才开放

雷蒙达花

一次，也就是在它生命临终前才开一次花，并且在开完后的很短时间内立即枯萎而死，把自己储存了一生的精力都在生命的最终时刻释放了出来。它的花芳香扑鼻，花穗有10~12米高，最粗的地方直径有1米，远远看去就像高高耸立着的一座高塔，特别壮观。但是它的花太难得了，100年才开一次，且一生只开一次！

作为世界上最罕见的花，雷蒙达花以它独有的魅力征服了来自世界各地的游人。

世界上最不怕冷的花

世界上最不怕冷的花是雪莲花。

雪莲花属于菊科，又名大苞雪莲、荷莲，产于中国，是一种极耐寒的多年生

草本植物，在空气湿度较强的地方容易生存。雪莲花高 15~35 厘米，茎比较粗壮，它的花很漂亮，粉色和白色相间，花冠为紫色，开于每年的 7~8 月。因为雪莲花极其耐寒，即使在-50℃的环境下，也能开放，所以它一般都生长在纬度比较高的地区，中国的新疆是雪莲花的原产地。现在，在蒙古地区以及俄罗斯的西伯利亚以西地区均有分布，雪莲花最具魅力的是它的耐寒性，这也让它成为世界上最不怕冷的花！

颜色和品种最多的花

月季花是世界上品种和颜色最多的花。

月季花又名月月红，属蔷薇科。月季在中国有悠久的栽培历史，原产于中国的西南地区，但是现在月季花已经广布于世界各地。月季花是单生的，也有的是几朵集合在一起生成伞房状，花径 4~6 厘米，有很浓的香气，重瓣，开在每年的 5~10 月。月季花的颜色不定，有紫、红、粉、白等颜色，除此之外，月季花还有不同的混色、串色、复色等，甚至有罕见的蓝色和咖啡色，这么多种颜色的花在世界上绝无仅有！另外，月季花的品种也非常多，有资料表明：月季花在全世界已有上万个品种，它是世界上存在的颜色和品种最多的花，人们可以欣赏到各种各样的月季花，也正是因为这个原因。现在，月季花在世界上的种植范围越来越广！

飘得最远的花粉

种子植物要结出果实必须经过授粉，即把雄蕊的花粉传给雌蕊，让雌蕊受精。那些美丽芳香的花朵可以引诱昆虫,让昆虫传播花粉。有些花既没有鲜艳的颜色,也没有迷人的香味,只能靠风传播花粉,比如杨树、柳树就是如此。靠风传播花粉的花,花粉数量少则数千,多则数万,甚至数十万。一阵风吹来,花粉就会漫天飞扬,飞得又高又远,近的几千米,远的几十甚至几百千米。其中,飞得最远的是松树的花粉,松树的花粉上有一个气囊,能够乘风上升几千米,飞越山岭,甚至跨越海洋。这样大范围地传播花粉,可以保证更多的雌花受精,从而结出更多的种子。

降落最快的花粉

以风为媒介传播的花粉在一阵微风的吹拂下,就可以把许多花粉卷扬起来,吹到距离地面200~500米的空中,少数也可达到2000米的高空。当风速减弱时,这些随风飘荡的花粉就会徐徐降落,降落的速度各种花粉是不同的。紫杉的花粉每秒降落不到1厘米。云杉的花粉下降得比紫杉快得多,每秒下降6厘米。虽然比降落的雨滴慢得多,但却是各种花粉中降落速度最快的花粉。

花粉最大的花

花粉最大的花是西葫芦花。植物的花粉直径一般为20~50微米,要借助显微镜才能看清楚,西葫芦花的花粉直径达200微米。如果一个人视力很好,甚至可以用肉眼看到单粒的西葫芦花粉。

西葫芦花粉营养价值相当高,含有大量的维生素和蛋白质,还具有医疗功效,能够防治慢性前列腺炎、出血性胃溃疡、感冒等疾病。此外,西葫芦花粉还有增强体质的作用。人们往往在猪、鸡、牛的饲料中加入少量西葫芦花粉来提高生产率和产蛋率。

西葫芦是一年生草本植物，矮生或蔓生的茎上长满绿色手掌状的叶子，黄色的花冠上布满很多花粉。西葫芦的果实是平滑的长圆柱形或椭圆形。果实的颜色为浅绿色、墨绿色或白色，果实成熟后逐渐变为黄色。

花粉最小的花

花粉最小的花是勿忘草，花粉的直径约 2~8 微米。

勿忘草

勿忘草原产欧亚大陆，是多年生草本植物，叶互生，狭倒披针形或条状倒披针形。勿忘草喜阳光，能耐旱，易自播繁殖。勿忘草花小巧秀丽，蓝色花朵中央有一圈黄色花蕊，色彩搭配和谐醒目，卷伞花序随着花朵的开放逐渐伸长，半含半露，非常惹人喜爱。

勿忘草花小素雅，生长快，春天播种可夏秋开花。有白花变种和红花变种。园林中可供花坛、花境、林缘、岩石园等处种植，亦可盆栽或做切花。

最有名气的毒花

提到鲜花,我们首先想到的是美丽和芳香,很少有人把花和毒品联系起来。其实,很多花是有毒性的,其中名气最大的是罂粟花。虽然罂粟的毒性不是很大,但是提起罂粟,人们就会有一种恐惧的心理。因为鸦片、海洛因等毒品都是用罂粟制成的。罂粟未成熟的果实的果皮中含有一种与众不同的乳汁。乳汁中含有生物碱、吗啡等成分,对中枢神经有兴奋、镇痛、催眠的作用,长期使用容易成瘾,并慢性中毒,严重危害身体健康。罂粟、大麻和古柯并称为三大毒品植物。我国对罂粟种植和使用严格控制,除药物科研外,一律禁植。

最昂贵的郁金香

荷兰是一个花的国度,郁金香是荷兰的国花。从首都阿姆斯特丹到海牙北部的沿海地区,到处都能见到花田和温室,里面栽培着各种各样、娇艳芬芳的郁金香。从17世纪初,郁金香的培育和交易在荷兰开始普及,如今荷兰是世界上最大的郁金香出口国,荷兰的郁金香受到世界人民的喜爱,出口郁金香成为荷兰的经济命脉之一。

荷兰人栽培出2000多种郁金香,其中有一些是非常名贵的品种,比如直径15厘米的巨型郁金香,红、白、黄三色混合的郁金香,高雅的黑色郁金香。其中最昂贵的是白底红色条纹的郁金香,据说这样的一棵球茎可以换阿姆斯特丹运河区的一栋豪宅。

最小的玫瑰

玫瑰是象征爱情的花朵,因而受到人们的广泛喜爱。一般的玫瑰花的直径长 4~5.5 厘米。日本三重县的一位育种专家培育出世界上最小的玫瑰,只有小拇指的指甲盖大小,美其名曰“粉红珍珠”。物以稀为贵,尽管“粉红珍珠”价格不菲,但总是供不应求。培育者眼见“粉红珍珠”旺销市场,立志将迷你玫瑰系列化,还要培育“白珍珠”“黄珍珠”“紫珍珠”等。

韩国培育出一种“手指玫瑰”,这种迷你型的玫瑰花植株只有小指大,花朵也只有指甲盖大小,可以生长在装有凝胶状营养液的高 15 厘米、直径 5 厘米的试管中,不需要外界的水分和营养。

四、果实与种子之最

最大的水果

被称为“水果之王”的木菠萝是世界上最大的水果,它的果实很大,每只一般重 10 多千克,直径在 1 米左右,当之无愧地成为最大的水果。

木菠萝又名树菠萝、菠萝蜜,其果实呈不规则的椭圆形,远远望去,就好像一个大蜂窝,表皮粗糙并且有软刺。它内含丰富的糖分、维生素和矿物质,吃起来异常甜润爽口。另外,木菠萝树形美观,生长迅速,是难得的绿化树种。它原产于印度、马来西亚,不过,如今中国的海南、广东、广西、云南、福建和台湾的热带、亚热带地区均有栽培,以海南的栽培量为最多。

最大的荚果

世界上最大的荚果是一种叫作"榼藤子"的荚果。

荚果在我们生活中是最常见的植物之一,比如花生、大豆。但是在荚果家族中,并不是每一种荚果都像花生、大豆这么大,比如有一种叫作"榼藤子"的荚果的体型就相当的大。榼藤子又名"眼睛豆""过江龙",它比一般的豆科植物的荚果要大几十倍,它是一种木质荚果,有 1 米多长,10 多厘米宽,中间有很多的节,每一个节内有一粒种子,种子也相当大,近似圆形,直径达 6 厘米,相当于我们平常见到的鸡蛋那么大了,这可是花生、大豆类的荚果所不能比的!

最甜的果实

人们都喜爱甜的食物。糖是甜的,许多水果由于含糖分,也有甜味,如西瓜含糖 4%,梨含糖 12%。由于糖是甜味植物(如甘蔗、甜菜)提炼的,浓度高,很少有植物能比糖更甜。

然而,大自然是神奇的。在西非热带森林里的一种西非竹芋,它的果实异常甜,甚至比糖还甜 3 万倍!还有一种叫非洲薯蓣叶的植物能结出一种漂亮的红珊瑚色、野葡萄状的果实。这种果实每穗有 50 个左右,味道奇甜。经测算,人们发现这种植物的果实竟比食糖甜 9 万倍!事实上,这也是目前所知的最甜

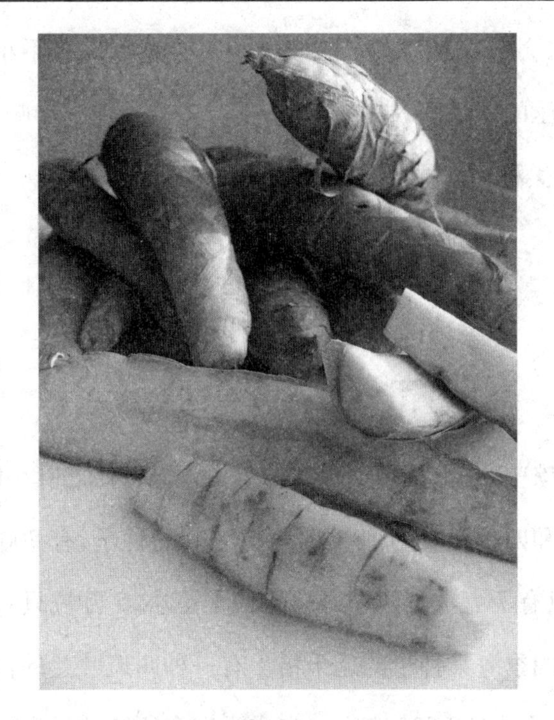

西非竹芋

的植物。

这种高甜度的果实食之不腻，而且嘴里的甜味能保持很久。由于它奇特的甘甜味道，当地群众把它美誉为“喜出望外”。

最有力气的果实

如果仔细观察，就会发现凤仙花的果实在成熟后，它的种子能从裂开的果皮中喷射到 2 米远的距离。事实上，并非只有凤仙花的种子能喷射，在神奇的大自然中，类似的植物还有很多。喷瓜就是其中之一。

喷瓜的果实种子一般能射出 13~18 米远，目前，它是世界上已知的力气最大的果实。它原产于欧洲南部，结出大黄瓜状的果实。成熟的果实中充满了有毒的黏性液体，果皮受到挤压，造成了强大的压力。当受到触动，果皮就如同被戳破的气球一般,会"砰"地爆裂。果实爆裂时会造成一股不小的推力,可把种子推出去。在挤压的一瞬间,果皮炸开的声音就像放炮一样响。喷瓜因此也获得了"铁炮瓜"的美称。

最小的种子

在人们的印象中,芝麻是相当小的种子了,其实,比芝麻小的植物种子还有很多。比如烟草和四季海棠的种子:5 万粒芝麻的种子,有 200 克重,同样数量的烟草的种子,只有 7 克重。四季海棠的种子更小,5 万粒只有 0.25 克,1 粒芝麻的重量是 1 粒四季海棠种子的近千倍。有一种叫斑叶兰的植物,它的种子小如灰尘,5 万粒种子只有 0.025 克重。它成为迄今所知的最小的种子。

斑叶兰这种微小的种子结构简单,只有一层薄薄的种皮和少数养料。它们存活期很短,极易死亡。但是它们随风飘扬,到处传播,种子数量又相当多,因而总有一些能传宗接代的。这种大量产种传播的方式,帮助斑叶兰顺利地适应了环境,并得以生存繁衍。

最大的种子

世界上最大的种子是复椰子的种子。复椰子分布在非洲东部印度洋中的塞舌尔群岛上,树干笔直,高达 15~30 米,叶子像把大扇子。复椰子的果实好像两个椰子合在一起,中间有一道沟,长约 50 厘米。复椰子的果实和椰子一样,外果皮是由海绵状的纤维组成的,除去这层纤维,就能看到有外壳的内核,也就是种子,复椰子的种子是植物界最大的种子,直径达 30 厘米以上,质量超过 5 千克。如此大的种子发芽也很不容易，发芽期需要 3 年，而且只有在强烈日光照射下才能发芽。复椰子树生长同样非常缓慢，一般每年只长一片新叶子，它的花从授粉到果实成熟需要 13 年。

最小的果实

浮萍是最小的有花植物，它的果实也是世界上最小的果实。浮萍整个植株都是绿色的，没有茎、叶之分，统称为叶状体。叶状体两两相对，呈卵形，还有一条垂到水下的根，长 3~4 厘米。

浮萍夏季开花，花开在叶状体的边缘，呈白色。浮萍对水体环境的要求很高，除非环境适宜，否则很难开花。浮萍的果实类似陀螺的形状，里面有一粒种子。有一种浮萍，它的整个植株还不到 1 毫米，果实的重量只有 70 毫克，比一粒精盐还要轻。

世界上寿命最短、发芽最快的种子

寿命最短的种子植物是梭梭树的种子。梭梭树的种子只能活几个小时，在此期间，只要一点水，它就能在两三个小时之内生根发芽，然后生长繁殖，蔓延成片。如果在几个小时内没有合适的阳光和水分促成其发芽，那么梭梭树的种子就再也不能发芽了。

梭梭树生长在沙漠地区，种子在很短的时间内发芽，是它们适应沙漠环境的结果。

世界上最长寿的种子

世界上最长寿的种子是一粒古莲子，它能够沉睡千年后再发芽。1952年，我国科学工作者在辽宁省新金县西泡子洼里，从泥炭层中挖掘出一些古莲子。这些古莲子由于年代久远，像石头一样坚硬。1953年，科学家把古莲子浸泡在水里达20个月之久，都没有发出芽来。后来他们在莲子的外壳钻上个小孔，把两头去掉1~2毫米，然后再进行培养。结果经过两天，古莲子就抽出嫩绿的幼苗，发芽率高达96%。经细心照料，这些古莲在1955年夏季开出了漂亮的淡红色的莲花。古莲的叶子、花朵和其他性状，都和常见的莲花相似，只是花蕾稍长，花色稍深。这些古莲后来还结出了果实。经中国科学院考古研究所测定，这些古莲子的寿命约在830~1250岁之间，是世界上寿命最长的种子。

莲子之所以能活千年之久，一方面由于它一直被埋在泥炭层中，地下的温度较低，四季变化不大；另一方面由于古莲子的外面有一层硬壳，外表皮有坚硬的由栅栏状细胞构成的层间，细胞壁由纤维素组成，可以完全防止水分和空气内渗和外泄。在莲子里还有一个小气室，里面大约贮存着0.2立方毫米的空气。古莲子含的水分也极少，只有12%。虽然空气和水分的数量很少，但是对维持生命却是必要的。在这种干燥、低湿和密闭的条件下，古莲子过着长期的休眠生活，因而可以历经千年而不丧失其生命力。

消费量最大的水果

世界上消费量最大的水果是香蕉。

香蕉的原产地是亚洲的东南地区。中国的东南部地区，比如云南、广东、海南、福建甚至西藏地区，还有东南亚的马来西亚、泰国都是香蕉的高产区，在这些地区野香蕉的分布更是惊人！其实香蕉在世界上很多地区，尤其是热带或者亚热带地区都有种植，它最早的种植记录是在4000多年以前。现在香蕉在全世界的种植区域更广，已经有120多个国家和地区在种植香蕉，当然主要产区是在亚洲和中南美洲。香蕉这么大的种植区源于它巨大的消费量，香蕉现在是世界上消费量最大的水果。

含维生素C最多的水果

维生素C对人体的作用不可小瞧，它能提高人体抵抗各种疾病的免疫力，维持人体正常机能。人体一旦缺乏维生素C，常会出现如口臭、牙龈出血等不良症状，严重者可患贫血、气管炎等疾病，后果不堪设想。为此，我们要经常吃一些水果和新鲜蔬菜来补充体内的维生素C含量。

世界上含维生素C最多的水果是刺梨。据测量，每100克刺梨中维生素C的含量为1.5克，这个含量与下列水果的维生素C含量比例为：刺梨:猕猴桃=10∶1；刺梨:橙子=50∶1；刺梨:梨子/苹果=500∶1。每个正常成年人每天只需吃半个刺梨就可以满足身体对维生素C的需要了。

含热量最高的水果

世界上含热量最高的水果是盛产于热带的鳄梨。

鳄梨是一种热带水果，原产中美洲，现在在全球的热带和亚热带的大部分

鳄梨

地区都有分布，中国广东、福建、台湾等地区也种植着这种水果。鳄梨的营养价值很高，果肉柔软细腻，淡黄色，含有丰富的维生素以及大量的脂肪和蛋白质，还有着非常大的含油量。鳄梨不仅仅可以食用，还可用作化妆美容产品的原料。也许正是因为它丰富的成分决定了它的热量非常高，有相关数据显示，每千克鳄梨所含热量高达 6822 焦耳，使它成为绝对的“第一热量水果”。

最大的苹果

据“吉尼斯世界纪录”记载，世界上最大的苹果产于英国肯特郡的林顿，阿兰·史密斯种植的苹果最重一只达 1.67 千克。

世界上最早的方形西瓜

我们常见的西瓜都是圆形或椭圆形。其实，世界上还有方形的西瓜。最早的方形西瓜是由一名叫小野友行的日本人培育出来的。培育方形西瓜的方法并不复杂，只要在小西瓜结果后20天左右，用一个特制的四方形容器套在西瓜上，小西瓜就会按照容器的形状长成方形。方形的西瓜便于运输，受到人们的欢迎。

含维生素C最多的蔬菜

维生素C是维持生命活动的重要物质，很多蔬菜中都含有维生素C，比如芹菜、芥菜、西红柿等，其中含维生素C最多的蔬菜是辣椒。每100克辣椒中维生素含量达198毫克。此外，辣椒中含有丰富的维生素B、胡萝卜素和矿物质，有很高的营养价值。

辣椒原产于墨西哥，属于一年或多年生草本植物。果实通常成圆锥形或长圆形，未成熟时呈绿色，成熟后变成鲜红色、黄色或紫色，以红色最为常见。辣椒的果实因果皮含有辣椒素而有辣味，能增进食欲。在寒冷季节，吃辣椒还可以祛湿抗寒。

含热量最低的蔬菜

热衷于减肥的女性常常会选择吃黄瓜，这·是很明智的选择，因为黄瓜是世界上含热量最低的蔬菜。每100克黄瓜中只有16千卡的热量。此外，黄瓜中还含有一种可以抑制糖类转化为脂肪的物质，以及多种维生素、蛋白质和微量元素，具有开胃补血、延年益寿、抗衰老的作用。黄瓜中的黄瓜酶，有很强的生物活性，能有效地促进机体的新陈代谢。因此备受肥胖者的欢迎。

黄瓜

五、农作物之最

含植物蛋白质最多的农作物

蛋白质是维持生命不可缺少的营养素，含植物蛋白质最多的农作物是大豆。每100克大豆含有蛋白质36.5克，号称植物中的肉类。以大豆为原料加工成的豆制品，比如豆腐、豆浆、豆腐乳、豆豉等都是很受欢迎的食品。

大豆可以增强体质和机体的抗病能力，并能补充人体所需要的热量，此外，还有降血压和减肥的功效，还可以治疗便秘，极适宜老年人食用。

大豆

最古老的农作物

豌豆,又叫荷兰豆,是世界上最古老的农作物,距今已经有 1.1 万年的历史了。豌豆原产于欧洲南部、地中海沿岸以及西亚地区,是一种攀藤植物。豌豆在欧美国家种植比较普遍,我国是从汉朝开始种植豌豆的。

豌豆的颜色似翡翠,形状似珍珠,含有丰富的维生素 A、维生素 B 和铁质,具有益气、止血、消肿和帮助消化的作用,还能增强身体的免疫力。

世界上最早的水稻样本

水稻是人类的主要粮食作物,水稻的种子脱皮之后就是我们平时所吃的大米。世界上最早的水稻样本是湖南永州市道县寿雁镇玉蟾岩出土的水稻样本,距今已有大约1.5万年。这表明中国的湖南是世界上最早的水稻种植地之一。

品质最好的纤维植物

世界上品质最好的纤维植物是苎麻。苎麻的纤维特别长,坚韧而富有光泽,而且染色后不容易褪色,因此苎麻是重要的纺织纤维作物。苎麻纤维的强度很大,扩张力比棉花高8~9倍,用苎麻纤维制作的麻绳、帆布、渔网、手榴弹拉线和降落伞等都非常坚韧。此外,苎麻纤维不容易导电,而且有吸湿和散湿快的特点,因此是制造防雨布和电线包皮的好材料。

最耐旱的农作物

世界上最耐旱的农作物是粟,又叫谷子,原产于中国,已经有8000多年的栽培历史了。粟在古代叫“禾”,去壳之后叫小米。粟是由野生的狗尾草选育培养出来的,主要分布在我国黄河中下游地区、东北和内蒙古等地。粟性喜温暖,适应性强,农谚有“只有青山干死竹,未见地里旱死粟”,可见粟的抗旱能力非常强,它耐干旱、贫瘠,而且不怕酸碱。因此在我国西北干旱地区、贫瘠的山区都有种植。

播种面积最大的农作物

世界上栽种面积最大的农作物是小麦。小麦是人类很早就开始种植的农作物，在古埃及的石刻中，已经有栽培小麦的记载。而且人们从古埃及金字塔的砖缝里也发现了小麦。据考古学家研究，大约1万年前，当人类还住在洞穴中的时候，就开始把野生的小麦当作食物了。

小麦

小麦是一种温带长日照植物，适应范围较广，自北纬18°到北纬50°，从平原到海拔4000米的高度（如中国西藏）均可以栽培。地球上小麦的播种面积居粮食作物播种面积的第一位。全世界有1/3的人口以小麦为主食。小麦有很多品种，其中以普通小麦种植最广，占全世界小麦总面积的90%以上；硬粒小麦的播种面积约为总面积的6%～7%。生产小麦最多的国家有美国、加拿大和阿根廷等。

栽种茶树最早的地区

种植茶树最早的地区是我国的西南地区。根据史料记载西汉时期就有人在广西、云南、四川一带栽培茶树，至今已有2000多年的栽培历史了。后来，茶树的栽培陆续扩展到其他地区。

茶树属山茶科山茶属,为多年生常绿木本植物。一般为灌木,在热带地区也有乔木型茶树,高达15~30米,基部树围1.5米以上,树龄可达数百年至上千年。在云南普洱县有棵“茶树王”,高13米,树冠32米,已有1700年的历史,是现存最古老的茶树。

产椰枣最多的国家

椰枣是枣椰树的果实,又名海枣、伊拉克蜜枣,是热带、亚热带干旱地区的重要干果。枣椰树原产西亚和北非,是最早驯化的果树之一。很久以来一直是地中海、红海沙漠地带的主要食品。

枣椰树如同椰子树,高约二三十米,四季常青,具有长达百年寿命的坚强生命力。枣椰在世界上分布很广,但人们总是把它们与伊拉克联系在一起,这是因为伊拉克是枣椰树最古老的故乡,已有5000多年的种植历史,无论从枣椰树的数量上还是其果实椰枣的产量和出口两方面,都占世界第一位。伊拉克全国18个省中,有12个省种枣椰,总数达3300多万株,约占世界产量的五分之二;其中一半以上供出口,出口量占世界的80%。

椰枣含糖量很高,香甜如蜜,营养丰富。伊拉克人的祖先把椰枣汁和牛羊乳拌在一起喝,当作佳肴。

产丁香最多的地区

丁香花拥有天国之花的光荣称号,也许是因为它高贵的香味,自古就倍受珍视。丁香花蕾或用丁香花蕾提取的丁香油是名贵的香料,能做高级的糖果、食品和香烟调味料,或高级化妆品的原料。有一种中药称“公丁香”,性温味辛,能温胃降逆,主治呃逆及胸膜胀闷疼痛,还有驱虫作用,公丁香就是丁香花蕾。

世界上产丁香最多的地区是东非坦桑尼亚东部的一个叫作桑给巴尔的地区。桑给巴尔生产的丁香,无论在产量还是在质量上都著称于世。桑给巴尔从19世纪下半叶以来,一直是世界上最大的丁香产地,种植面积达3万多公顷,所产丁香占世界丁香市场的五分之四。桑给巴尔的丁香,颗粒均匀,色泽好,气味浓郁芬芳,在国际市场上享有良好的声誉。

产橡胶最多的国家

橡胶一词来源于印第安语 cau-uchu,意为“流泪的树”。天然橡胶就是由三叶橡胶树割胶时流出的胶乳经凝固、干燥后制成的。橡胶具有受外力作用发生变形后迅速复原的能力,并具有良好的物理力学性能和化学稳定性。橡胶广泛用于制造轮胎、胶管、胶带、电缆及其他各种橡胶制品。

全世界有43个国家和地区种植天然橡胶,其中印度尼西亚、泰国、马来西亚、印度四大植胶国植胶面积约占世界总面积的75%,产量约占世界总产量的77%。其中生产橡胶最多的国家是泰国,泰国从1991年起即成为世界最大的天然橡胶生产国和出口国,目前该国有600多万人从事橡胶的生产、加工和贸易,占全国人口的近1/10,种有橡胶200多万公顷,橡胶产品的92%供出口。泰国是中国进口天然橡胶数量最多的国家。

最大的蕉麻生产国

蕉麻,也叫马尼拉麻,多年生草本植物,它的茎和叶子跟芭蕉树相似,所以叫蕉麻。蕉麻是热带地区重要的纤维作物,在19世纪成了制绳的主要原料。蕉麻纤维细长、坚韧、质轻,在海水中浸泡不易腐烂,是制作渔网、缆绳的优质原料。蕉麻还可以制作席子和地毯,以及麻织衣料。

蕉麻原产于菲律宾,目前菲律宾是世界上最大的蕉麻生产国。菲律宾的吕宋岛和棉兰老岛是主要产地,种植蕉麻面积约13万公顷。2007年,菲律宾生产蕉麻6万吨,排名第二的蕉麻生产国厄瓜多尔仅生产1万吨。世界蕉麻产量的绝大部分产自菲律宾,其余部分来自厄瓜多尔。

棕油产量最高的国家

棕油是一种植物油,提取自油棕子,是继大豆油之后的第二大食用油。除此之外,棕油也被作为生物柴油使用。棕油产量最高的国家是马来西亚和印度尼西亚。这两个国家的棕油总产量占世界棕油总产量的86%以上。

2007年以前,马来西亚是世界上最大的棕油生产国,但是其播种面积已经达到饱和,产量一直在1700万吨左右。近几年,印尼的棕油产量增长较快,超过马来西亚,成为最大的棕油生产国。2007年的产量达1740万吨,而当年马来西亚的棕油产量约1650万吨。

可可产量最高的国家

可可原产于美洲,其果实经过发酵和烘焙后可以制成可可粉和巧克力。可可产量和出口量最多的国家是科特迪瓦。科特迪瓦的可可种植面积为 187 万公顷,年均产量 130 万吨,约占世界产量的 45%,居世界第一位。

玉米、大豆、棉花产量和出口量最高的国家

我们都知道美国是工业和科技非常发达的现代化国家,其实美国的农业同样非常发达。

美国的粮食总产量占全球粮食总产量的 20%,其中大豆和玉米占世界总产量的 60%。由于美国农业资源丰富、土地肥沃、水资源充足,农产品大大超过本国需求,很大程度上需要出口解决农产品的销路问题。因此美国成为玉米、大豆出口量最高的国家。

美国也是棉花生产大国,棉花产量占世界的 20%以上,2006~2007 年度,出口量占世界的总出口量的 37%,占自身产量的 75%。可见,美国棉花产量远远大于自身需求量,需要扩大出口削减库存。中国是最大的美国棉花进口国。

咖啡产量最高的国家

巴西位于南美洲东南部,是南美洲面积最大的国家。巴西是世界上最大的

咖啡生产国和出口国,素有“咖啡王国”之称。咖啡是巴西国民经济的重要支柱之一,巴西咖啡以质优、味浓而驰名全球。全国有大大小小的咖啡种植园50万个,种植面积约220万公顷,从业人口居多,年产咖啡200万吨左右,年出口创汇近20亿美元。

巴西人酷爱咖啡。20世纪60年代,巴西咖啡人均年消费量达5.8千克。近几十年来,随着其他饮料的出现,巴西咖啡人均年消费量仍超过3千克。在巴西,无论是城市还是乡村,各式各样的咖啡屋随处可见。人们几乎随时随地都可以喝到浓郁芳香的热咖啡。

最早栽培金针菜的国家

金针菜,又叫黄花菜,属于百合科多年生蔬菜。金针菜原产于我国,已经有两千多年的栽培历史。金针菜含有丰富的营养物质,而且有美化庭院的作用。

金针菜

在古代，金针菜被称为“萱草”。据《诗经》记载，古代有位妇人因丈夫远征，在房屋北堂栽种萱草，借以解愁忘忧，从此世人称之为“忘忧草”。嵇康《养生论》中说：“萱草忘忧。”大约在500多年前，金针菜传到欧美，经过多年的人工栽培和育种，选育出许多优良的品种。目前全世界有15种，我国有12种。

食用菌产量和出口量最大的国家

食用菌是可以吃的大型真菌，比如木耳、香菇、草菇、银耳、猴头、竹荪等。我国是世界上食用菌产量和出口量最多的国家。2007年，全国食用菌年产量超过1437万吨，占世界总产量的70%以上，年出口量近7亿美元，占全球食用菌贸易量的40%左右。我国食用菌主要出口到美国、日本和欧洲的一些国家。

我国已查明真菌种类达1500种以上。人工栽培成功的已有60多种。食用菌理所当然地成为我国在国际竞争中的一项优势产业。近年来，我国食用菌科研、生产发展很快，全国已经成立了跨部门的食用菌协会，从食用菌的研究、制种、栽培、收购、加工等方面到开展系列化服务，为促进食用菌发展奠定了基础。

世界上最大的桃园

世界上最大的桃园位于山东肥城。该桃园生产基地开辟培植至今已有1100多年。早在20世纪80年代，肥城就被列为国家名特优产品（肥桃）基地县,肥桃栽培飞速发展。目前,全市肥桃栽培面积已超过 10 万亩,有 300 万株桃树,年产量达 7.5 万吨,成为目前世界上最大的桃园。

肥城引进培植了许多新品种,真正成了常年能赏桃花、四时可品仙桃的“世外桃源”。特别是每年桃花盛开和果实成熟的时候,春季满山桃花争奇斗艳,夏季硕果满园,桃香四溢,成为肥城的两大自然景观。

六、其他植物之最

植物界的最大家族

世界上已经发现的植物有 40 余万种,根据植物的生殖特点,可以分为孢子植物和种子植物两大类。种子植物又分为裸子植物和被子植物两类。用果皮包着种子的植物,就叫被子植物。桃子、苹果、梅子、杏子、葡萄这类水果,我们吃的是它的果实,果皮果肉包着核,核里面就是种子,这些都属于被子植物。我们平常看到的树木、花草、庄稼、蔬菜、牧草以及其他经济植物,除了松、柏类植物以外,大多数都属被子植物。因此,当你睁开双眼的时候,看到的绝大部分植物都是被子植物。

全世界被子植物的数量约有 25 万种,是植物界最大的家族。被子植物中既有 1 毫米长的浮萍,也有高达百余米的桉树;有只能存活几周的短命菊,也有寿命长达千年的龙血树。被子植物的分布非常广,从北极圈到赤道,从沙漠、海洋到高达 6000 米以上的高山,到处都有它们的身影。

最大的植物细胞

虽然自然界中的植物千姿百态,各不相同,但是所有植物都是由细胞组成的,在显微镜下可以清楚地看到这些细胞。植物细胞的长度一般在20~100微米之间,30~100个细胞才能组成一粒芝麻那么大的长度。一般一个细胞用显微镜放大60倍以上,才能用肉眼看到。

极少数植物细胞可以用肉眼看到。一个沙瓤西瓜中的一个沙粒就是一个直径1毫米左右的细胞,一条棉花纤维也是一个细胞,最长的可达75毫米,相当于成年人手指的长度,但是这还不是最大的植物细胞。世界上最大的植物细胞是苎麻茎的韧皮纤维细胞,最长能达到62厘米。

最大的孢子

孢子是生物所产生的一种有繁殖或休眠作用的细胞,能直接发育成新个体。采蘑菇时,只要你稍稍触及老熟的蘑菇,在它那雨伞股身躯反面的皱褶里,就会落下很多细细的"粉末"随风飞扬,这就是蘑菇繁殖后代的孢子。像蘑菇这样的孢子植物,不会开花结果,它们都以孢子繁殖后代。

孢子一般是非常微小的单细胞,直径只有几微米到几十微米,肉眼一般看不见它们。红蘑菇孢子的直径只有10微米,也就是0.01毫米。可是,也有例外情况,像高卷柏的孢子就很大,它的直径竟有1.5毫米,也就是1500微米,约有芝麻大小。

在3亿年前石炭纪的地层中,地质学家发现了世界上最大的孢子化石,它叫大三缝孢子，直径竟有6~7毫米，比赤豆粒还要大。

最早出现的绿色植物

世界上最早出现的绿色植物是蓝藻。地质学家在南非古沉积岩中发现了生存在34亿年前的蓝藻类化石。这一发现在植物进化史上具有重大意义，证明那个时候世界上已经有绿色植物了。古代蓝藻和现代蓝藻在外形上有些相似，蓝藻中含有叶绿素，能够制造养分，还能独立繁殖。今天我们看到的花草树木都是蓝藻经过几十亿年漫长的历史进化而来的。

最早的陆生植物

生命从水生到陆生经历了漫长的过程。大约4.7亿年以前，即寒武纪时期，源于史前水生植物的最早的陆生植物在土壤里播下了种子，改变了整个植物世界的发展历程。这个时期的植物只是一些苔藓、地衣等细小的，不能完全脱离水体的植物。这些先驱登陆者在漫长的地质历史时期逐渐改变着陆地上的生存环境，使得陆地由荒凉贫瘠变得肥沃松软。这样的过程大约持续了1亿年。到了距今大约4.2亿年左右，植物已经初步具备了在陆地上生存的能力。但是那时的植物比较简单，并不能占领所有的陆地生态域，只能在水边生活。在距今大约4亿年左右的时候，即泥盆纪，植物进入了一个大发展时期，这个阶段也就是植物最终完成登陆的一个阶段。植物可以完全脱离水体，占领地球的不同生态域，并且形成了一定规模的森林。

含蛋白质最多的植物

螺旋蓝藻是已发现的含植物蛋白最多的植物。蛋白质含量达到68%,比牛肉、大豆等高蛋白的食物高出很多,是瘦肉的4倍。这种蛋白质是螺旋蓝藻用光合作用产生的。营养如此丰富的螺旋蓝藻引起了科学家的兴趣,也许不久的将来,我们的餐桌上会出现这种高蛋白食物。

除了螺旋蓝藻之外,还有一种藻类含有很高的蛋白质,那就是小球藻,蛋白质含量为50%。

最大和最小的苔藓植物

苔藓属于孢子植物,不适宜在阴暗处生长,它需要一定的散射光线或半阴

苔藓

环境,最主要的是喜欢潮湿环境,特别不耐干旱及干燥。人们通常所说的苔藓其实是指一大类植物,可以分为苔和藓两种。一般情况下,藓类要比苔类大一

点，但藓类的高度也只有几毫米到几十厘米。生长在新西兰的巨藓是目前世界上最大的藓类植物，它们高达50厘米。它之所以能长如此之高，可能与它的茎开始有了疏导组织的分化，以及细胞内有了类似木质素的聚合体的存在有关。夭命藓是藓类植物中最小的一种，它的茎长不及0.3毫米，由于个体小，往往附生在热带雨林中乔灌木的叶子上，一片小树叶上可以长几十甚至几百株，构成热带雨林奇观——“叶附生”现象。

最大和最小的蕨类植物

蕨类植物是植物中的一个重要分类，属于孢子植物。蕨类植物孢子体发达，有根、茎、叶之分，不开花，以孢子繁殖。

最小的蕨类植物是产于南洋群岛的一种附生在树干上的团扇蕨。在它细长的根状茎上，长着几乎没有叶柄，长仅5毫米左右的扁圆形的膜质叶片，其孢子囊生在主脉延伸的囊托上，并被喇叭形囊苞所保护。

最大的蕨类要数桫椤属了。这个属有些种类的主干高达20多米，我国热带、亚热带产的桫椤高可达10米。

第二十三章　植物标本的巧妙制作

一、种子植物标本的采集与制作

相对于动物标本来说,植物标本的采集与制作比较简单易行,而种子植物是植物界最为重要和常见的种类,在植物学方面开展科技活动,首先要认识各种种子植物,并且还要将已经认识的植物种类制成标本,作为进一步开展其他科技活动的资料。同学们从种子植物标本的采集与制作学起,更容易掌握系统的植物标本制作方法。因此,种子植物采集和标本制作,不仅是一项独立的活动,也是开展其他生物课活动的基础。

本章从种子植物标本的采集与制作开始,介绍一般植物标本采集与制作的基本知识。

植物标本的采集与制作综述

植物标本对掌握有关植物学的基础知识、科研资料和科普宣传,以及为国家自然资源的开发、利用提供科学依据等具有重要价值。学会采集和制作植物标本是培养植物分类学实践能力和进行植物识别、分类的重要步骤,也是同学们今后从事相关教学和科研工作的基本技能。通过植物标本采集,不但能够掌握采集的方法,还能够实地观察研究植物的形态、物候期、生态环境特点和分布规律等。

植物标本根据使用目的可分为以下四种。

(1)整体标本

整体标本主要用来识别植物,鉴定学名,鉴别中草药。通常对某一地区进行植被调查也是使用这种标本。例如调查某个学校、山头的植物资源时,虽然高等植物的根、茎、叶等营养器官,是识别植物依据之一,但是常因生长环境不同而有所差异,而花、果具有较稳定的遗传性,最能反映植物的固有特性,是识别和鉴别植物的重要依据,所以采集标本时必须尽量采到根、茎、叶、花和果实俱全的标本。草本植物还应该挖起地下部分,从根系上可以鉴别出是一年生还是多年生的。而且地下部分除根茎外,往往还存在变态根和变态茎,如荸荠、百合、菊芋、甘蓝、黄精、贝母、七叶一枝花等。木本植物应采集有代表性的枝条,最好附有一小片树皮。孢子囊群的形状与排列、根状茎及其鳞片和毛被等是蕨类植物重要的分类特征,采集时要加以注意。整体标本常制成腊叶标本和原色浸制标本。

(2)解剖标本

解剖标本主要用于观察、研究植物某一器官的内部组织结构。如解剖洋葱的鳞茎,以观察基盘、幼芽、鳞叶、须根等结构。横剖黄瓜,以观察瓜类的侧膜胎座和种子着生位置;纵剖桃花,以观察花的各部位及其形态。采集这类标本只要选择健康的有代表性的某一器官即可,不必采集整个枝条。解剖标本通常制成防腐性的浸制标本。

(3)系统发育标本

制作系统发育标本是为了观察研究植物的生活史,即某一植物从种子萌发到生长发育、开花、结果各阶段的生长情况,常用于生物教学和引种栽培及科研方面。这类植物标本必须采集植物不同的生长发育阶段，如制作菜豆和玉米种子萌发过程的标本，就要采集它们胚的萌动、长出主根和幼芽、长出真叶等各阶段的标本。这类标本可制成腊叶标本，也可以制成浸制标本。

(4)比较标本

比较标本主要是比较不同植物的某一器官的异同。例如比较双子叶植物和单子叶植物种子形态，就要采集油菜、大豆、黄瓜、番茄等成熟的果实，除去果皮，将种子晾干，还要采集小麦、水稻、玉米的果实晾干进行比较。比较各种形态的根，可以采集直根系的棉花、须根系的水稻和小麦、球根的心里美萝卜、圆锥根的胡萝卜、圆柱根的萝卜、块根的番薯、玉米及甘蔗的不定根，以及菟丝子、桑寄生的寄生根等。比较各种形态的茎，可以采集直立茎的桃、榕树，缠绕茎的牵牛花、金银花，匍匐茎的草莓，攀缘茎的葡萄、葫芦、爬墙虎，枝刺的山楂、皂角，肉质茎的仙人掌、昙花，球茎的荸荠、甘蓝，鳞茎的洋葱、大蒜等。比较各种形态的花冠，可采集离瓣花的桃花，十字花冠的油菜、荠菜，蝶形花冠的大豆、紫檀、蚕豆，管状花的红花，舌状花的菊芋，以及单子叶的小麦花等。比较各种花序，可以采集总状花序的白菜，穗状花序的车前，伞形花序的开竺葵，头状花序的向日葵等。比较各种形状的果实，可采集核果的李、杏，浆果的柿、葡萄，梨果的苹果、鸭梨，荚果的豌豆、刺槐，角果的萝卜、大青，瘦果的向日葵，颖果的水稻、小麦，翅果的榆、槭等。比较标本可以制成腊叶标本，也可制成风干标本，而果实以原色浸渍标本效果更好。

前期准备工作

野外植物采集，最忌草率从事。草率从事不仅影响活动质量，而且很容易发生安全问题。因此，在活动开始以前，必须做好各种准备工作。

1.选择和确定采集地点

(1)选择和确定采集地点的原则

采集地点的好坏,直接关系到采集活动的质量。选择和确定采集地点时,应遵循以下各项原则:

①有比较丰富的植物种类,最起码要具备常见的植物种类,否则就难以保证采集质量。

②要有发育良好的植被类型,如良好的森林、灌丛、草地和水生植物群落等。只有在发育良好的植被类型中,才会生长各种典型代表植物,从而才能使同学们容易理解植物与外界环境统一的原则,以及植物分布的规律性。

③交通要方便,采集地点比较安全。

(2)做好采集地点的预查工作

采集地点一旦确定,就要进行预查工作。预查应在临近采集活动开始前进行,其内容主要有以下几个方面:

①调查可供采集的植物种类及其分布区域。

②选择最佳采集路线和中途休息点。

③了解在采集中可能出现的各种不安全因素,并准备好一旦发生安全问题时的解决措施。

④熟悉从学校到采集地点的沿途交通情况。

2.准备图书资料

采集开始前应准备好以下图书资料,供采集时使用:

(1)本地区的植物志。

(2)采集地点的植物检索表(根据预查所得植物名录,由老师进行编写)。

(3)有关采集地点的地形图和地质、地貌、气候、土壤等资料。

3.学习植物采集方面知识

植物采集是一项知识性和技术性很强的科技活动,同学们一定要先学习有关的知识,有所了解和准备,主要有以下几个方面:

(1)种子植物形态学术语。

(2)植物检索表的组成及其使用方法。

(3)植物采集的方法和步骤。

(4)采集地点的植被类型、植物主要组成、地质、地貌、气候、土壤等知识。

4.提高安全意识

野外采集中存在着许多不安全的因素,诸如蛇咬、摔伤、迷路、溺水等。为了防止出现这些事故,出发前应学习学校有关安全教育的内容。小组行动时,宣布一些必要的纪律,如采集过程中不准单独行动,不准捉蛇,不准下水游泳,必须穿着长袖上衣、长裤、高帮鞋和戴遮阳帽等。

植物标本采集的工具

为了能采集到完整的植物标本,使标本得到及时处理,并且回校后能立即制成标本,必须准备一套用品用具,这套用品用具包括采集工具、记录用品、防护及生活用具、标本制作器具等四类。

(1)采集工具

①标本夹:标本夹既可供采集标本又可供压制标本之用,是用木板条做成的长约45厘米、宽约30厘米的木制夹板。标本夹分为背夹和压夹两种,如图所示。前者最好是装有尼龙搭扣和背带,以方便在野外采集时随时将标本压入

标本夹中，防止采集的标本失水皱缩；后者适用于标本的集中压制，较为常用。

使用压夹时，为了简便和减轻携带负担，可以把标本夹缩小到一张吸水纸那么大（40 厘米×26 厘米），改用尼龙搭扣加压固定，这种形式的标本夹比一般标本夹轻便实用，如图所示。

使用轻便型植物标本夹时，底板朝下，把吸水纸垫在底板上，放好标本后，再把盖板压在最上层的吸水纸上，然后用力把盖板上的尼龙搭扣紧扣在底板的搭扣上就可以了。

②树枝剪：树枝剪是用来剪断植物枝条的工具，常见的有两种，一种是剪取乔、灌木枝条或有刺植物的手剪，另一种是刀口比较长大的长柄修枝剪，称为高枝剪，如图所示。高枝剪的剪柄上另安有一根长木把和一条绳子，把刀口对准剪取部位，然后拉动绳子，即可剪取较高的树枝。

③采集箱：采集箱是一种用来装那些不能放入标本夹的植物标本（如木质根、茎或果实等）的背箱，也适于遇雨时使用，一般用马口铁制成，长 40 厘米、宽 20 厘米、深 20 厘米。如图所示，缺点是比较笨重。也可用大塑料袋代替采集箱。

④采集袋：用人造革、帆布或尼龙绸制成，用于盛取标本和小型采集用品用具，其体积可为 44 厘米×39 厘米×15 厘米。

⑤小锄头（采集杖）：用以挖掘植物的根、鳞茎、球茎、根状茎等地下部分，或石缝中的植物。

⑥小手锯：用来采集木材标本，或锯树枝之用。

⑦手持放大镜：用于在野外采集标本时，观察植物特征之用。

⑧米尺：用于测量长度。

⑨掘铲：用于挖掘一般草本植物。

⑩树皮刀：可以折叠，用于割取树皮。

⑪望远镜：用来嘹望远处的地形和植物种类。

⑫高度计(即海拔仪):用于了解采集地点的海拔高度。

⑬指南针:用来指示采集路途的方向。

⑭纸袋:用牛皮纸制成,长约 10 厘米,宽约 7 厘米,用于盛取种子以及标本上脱落下来的花、果和叶。

⑮小塑料袋:长约 15 厘米,宽约 10 厘米,用来盛鳞茎、块根等。

(2)记录用品

①采集记录表和铅笔:在野外采集时,用于记录植物的产地、生长环境、特征等各种应记事项。为了使记录工作迅速准确,可事先按上列格式印刷,并装订成册,供野外采集时用。采集记录册中每一页记录一号植物(不同地点采集的同一种植物,要按不同号记录)。

②标本号牌:用白色硬纸做成,长宽各 3 厘米左右,系以白线,挂在每个标本上,用于在野外时填写采集人、采集号、采集地等信息。

③钢卷尺:用来测量植物的高度、胸高、直径等。

(3)防护及生活用具

①护腿:用厚帆布制成,用于防蛇咬伤。

②蛇药:用来治疗毒蛇咬伤。

③简易药箱:内装治疗外伤、中暑、感冒等医药用品。

④长袖上衣、长裤、高帮鞋和遮阳帽,这样的穿着是为了尽可能避免扎伤和咬伤。

⑤水壶及必要食品。

(4)标本制作器具

①吸水纸:吸水纸是在压制标本时起吸收植物水分的作用,各种纸张均可,但以吸水性强的麻皱纹纸为佳,也可以选用绵软易吸水的纸,通常是市售的富阳纸,某些较细的草纸和报纸也可以代用。

②镊子:用于压制标本时的标本整形。

③直刀(刻纸刀):用于标本上台纸时切开台纸。

④台纸:为8开的白板纸或道林纸,用来承载标本。

⑤盖纸:为8开的片页纸、薄牛皮纸、拷贝纸等纸张,不一定要透明,用来盖在台纸的标本上,保护标本。

⑥2~3毫米宽的白纸条、白线、针、胶水:用来固定台纸上的标本。

⑦野外记录复写单:其内容和大小跟野外记录册完全一样,但不装订成册,用来安放在台纸的左上角。

⑧标本签:用于安放在标本的右下角。

⑨消毒箱:木制,用于标本杀虫,密闭性能要好,体积大小不限,一般要能容纳几十份腊叶标本,箱内距底部以上约5厘米处,按水平方向,放置带木框的铁纱,将消毒箱分成上下两部分,上面的空间放置待消毒的标本,下面的空间放置四氯化碳。

⑩四氯化碳和玻璃皿:用于标本消毒。

标本制作须在返校后进行,所以标本制作的器具无需带到采集点。

植物标本采集的原则

野外采集是有目的、有计划的行为,为了保证得到合格的植物标本,野外采集植物标本应遵循以下原则。

1.确定采集对象

在植物生物课野外实习中,环境中的各种植物都是标本采集的对象。一般来说,不同的植物类群具有不同的生长习性和形态特点,虽然植物体每一部分的形态特点都包含有重要的信息,但花和果实却是大部分植物类群分类的最重要的依据。因此,在采集标本时,应该尽量选择具有花或果实的植株为对象。

对于植株较大的植物来讲,在采集植物标本时,不可能采集整个植株,而只能采集植物体的一部分。为使整个植株的形态、大小和其他特征在采集的标本上得到最真实的反映,在采集标本时,必须通过观察,首先确定采集植株的哪部分才有代表性。

在不同的环境条件下,生长着不同的植物,必须随时注意观察,尽量采集。同时,在相同或不同的生长环境下生活的同一种植物,可能会表现出不同的特点。因此,必须观察、了解采集地的环境,并注意观察植物变异的规律,才能采集到具有尽可能多的信息的植物标本。

2.重温基础知识

采集前须先对采集计划中所列的采集对象进行较系统的了解和分析。如以“科”为重点,或横向以药用植物为重点,较充分地掌握必要的基础知识,包括分类特征、分布特点、生活习性等,先有个概略的轮廓,以便下一步识别选采。

3.仔细观察,尽量采集

到了采集现场,不要急于动手采集,先仔细观察一下情况,如采集地区的地势、地貌、植被、群落分布等宏观概况,然后再确定采集路线和采集方法。另外,还要向当地群众请教,了解区域性的自然特点和植物生长、分布等情况,供作采集活动的参考。

初学者采集标本时,常常把注意力放在花朵鲜艳的植物种类上,因为这类植物容易引起人们的注意,也容易为人们所喜爱。但是,植物采集不是游山玩水,是一项严肃的科学活动。要知道,一种花朵不鲜艳、体态不好看的植物(例如禾本科植物),它的理论意义和经济价值,可能比另一种花朵鲜艳的种类大得多,所以在采集过程中,不管好看的还是不好看的,常见的还是罕见的,大型的还是小型的,都要采集。要采集所遇到的各种植物。这就要求每个成员都必须仔细观察,不能马虎,更不能凭个人的喜好随意取舍。

还有,野外采集对同学们来说也是检验和提高观察能力的一次难得机会。在采集过程中,只要仔细观察,尽力搜寻,不仅可以采集到更多的植物种类,而且也可以从中培养自己敏锐的观察能力。

4.要采集完整并且正常的标本

什么是完整的标本?对木本植物来说,必须是具有茎、叶、花、果的标本;对草本植物来说,除了茎、叶、花、果以外,还应该具有根以及变态茎、变态根。

上述的根、茎、叶、花、果5类器官中,以花、果最为重要。因为花、果的形态特征是种子植物分类的主要依据,只有营养器官没有花、果的标本,科学价值很小,甚至没有科学价值。由于许多植物的花、果不可能同时存在,采集这类植物时,花、果二者只要有一项,就算是完整的标本。

正常的标本是指所采到的标本体态正常。我们在采集过程中,常常会遇到一些体态不正常的植株,例如:由于昆虫和真菌的危害,有的植株茎叶残缺、皱缩、疯长以及产生虫瘿等现象,这些不正常的体态,都会给识别和鉴定工作带来困难,只要有挑选的余地,就尽量不采这样的标本。

5.采集标本的大小和份数

野外采集的植物标本,主要用来制作腊叶标本,因此,标本的大小取决于台纸的大小。同学们制作腊叶标本用的台纸,通常是8开的白板纸或道林纸,其大小为38厘米×27厘米,所以标本的大小以不超过35厘米×25厘米为适度。采集木本植物时,可按照这一尺寸剪取枝条,草本植物虽然要采集全株,但一般不会超过35厘米×25厘米，如果超过35厘米×25厘米的范围，对高大草本植株，则可分别剪取其上、中、下三段作为标本。

每种植物标本在可能条件下要采3~5份，以供应用及与有关单位进行交换。在采集标本的同时，应采集一些花和果实，放入广口瓶中浸泡，留待返校后进行解剖观察。

对于要制成其他种类标本的植物，可根据实际情况，自行确定。

6.采集及时妥善处理

采下的标本要及时加上标签，编号登记在采集记录本上，然后略加整理，即放入标本夹或采集箱内，待返回后加工。

7.注意安全作业

在野外采集标本一定要注意安全，遵守山林保护守则。悬崖、山坡以及高大林木等，除有专门防护设备的专业考察采集外，一般都不要冒险攀登。此外，要注意防火，注意草丛、林间的蛇、兽。

在野外采集植物标本

制作植物标本的主要要求是典型和完整。而想要制成典型、完整的植物标本，又必须立足于标本的采集，采集不当，将很难达到上述要求，更无法提高到科学、精确、美观的境界。由此可见，植物标本的采集，在提供进一步加工制成合格的标本方面有着奠基的作用。

1.草本植物标本的采集方法

采集草本植物通常是选择典型、完整的进行全株挖取。扎根较浅，土壤疏松时,可用手提、手拔;根系较深、土质较硬时,不可轻易拔取,要用小铁铲在根部周围松土浅挖,顺势将植株提出;有的还要用小铁锹深挖,扩大挖面,待露出主根后再设法取出,以防折断主根。

所谓典型,是指所采的标本要具有明显的分类特征,在同种植物中有较强的代表性。所谓完整,是指整株标本的根、茎、叶、花、果俱全,并基本完好无损。由于植物的生长发育阶段不同,遇到尚未开花、结果时,可先采下植株,留下标记,记下采集地点,等到花、果期再来补采配齐。每种植物标本一般采集 3~5 份,以后要用于教学的标本以及珍稀、奇异或有重大经济价值的植物,可酌量多采几份。

寄生植物如菟丝子、桑寄生等,采集时要把它们的寄主植物也采下一些,两种标本放在一起,并注明它们之间的关系。有些植株上的部分结构是分类鉴定时的重要依据,则应尽量选取采齐,如十字花科、伞形科、槭树科、紫草科植物的果实,沙参属、益母草属及伞形科的基部和茎上的叶片,兰科、杜鹃属等植物的花,百合科、兰科、薯蓣科、天南星科、石蒜科、莎草科、茄科、旋花科、桔梗科等某些植物的地下部分(球茎、块根、鳞茎、块茎、圆锥根),以及鸢尾科、蕨类植物的根状茎等,都是分类上的重要依据,有匍匐茎的植物应和新生的植株一并采下。

2.木本植物标本的采集方法

木本植物包括乔木、灌木以及木质藤本植物。采集木本植物应注意以下 3 个问题:

(1)木本植物树皮中的韧皮纤维大多很发达,采集时应该用枝剪或高枝剪只剪取局部茎叶、枝条、花和果实,不要用手去折,否则会撕掉部分树皮,不但影响标本的美观,而且还可能影响标本质量。

(2)有些木本植物,开花在发叶之前,例如杨、柳、榛、榆、金缕梅、木棉等。

对这样的植物种类，应分春、夏两次采集，而且第二次采集时，应该在春天采过花枝的那株乔灌木上采集枝叶，这就必须在树上挂一个跟花枝标本号码相同的号牌，必要时，还可在记录册上确切记明该树所在的位置，以免弄错。

(3)有些乔木类植物的部分结构是分类的重要依据，如皂角属、杨树属植物主干或枝上的棘刺，要注意同时采下；如果是药用植物，则需采下该植物的一小块树皮或一小部分根。

3.水生植物标本的采集方法

水生植物，如金鱼藻、狐尾藻、眼子菜、浮萍等，植株纤细，把它们由水中取出后，枝叶会互相粘在一起，以致很难进行压制。对待这样的标本，在压入标本夹以前，要先将它们放入盛有清水的水盆内，使标本的各部分展开；然后用一张干净的16开或32开的道林纸放入水中标本的下方，缓缓向上将标本托出水外，使标本展开在道林纸上；最后，将标本连同道林纸一起压入标本夹中(将来压制时，也可以使标本与道林纸一起更换吸水纸)。

4.寄生植物标本的采集方法

种子植物中有些种类寄生在其他植物体上，叫寄生植物，如列当、菟丝子、锁阳、槲寄生、檀香、百蕊草等，这些植物跟它们的寄主有密切关系，应连同寄主一起采集和压制标本。特别是那些用寄生根寄生在寄主根上的种类(如列当)在采集时，应小心地将二者的根一起挖出，并尽量保持二者根的联系，以利于鉴定工作的进行。

5.大型植物标本的采集方法

有些植物如楤木、棕榈、芭蕉等，叶和花序都非常大，采集这样的植物标本，可用以下方法进行：

(1)如果标本的叶片大小超过了道林纸,但仅超过1倍长度时,可以不剪掉那部分,只需将全叶反复折叠,并在折叠处垫好吸水纸,放入标本夹内进行压制。

(2)如果是比上述叶更大的单叶,则可将1片叶剪成2~3段,分别压制,分别制成腊叶标本,但在每段上要拴一个注有A、B、C字样的同一号码的号牌。

(3)如果叶的宽度太大,则可沿中脉剪去叶的1/2,但不可剪去叶尖。如果是羽状裂片或羽状复叶,在将叶轴一侧的裂片或小叶剪去时,要留下裂片和小叶的基部,以便表明它们着生的位置。还有,顶端裂片或小叶不能剪掉。

(4)如果是2回以上的巨大羽裂或复叶,则可只取其中1个裂片或小叶进行压制,但同时要压制顶端裂片和小叶。

(5)对于巨大的花序,可取其中一小段作为标本。大型植物的标本,由于只选取了叶和花序的一部分,野外记录就显得更为重要,必须详细记录,如叶片形状、长宽度、裂片或小叶数目、叶柄长度、花序着生位置、花序大小等,均应加以记录。

6.植物种子标本的采集方法

对于种子植物来说,除采用插条繁育等方法外,最重要的是用种子来播种育苗。为使播种的种子质量好、发芽率高、苗势健壮,留存好的植物种子就很有必要。因此,采集种子的方法一定要得当,应该保质保量地认真采集。采集植物种子的方法,主要包括以下几点:

(1)选择母树

采集植物的种子,跟一般考察采集不同。首先要根据目的种子植物选择好母树,即所谓"优树结良种,良种长好苗"。采集植物种子,要在优良的母树上采集,要选择生长势良好、壮龄、无病虫害的母株作为选采对象。

(2)适时采集

要根据种子成熟和脱落的特点,适时采集成熟种子。“成熟”包括“生理成熟”和“形态成熟”。种子发育到一定时期,内部的营养物质积累到相当程度,种胚已具有发芽能力,是为“生理成熟”。但仅有生理成熟还不够,因为这时的种子含水分较多,种皮松软不坚,对外界的抗逆能力较弱,不易贮藏而影响其成活率,需要等待种子外部形态成熟时才可采集。种子的“形态成熟”,可根据其外部颜色、形状等来确定,如颜色由浅变深,种子含水量少,种皮致密而较坚硬,形态成熟的种子抗逆性比较强,易于加工贮藏。

大多数种子植物是先生理成熟,而后形态成熟。但也有少数种子植物,如银杏,则是先形态成熟,再达到生理成熟,这样的种子,在采收后要等一段时间,待其生理成熟时才具有发芽力。这种现象叫“生理后熟”。

有些种子植物完全成熟后会自行脱落,有些种子植物即使完全成熟也仍宿存在树上,为此,采集种子时要注意其种子完全成熟后的脱落方式。例如,杨、柳、榆、桦、杉、落叶松、泡桐等植物的种子,成熟后常随风飘散,这就要求在完全成熟后和开始脱落前适时采集;核桃、板栗、油桐等植物的种子,粒型较大,成熟后即行脱落,一般可以等它们自行脱落或以震击等方法使它们落下地面后收集;松柏、女贞、乌桕、樟、楠等肉质果实,成熟后色泽鲜艳,易引鸟啄食,需及时采收;油松、侧柏、国槐、刺槐、紫穗槐、白蜡、苦楝等植物的种子成熟后仍长期宿存在树上,虽然可以延期采集,但仍以适时采收为宜,以免日晒、雨淋、鸟食影响种子质量,甚至散失。

(3)操作要点

在只采优种、不采劣种的前提下,可以使用不同的工具采集林木的种子。

常用工具有高枝剪、采摘刀、采种钩、采种镰,以及各种兜网、塑料薄膜等。有的专业采集备有软绳梯。林场采种作业可能还配备汽车升降机等。几种常用的采集工具。

采集种子植物应在晴天进行,雨天或雨后地面及树枝湿滑,操作不便,易出事故，而且雨淋后种实较湿，采下后容易发热霉烂。

采集时凡是能够用手采到的，一般不用工具；较高的可用高枝剪、采摘刀、采种钩、采种镰等采取。一般学校组织的林间采种，需有辅导老师指导。野外采集要注意远离电线（尤其是高压线），尽量不要搭梯、攀树，以免发生事故。

为了收集落在地面上的种实，采集前要把母树周围丛生的杂草等适当清除，树下的枯枝、落叶、碎石等也须清理，还可以在地面铺上布幕或塑料薄膜，便于收集落下的种实。

收集种子时，防止泥沙、土粒混入，并随手剔除干瘪、霉腐、虫蛀的种子。

采到的种子要按种子植物分别装进筐篓或麻袋中运回，每袋容量不宜过多，以免发热生霉。运回的种子应立即从袋（或筐篓）中倒出，薄薄地平铺在晒场上或凉棚下，并注意保持良好的通风。

7.标本的编号

采好的植物标本一定要及时编号。编号的方法是在号牌上写上号码，然后将号牌拴在标本的中部，号码要用铅笔写，以免遇水褪色。

标本编号时应注意以下几个问题：

（1）在同一时间、同一地点采集的同一种植物，不管多少份，都编同一号。同一时间、不同地点，或不同时间、同一地点采的同一种植物，都应编不同号。

（2）雌雄异株的植物，其雌株和雄株应编不同号。

（3）剪成3段的草本植物标本，应分别拴上同号的号牌，以免遗漏。

（4）盛装种子、花、果等标本的纸袋，也应放入号牌，其号码应和该植物标本的号码相同。

8.标本的记录

在野外进行标本记录是一项非常重要的工作，因为一份标本，当我们日后

植物标本

对它进行研究时，它已经脱离了原来的环境，失去了生长时的新鲜状态，特别是木本植物标本，仅仅是整株植物体上极小的一部分。根据标本的这些特点，如果采集时不做记录，植物标本就会失去科学价值，成为一段毫无意义的枯枝。因此，必须对标本本身无法表达的植物特征进行记录，记录越详细越准确，标本的科学价值就越大。所以对记录工作要一丝不苟，认真对待，即使因采集而身体劳累，也要坚持做好记录。

记录应尽量在采集现场进行，做到随采随记，如果时间紧或有别的原因不能当时记录，也不要迟于当天晚上。

各项记录项目的填写方法如下：

采集号：一定要跟标本号牌上的号码相同。

采集日期：采集的实际日期，跟标本号牌上的日期相同。

产地：要写明行政区划名称、山河名称等。

海拔：本项记录很重要，因为每种植物都有自己分布的海拔高度范围，如果没有海拔计，可在事后向有关单位询问后补上。

产地情况:是指植物生长的场所,如林下、灌丛、水边、路旁、水中、平地、丘陵、山坡、山顶、山谷等。

习性:是指直立茎、匍匐茎、缠绕茎、攀缘茎等类型。

植株高:指用高度计测量出植株的高度。

胸径:是指乔木种子植物的主干从地面往上到 1.3 米处的直径(此处相当一般人胸的高度,故名)。

花期:指开花的时间。

果期:指结果的时间。

树皮:记录树皮的颜色、开裂状态。

芽:记录芽的有无、位置等。

叶:主要记录毛的类型、有无,有无乳汁和有色浆液,有无特殊气味等。至于叶形、叶序,标本本身展现得很清楚,不必记录。

花:主要记录花的颜色、气味、自然位置(上举、下垂、斜向)等。至于花序类型、花的结构、花内各部分的数目,则不必记录。

果:主要记录颜色和类型(尤其是小型浆果和核果在干后彼此不易区分,必须将类型记录清楚)。

木材:主要指乔木、灌木、草本等。

科名、学名、中名:如果当时难以确定,可以在以后补记。

9.标本的临时装压

植物标本编号记录以后,要及时进行初步整理并放入标本夹。入夹前先将植株上的浮尘污物抖下或用湿布轻轻拭去,粘连在根部的泥土也要去净。然后摘除破败的叶片等,略做清理,再在标本夹的底板上铺垫 5 张吸水纸,把标本平放在吸水纸上,舒展枝叶,使叶片有正面也有反面。接着在标本上垫吸水纸 8 张,以后随放随垫。垫纸时要注意垫实垫平,上下层的植株根部要颠倒着放,以保持标本夹的压力均衡。

根部较粗、果实较大的标本放进标本夹加压时容易出现空隙,使部分枝叶受不到压力而卷缩皱褶,这时可用吸水纸将空隙填满垫平,再盖上盖板,加压扣紧,继续另采。

上面讲的是高度一般不超过40厘米的草本植物的处理方法。如植株较高,可将植物茎折曲成N或W形压放,高秆植物可先取下顶部的花,再截取根部和部分带1~2片叶的茎,如此分做三段制成标本。截取前要先量下整株的高度,以供鉴定参考。

由于时间很紧,标本又很坚挺,向标本夹内放置标本时,不必讲求标本的整形,标本整形工作可留待正式压制时进行。

植物标本的制作方法

制作植物标本的方法很多,总的来说可分为浸制、干制两大类。

1.植物标本浸制法

用浸制法保存植物标本,关键在于保色、防腐。植物标本浸液有以下几种:

(1)普通标本浸液

用福尔马林50毫升、酒精300毫升,加蒸馏水2000毫升配制而成。这种浸液可使植物标本不腐烂、不变形,但不能保色。

(2)绿色标本浸液

配方一:硫酸铜5克、水95毫升。

这种保存液适用于绿色植物和一切植物绿色部分的保存。植物放入硫酸铜液后,由绿变黄,再由黄变绿。这时取出材料,用清水漂洗干净,浸在5%福尔马林液内长期保存。

配方二：硫酸铜0.2克、95%酒精50毫升、福尔马林10毫升、冰醋酸5毫升、水35毫升。

先把硫酸铜溶于水中，然后加入配方中的其他组分。绿色标本能长期贮存在该液中。

配方三：醋酸铜15~30克、50%醋酸100毫升。

在50%醋酸中逐渐加入醋酸铜，直到饱和。适用时取原液1份，加水4份，即成稀释的硫酸铜溶液。这种保存液适用于表面有蜡质、蛙质、质地较硬的绿色植物保色。加热稀释到醋酸铜溶液，放入植物，轻轻翻动，到植物由绿转黄再转绿色时取出植物，用清水漂洗后，浸入5%福尔马林液内保存。

(3)黑紫色标本浸液

福尔马林500毫升，饱和氯化钠溶液1000毫升，再加蒸馏水8500毫升，待静止后将沉淀滤出，即可做浸液保存黑色、紫色及紫红色植物标本，如保存黑色、紫色、紫红色葡萄等标本效果较好。

另一种方法是用福尔马林10毫升、饱和盐水20毫升和蒸馏水175毫升混合而成的浸液，经试用对紫色葡萄标本有良好的保色效果。

(4)白色或黄色标本浸液

用饱和亚硫酸500毫升、95%酒精500毫升和蒸馏水4000毫升配成溶液，此液有一定的漂白作用，液浸后标本较原色稍浅一些，但增加了标本的美感，用以浸制梨的果实标本效果较好。

(5)红色标本浸液

配方一：甲液——硼酸3克、福尔马林4毫升、水400毫升；乙液——亚硫酸2毫升、硼酸10克、水488毫升。

把红色的果实浸在甲液里1~3天，等果实由红色转深棕色时取出，移到乙液里保存，同时在果实内注入少量乙液。

配方二：氯化锌2份、福尔马林1份、甘油1份、水40份。

先把氯化锌溶解在水里，然后加入配方中其他组分。溶液如果浑浊而有沉淀，应过滤后使用。红色果实能在此液中保存。

2.植物标本干制法

浸制的瓶装植物标本在使用、移动、保存、对外交流等方面有很多不便，所以大多数还是采用干制法制作标本。干制方法很多，其中以腊叶标本最为普遍。

(1)腊叶标本的制作

植物或植物的一部分通过采集，压制，上台纸，标明采集时间、地点，定了学名后成为标本，称为腊叶标本。“腊”，就是“干”的意思，新鲜的植物体，经过压制，失去了水分变成了干的，腊叶标本就初具规模了。腊叶标本是保存植物最简单的方法，是学习和研究植物分类学所不可缺少的材料。

腊叶标本的制作省工省料，便于运输和保存，是最常使用的一类植物标本。从野外采来的种子植物，主要用于制作腊叶标本。腊叶标本的制作包括以下几个步骤：

①装压

采回的植物要当天整理。把采集来的标本，一件一件地撤去原来的吸水纸，同时在大标本夹的一片夹板上，放上3~5张吸水纸，把撤去吸水纸的标本放在准备好的标本夹上，标本上再放3~5张吸水纸，纸上再放标本，使标本和吸水纸互相间隔，层层罗叠。

整个过程要注意去污去杂，保持标本干净整洁，并仔细调理标本姿态。过于重叠的枝叶可以适当摘去一些，花、叶要展平，叶片既要有正面的，也要有背面的。整个标本夹的标本全部整理后，可在标本夹上压几块砖、石，只有压力重而均匀，才能达到使标本平整和迅速干燥的目的。

②换纸

标本压人标本夹以后，要勤换纸，换纸是否及时，是标本质量好坏的关键。勤换纸能使标本迅速脱水，对保持标本的色、形有重要的作用。反之，换纸不勤，加压不大不匀，易使标本褪色、变形，甚至发皱、生霉。初压的标本水分多，通常每天要换纸2~3次。第三天以后，每天换1~2次，通常7~8天就可以完全干燥。换下来的吸水纸放在室外晾干，可以反复使用。为了快速干制标本，也有用电热装置烘干的，效果也很好。

③整形

在第一次换纸时，要对标本进行整形，否则枝叶逐渐压干就不便调理了。具体做法是尽量使枝叶花果平展，并且使部分叶片和花果的背面朝上，以便日后观察研究。如有过分重叠的花和叶，可剪去一部分，这个与初次整理不同，需要保留叶柄、叶基和花梗，以使人能看出剪去前的状态。

以上三步是腊叶标本的压制过程，此过程必须要注意以下方面：

• 标本的大小适当、美观，否则，可将叶片等折叠或修剪至与台纸相应的大小。

• 压制标本时要尽量使花、叶、枝条展平、展开，姿势美观，不使多数叶片重叠。若叶片过密，可剪去若干叶片，但要保留叶柄，以便指示叶片的着生位置。

• 压制的标本要有叶片的正面，也要有部分叶片展示反面，以便于观察。

• 茎和小枝在剪切时最好斜剪，以便展示和露出茎的内部结构。

• 落下来的花、果或叶片，要用纸袋装起，袋外写上该标本的采集号，放在标本一起。

• 标本夹中的标本位置，要注意首尾相错，以保持整叠标本的平衡。否则，柔嫩的叶片、花瓣等可能会得不到压力而在干燥时起皱褶。

• 有的标本花果比较粗大，压制时常使纸突起。花果附近的叶因得不到压力而皱褶，可将吸水纸折成纸垫，垫在凸起处的四周，或将这样的果实或球果剪下另行风干,但要注意挂同一号的号牌。

• 在标本压入吸水纸中时注意解剖开一朵花,展示内部形态,以便以后研究。

• 标本与标本之间,须放数页吸水纸(水分多的植物,应多加吸水纸),然后压在压夹内,并加以轻重程度适当的压力,用绳子捆起后放在通风之处。

• 换干纸时应对标本进行仔细整理,换干纸要勤,并应在以后换纸时随时加以整理。

• 已干的标本要及时换成单吸水纸后另放在其他压夹内,以免干标本在夹板内压坏。

• 多汁的块根、块茎和鳞茎等不易压干,可先用开水烫死细胞,然后纵向剖开进行压制。肉质多浆植物也不易压干,而且常常在标本夹内继续生长,以致体形失去常态,也应该先用开水烫死后再进行压制。裸子植物的云杉属标本,也要先用开水烫死,否则叶子极易脱落。

• 有些植物的花、果、种子在压制时常会脱落,换纸时应逐个捡起,放入小纸袋内,并写上采集号,跟标本压在一起。

④认真观察标本的形态特征

在野外采集时,时间匆忙,同学们对所采集的每份标本的形态特征,只能大致了解,这就必须利用压制标本的机会,对每一份标本进行详细的解剖观察。因此,同学们压制标本的过程,也是一个反复观察标本的过程。

在观察标本的形态特征时,务求仔细、全面,并且要着重观察花、果的形态特征。如果有的标本上的花、果细小,肉眼看不清楚,可以将野外用广口瓶盛装的花、果标本,在解剖镜下解剖观察。对每种标本的观察结果,应该用形态学术语将采集记录表记录完整,用作以后标本定名的依据。

⑤消毒

标本压干以后,应该进行消毒,以杀死标本上的害虫和虫卵。消毒时,先将盛有四氯化碳的玻璃皿放入消毒箱内铁纱下方,再将已压干的标本放在箱内的铁纱上,关闭箱盖,利用气熏的方法将害虫杀死,5~6天后取出,即可进行装帧了。

⑥固定

已经压干、消毒的标本,需固定在台纸上保存。台纸选用白色较厚的白板纸,一大张白板纸可按8开裁成若干小张,每张纸面的长宽约为36厘米×26厘米左右。

把植物标本固定在台纸上的具体操作方法如下:

a.合理布局——把标本放在台纸上,根据标本的形态,或直放,或斜放,并留出将来补配花、果以及贴标本签的余地,做到醒目美观,布局合理。

b.选点固定——根据已放好的标本位置,在台纸上设计好需要固定的点。固定点不宜过多,主要选择在关键部位,如主枝、分杈、花下、果下等处,能够起到主、侧方向都较稳定的作用。

c.切缝粘条——为了使标本固定在台纸上,同时又不因固定粗放而影响美观,可以选用细玻璃纸条来固定标本,在一定距离内几乎看不到有明显的固定点痕,这对于保持标本的完整美观、持久性等方面都有良好的效果。

用玻璃纸条固定标本,先得将无色透明的玻璃纸(不一定买整张玻璃纸,可利用各种商品包装的玻璃纸)剪成2~3毫米宽、4~5厘米长的细玻璃纸条。然后在已确定固定点位的台纸上,用锋利刀片切一个长约5毫米的缝隙。各个固定点不要同时切缝,而是固定一点再切下一点,并且第一次的固定点要选择在标本枝条的关键部位,也就是先固定主枝(茎),接着再固定旁侧枝。每次下刀切缝前要认真考虑好,不要切后又改变位置再切而影响台纸的整洁美观。一般来说,除先固定主枝(茎)外,其他各固定点的次序,可根据标本的具体情况,如枝叶的扩展、扭曲等来确定。

固定点切好缝后,用小镊子夹住玻璃纸条的一端轻轻穿过切缝,从台纸后面拉出少许;如用小镊子夹穿不便,还可配用刀尖轻轻塞穿。接着,将玻璃纸条的另一端横搭过固定的枝(茎)并穿过同一切缝从台纸的背面拉出。此时,台纸的背面已有两个纸端,可用小镊子夹住拉直拉紧,边拉边看台纸正面被固定的枝(茎)是否已被拉紧紧贴到台纸面上,然后再将玻璃纸条的两端左右分开,涂些胶水,平整地粘在台纸的背面。至此,这个固定点已经固定完毕,再依此分别固定其他各点。

⑦加盖衬纸

为了保护标本不受磨损,通常要在固定完好的标本上加盖一张衬纸。考虑到取用方便,可选用半透明纸,既可防潮,又耐摩擦。衬纸宽度与台纸宽度相同,只是在固定的一端稍长出台纸 4~5 毫米,用胶水涂在台纸上端的背面,然后把衬纸的左、右、下各边与台纸对齐,把上端长出的 4~5 毫米纸折到台纸背面贴齐粘平即可。

用一般无色透明的玻璃纸做衬纸,透明度虽好,但粘着后遇潮易生皱褶,不宜使用。近年来用塑料袋封装各种标本,保存效果也很理想。

⑧定名帖签

对标本进行检索鉴定,确定标本的中名、学名和科名,叫作定名。将定名的结果填写到标本签上,如上图所示,并将标本签贴在台纸的右下角。至此,一份腊叶标本就制作成了。

(2)盒装植物标本的制作

对于已经压干的植物标本,除了可以固定在台纸上使用、保存外(即上述的腊叶标本),还可根据需要装入标本盒内,其制作方法如下:

①制备纸盒

根据标本的大小,预先制备出各种尺寸的标本盒。为了便于存放或展出,各种标本盒的规格最好统一。标本盒通常是用较厚的草板纸制成,分盒盖和盒底两部分,盒盖上面镶有玻璃,盒边四周糊以漆布或薄人造革、电光纸等。也可以去专门的地方购买合适的标本盒。

②垫棉装盒

植物标本装盒以前，先在盒底放些防腐、防虫的药剂，如散碎的樟脑块、樟脑粉等。

如果是玻璃面的标本盒，还需要在盒底垫上棉絮；垫棉质量的好坏直接影响标本的成品美观。盒内所垫棉絮通常选用医用脱脂棉。市售普通脱脂棉的纤维压得比较紧，需经加工才能垫用。垫棉时要一把一把地用手将棉纤维拉顺，随拉随铺，铺齐铺平，切不可杂乱铺垫。所铺垫的棉絮至少要高出盒底4倍左右。

③置放标本

把标本按适当布局平放在棉层上，加配的花、果等也一并置于适当的位置。棉层的右下方放好植物标本签。

④盖盒封装

把玻璃盒盖平稳地盖向盒底，盖盒过程中随时注意调理标本不使移动位置。然后在每盒边上插入2~3枚大头针，将盒盖固定牢靠。

(3)胶带粘贴标本的制作

为了满足传阅学习的需要，有些植物标本可用透明胶带粘贴，以利于传阅、保存。

①选择植物

宜选取含水分较少的枝、叶、花等。含水分多的植物如仙人掌类的茎、花等不易脱水，容易霉烂，不宜采用此法。

②加工整形

小型的开花植物，可略加整理，拭去浮尘，摘掉重叠的不必要的旁枝侧叶，即可准备粘贴。

枝干较粗的，可用解剖刀将枝干纵向剖去一部分。剖面要削平，以便上纸粘贴。

花朵较大的，可将花的下半部分用解剖刀去薄切平，只留完整的正面，以便粘贴胶带。也有将花朵全部剖开只粘贴花瓣、花蕊等部分结构的。

③衬纸粘贴

为了衬托花、叶颜色，先根据花、叶的原色准备好相应的颜色的电光纸，例如红花就以红色电光纸做衬纸，绿叶就以绿色电光做衬纸，把花、叶等分别放在不同颜色的电光纸上，用适当宽度的透明胶带自上而下地压住。

用圆头镊子尖沿着花、叶边缘把透明胶带各压一周圈，使胶带边缘紧紧压在电光纸上。再用弯头小剪刀把已压好的花、叶紧靠边缘剪下。剪下的花、叶标本，可在衬纸背面涂上胶水，根据标本的大小另粘在不同尺寸的台纸上，然后加贴标本签，放入书页或植物标本夹内，几天后即可取出存用。

请注意，同学们买来的透明胶带宽窄不一，有的 1 厘米左右，也有 3~5 厘米的，可多备几种，根据需要选用。透明胶带要注意妥善保存，最好放在洁净的塑料袋内，防潮、防热、防尘，保持胶带的洁净透明。

(4)叶脉标本的制作

叶脉标本可以用来观察叶片的输导组织，制作后又常用颜料染色作为书签，因此又称叶脉书签标本。对植物的叶片加工处理，除去叶肉即可制成叶脉标本。制作方法如下：

①煮制法

a.选采叶片：宜选用叶形美观、质地较坚韧、叶脉网络较密而深刻的叶片，如杨树叶、桂花叶、榆树叶等。薄嫩的或将要干枯的叶片不适宜。最好在深秋季节，叶片初黄较老时采叶，采集的叶片要求完整，无机械损伤，未受病虫侵害。比如，生有褐锈病斑的叶片，煮后脱去叶肉，由于残留的病斑不易脱净，常给操作带来麻烦，这样的叶片就不能采用。

b.除去叶肉：往烧杯里放 5 克碳酸钠和 8 克氢氧化钠，加水 1000 毫升配制成溶液，用玻璃棒调匀，加热使之沸腾，然后把用清水洗净的叶片投入烧杯。为了把叶片煮匀并防止把叶柄煮坏,可以把叶柄用铁夹子夹住,每个铁夹子上平行地夹着5~6片叶子,用铁丝吊着放进烧杯,叶片浸入溶液,叶柄则悬起在溶液之上,这样既免去了叶片的互相粘连而浸煮不匀,又可以使叶柄免遭不必要的浸煮。浸煮叶片的火候要掌握好,浸煮时间要适当。根据火力的大小和叶片的质地,一般在煮过10余分钟后,要从烧杯中取出1片放在清水盘里,用棕毛刷轻轻拍打几下,看看叶肉的剥脱情况,如果叶肉已经达到易于脱下的程度,就应该马上停火。经验表明,浸煮到叶片表面出现大小不一的凸泡时,就是叶肉容易剥脱的时刻。煮好的叶片放人清水盘,漂净药液和脱下的叶肉残渣。这时叶肉大部分还没有脱离叶片,需要另换一个清水盘,盘内斜放一块玻璃板(或小木板),一半浸入水中,一半露出水面。接着把单张的叶片平展在露出水面的玻璃板(或小木板)上,用棕毛刷轻轻拍打叶片,把拍打下来的叶肉冲入水盘内。拍打叶片要反正面拍打,最好先拍打反面,然后翻过来拍打正面。拍打时不可用力过猛,尤其是靠近叶柄的部位,更得轻轻拍打,以免打破叶脉,打断叶柄。

c.着色处理:为使叶脉着色鲜艳均匀,染色前要先行漂白,放在10%~15%的双氧水中浸泡2小时左右,叶脉即褪色变浅,接着把漂白后的叶片放到清水中冲洗,取出后放在吸水纸上吸去残余的水分,然后平放在玻璃板上,调好染料进行着色。染料可选用染布颜料或染胶片用的透明颜料,也可用彩色水笔所用的颜料,颜色可任意选择。如用水彩笔颜料,可直接均匀滴在叶脉上,不用笔刷或浸染,叶脉即可良好着色。把已着色的叶脉放在吸水纸上,或夹在废旧书页内阴干压平,即成为一种颇有特色的叶脉标本。如在叶柄上系一条彩色小丝带,它又成了一叶别致的“叶脉书签”。

②水浸法

将叶片浸入缸(罐)内水中,水要浸过叶面,置于温暖处浸沤。由于水中杂菌不断污染叶片,叶肉逐渐变腐,视叶肉腐变程度,当它已易于脱落时,即可按上述煮制法中用棕毛刷拍打叶片的方法脱去叶肉。接着漂白、着色,操作方法和步骤均与煮制法相同。

③腐烂法

适合夏季。将新鲜叶片浸入水中，利用细菌作用使其腐烂，一般需半个月左右。浸的时间与气温、叶片质地均有密切关系。气温高，叶片薄，时间1周左右；气温低，叶片厚，时间则长些。叶肉腐烂后在水中轻轻刷去，就可漂白。浸渍时还要注意换水。

用漂白粉8克溶于40毫升水中配成甲液，用碳酸钾5～8克溶于30毫升热水中配成乙液，然后再将两液混合搅匀，待冷却后，加水100毫升，滤去杂质，制成漂白液备用。漂白时将叶脉标本浸入脱漂白液片刻，再取出用清水漂洗干净。最后按照煮制法的着色操作方法进行后处理即可。

(5)立体标本的制作

立体标本是一种既能使标本脱水便于保存，又保持它新鲜时候立体状态的标本，可以供陈列展览和直观教学用。它的制作方法有两种。

①硅胶埋藏法

事先要准备好干燥箱、真空抽气机、真空干燥器、硅胶等，把干燥箱定温在41～42℃备用。取真空干燥器，在它的底部铺上3厘米厚的硅胶(硅胶事先要粉碎成小米粒大小)。然后把选择好的新鲜植物标本立在真空干燥器里，把事先准备好的硅胶慢慢倒入，边倒边用镊子整理植物，尽量保持原形。等到硅胶把整个植物标本全部埋藏起来以后，在真空干燥器边缘涂上凡士林，盖好盖子。

把这个真空干燥器放入事先定好温度的干燥箱里，通过干燥箱的上口，为真空干燥器接上抽气机的橡皮管，进行抽气。大约3小时以后，把真空干燥器的门关上，停止抽气，干燥箱继续保持恒温4～5个小时，然后切断电路，在箱里温度下降到室温的时候，取出真空干燥器。

把真空干燥器的阀门打开，让空气进去，然后取下盖子，擦净凡士林，慢慢把标本倒出来。

由于标本在恒温和真空条件下迅速失水干燥,所以基本保持了鲜活时候的颜色。为了使标本鲜艳生动,可以用喷雾器喷洒5%的石蜡甘油溶液。

②细沙埋藏法

取细而匀的河沙,用水洗净并且烤干。制作的时候,先把新鲜标本放在一个体积适合的盒里,按硅胶埋藏法的方法,把沙小心填满标本周围。填好以后,放在阳光下或者火炉旁,大而多汁的标本,一般需要7~8天,小标本1~2天就可以干燥。干燥以后的植物标本,必须小心取出,防止叶、花脱落,还要用毛笔刷掉粘在标本上的细沙,最后也可以喷洒石蜡甘油溶液。这样干制的植物标本,虽然色泽会有所变化,但是方法简单,容易制作。

3.种子标本的制作

种子标本都是风干而成。风干标本是将新鲜的植物材料置于空气流通的地方,让它风吹日晒,自然干燥而成的标本。除种子以外,某些制成腊叶标本时不易压干的植物,如向日葵花盘、石蒜鳞茎、鳄梨等,一般都制成风干标本。

风干标本常用于生物课教学和农业科学研究。例如识别水稻珍珠矮和矮仔占的形态特征等,就要两者的全株、稻穗、谷种等制成风干标本,以比较株高、有效分蘖、穗长、种子大小等。风干标本也可用于比较不同栽培措施对棉花、油菜等作物的影响。这就要将各种栽培措施的棉花、油菜的全株风干,以比较株高、分株、结铃、结荚等。

种子风干标本的具体做法是:采集成熟的果实,除去果皮(锦葵科、豆科、十字花科等干果类),或洗去果肉(蔷薇科、茄科、葫芦科、芸香科、百合科等肉果类),再将获得的种子置阳光下晒干,待充分干透后,分别装入种子瓶内保存,并贴上标签,分类排列于玻璃柜里。制作时要注意保持不同植物种子的固有特征,如槭树、榆树、紫檀、黄檀等种子的翅,蒲公英、棉花、大丽菊、万寿菊等种子的种毛等。风干标本也要求干燥越快越好,遇上连日阴雨,则应用45℃烘箱烘干，或接在炉旁烘干，以防腐烂发黑。

标本风干后一般都会干瘪收缩，失去原来形状，颜色也有所改变，因此风干前后应做好详细记录。制成的风干标本要及时保存在瓶里，贴上标签，分类别有次序地陈列在橱柜里。大的植株可用塑料薄膜套住，密封保存。雨季因空气潮湿，要经常检查，以免霉烂。

植物标本的保存

植物标本的使用范围很广，种类繁多，制作方式各异，所以在保存、管理方面也就有不同的要求。但有一个最基本的要求是一致的，那就是要在一定的条件下和相当的时期内，使保存的标本在形态、结构方面完整无损。

为此，不论是浸制还是干制的植物标本，在保存期间，主要都应着重抓好防潮、防腐、防虫、防晒，以及全面性的防尘、防火等，这样才能既保存局部的标本，又维护全面的安全贮藏。尤其是对某些珍稀标本，更应倍加珍惜、爱护。

1.浸制植物标本的保存

浸制植物标本保存的重点应放在浸液和封装两方面。

(1)定期观察浸液情况

浸制标本要经常注意容器内的标本浸液是否短缺或浑浊变质，如有短缺或浑浊变质，需及时查明原因，究竟是塞盖损裂还是封装不严，然后添换标本浸液，换去已损裂的塞盖或重新严密封口。

装在一般玻璃瓶(管)内的浸制标本，瓶塞多是软木或橡胶制品，接触时间一久，塞头就会老化变质而污染浸液和标本。因此，浸液不应装得太满，要与瓶塞隔开适当距离。例如，存放在指形管的小型标本，其浸液只装到管内容量的

2/3 即可。

(2)严密封装瓶口

浸制标本的玻璃瓶(管)通常用石蜡或凡士林封口。封口时先把瓶口和瓶塞擦干,略加预热,再把瓶塞浸入熔化的石蜡,瓶口也刷些热石蜡,然后趁热塞紧瓶塞,并在封口处用热石蜡补封一次,涂匀涂平,封口即告结束。为了复查瓶口是否封严,可将瓶体稍做倾斜,如在封口处发现有浸液外溢,即表示封闭不严,应立即查明原因,采取补救措施。

为了使瓶口封装更严,可在已经蜡封的瓶塞处蒙上一小块纱布,并再均匀涂上一层热蜡。

此外,还须注意,各种浸制标本,宜集中放在避光处的柜橱内长期保存,要避免反复移动或强烈震动。

2.干制植物标本的保存

各种干制标本的保存方法基本相同,但是由于制作、使用等方式方法的不同,它们的具体保存方法并不完全一样。

(1)腊叶标本的保存

腊叶标本的保存要点,主要是防潮、防晒、防虫。标本的数量不多时,可放入打字蜡纸的空纸盒内,盒边贴上小标签,说明盒内标本所属的科、属,即可集中放入普通文件柜内保存;数量较多,准备长期保存的腊叶标本,应放入特制的腊叶标本柜内。

腊叶标本柜是一种木制标本柜,分上、下两节,双开门。每节左右各有 5 大格,每一大格内又分 5 小格,小格板为活动拉板,可以调节上下间距。上节底部的隔板也是活动拉板,便于在取标本时把标本暂放在拉板上。标本柜的高度,主要是考虑取放方便,以伸手可得为度。一般柜的高度为 200 厘米,宽为 70 厘米,深为 45 厘米。在每一小隔板的左右边角处,钻几个手指大小的孔,利于柜内防腐、防虫剂的气味得以在柜内流通。为使柜门严密,可在柜门的边框上加粘绒布条。四扇柜门的正面各镶一金属卡片框,把柜内所存标本按分类标准(科、属、种等)写在卡片上。

放入柜内的标本,要经常或定期查看有无受潮发霉或其他伤损现象,以便及时进行调理。注意流通空气,添换防腐、防虫剂,室内严禁烟火,注意防尘。

(2)种子标本的保存

作为植物种子的标本,应选择那些成熟、饱满、完整、特征典型的种粒,并在充分干燥以后再保存。

一般展览用的种子标本,多是放在玻璃制的种子瓶里,瓶外加贴标本签。也可将各种种子分装在小玻璃瓶(管)内,封好口,贴上小标本签,然后装在玻璃面标本盒中展出。

如果需要长期保存,可以将种子分装在牛皮纸袋内,袋外用铅笔注明标本名称或加贴标本签,然后放进种子标本柜保存。标本柜的样式与苔藓植物标本柜相同,管理方法也同苔藓植物标本一样。

(3)胶带粘贴标本的保存

用透明胶带粘制的各种植物标本,应针对胶带的特性和标本的处理方式采用相应的保护措施,才能保证标本经久不褪色、不皱褶、不开胶。其保存要点简介如下:

①展平压放——胶带粘制的各种植物标本,多是采用新鲜未干的实物粘制的,所含水分多从背面底纸上逐渐散出,因而易使底纸受潮变皱。为此,粘制后需根据标本的大小厚薄,分别展平夹压在植物标本夹、书册、玻璃板下或硬纸夹内。

②干湿适度——胶带粘制的各种标本不可放在过于潮湿或燥热的地方。过于潮湿,胶带和底面的衬纸容易受潮变皱发霉;过于燥热,容易由胶带的边缘开始向内干裂脱胶。因此,保存此类标本要注意放在干湿适度的地方。

③避光防尘——胶带粘制的各种植物标本同其他生物标本一样不可让日光直晒。由于胶带不仅易于吸附污尘,而且一旦吸附了污尘,就很难去掉。尤其是胶带的边口部位黏性较大,沾染污尘之后常会出现黑边,很不美观。

④随时维修——为了防止胶带粘制的植物标本开胶变形,以及其他诸如胶布污秽不洁、标本受潮发皱等现象,要在取用之后及时检查有无异常,并及时予以维修。保存期间,不可久置不管,一旦发现胶带微有开胶,黏性尚未失效,就要马上给予黏合,以便有效地保护标本的完整无损。此外,对于平时备用的胶带要多加爱护,防止受潮、受热、沾染污尘;操作时不要把胶带放在污秽不洁的桌面或其他器物上;胶带用毕要放在塑料袋内保存。

(4)立体标本的保存

把制好的立体标本放入体积相当的标本瓶里保存。为了避免标本吸湿,瓶里应该放入硅胶,并且密封瓶口。

二、孢子植物标本的采集与制作

在植物界,除种子植物外,还有蕨类、苔藓、地衣、真菌、藻类等类群,它们统称为孢子植物。孢子植物的各个类群,由于形态、结构、习性和分布差别很大,植物采集和标本制作的方法就各不相同,活动开展也因而有难有易。本章按照从易到难的顺序,对上述 5 类孢子植物标本的制作分别进行介绍。

蕨类植物标本的采集与制作

蕨类植物是孢子植物中进化水平最高的类群之一。全世界共有 12000 余种，其中绝大多数为草本植物，在我国生长的有 2600 余种。

蕨类植物的孢子体和配子体都能独立生活，它们的孢子体的体型大，有根、茎、叶的分化；而配子体不但体型微小，而且结构简单。我们平时所见的都是它们的孢子体。蕨类植物分类的主要依据是孢子体的形态特征，对配子体的特点，分类中很少采用。

1.蕨类植物的种类和分布

蕨类植物分类很广，地球上除海洋和沙漠外，凡平原、高山、森林、草地、岩隙、沼泽、湖泊和池塘，都有它的踪迹。由于生存环境多种多样，蕨类植物分为土生、石生、附生、水生等 4 大类型。

（1）土生蕨类：大部分蕨类为土生种。在土生种类中又分为旱生种、阴生种和湿生种。旱生种多生于被破坏的森林和干旱的荒山坡上，如常见的蕨。阴生种多生于阴湿的林下，如蹄盖蕨科、鳞毛蕨属。湿生种多生长在溪流旁或沼泽地带，如木贼科、金星蕨科。

（2）石生蕨类：石生蕨类生长在岩石缝隙中，非常耐旱，如卷柏科的卷柏。

卷柏

（3）附生蕨类：附生蕨类大多生活在热带雨初中的乔木上，如巢蕨。

(4)水生蕨类:水生蕨类的种类不多,都生活在淡水中。它们当中有的漂浮在水面上,如槐叶萍、满江红等;有的则是整个植物体沉入水中,如水韭属。

2.蕨类植物标本的采集

(1)采集工具

①小抄网(用纱布或尼龙纱制作):用于采集水生蕨类植物。

②掘铲或小镐:用于挖掘蕨类的地下茎。

③采集袋:用于盛装全部采集用具用品和标本。

④塑料袋(大小各种型号):用于临时保存标本。

⑤大、小标本夹和吸水纸:用于装压标本。

⑥野外记录册、铅笔、标本号牌和钢卷尺:用于记录标本。

(2)采集方法

蕨类植物营养器官的结构、大小和质地,均和种子植物接近,因此,采集方法与种子植物的采集类似。但应注意以下几点:

①采集地点。大多数蕨类植物性喜阴湿,多生活在阴湿地方,所以采集时,应多到阴坡、沟谷和溪流旁查找。

②采集的标本要完整。标本的完整性主要指以下两个方面:

a.根、茎、叶要完整。在蕨类植物中,绝大多数是真蕨纲植物,而真蕨纲植物大多没有地上茎,茎生在地下,叶大多为羽状复叶,单叶的种类很少,同学们常误将羽状复叶的总叶柄看成地上茎,将复叶上的羽片或小叶看成一片片叶,因此在采集时,往往只揪一片叶。要指导同学们将一株蕨类植物的根、茎、叶采全。

b.采集的标本孢子叶或营养叶上要具备孢子囊群。孢子叶和孢子囊群是蕨类植物分类的重要依据。有些蕨类植物如荚果蕨,叶有营养叶和孢子叶之分,对这样的种类,须同时采集两种叶;有些蕨类植物,如蕨只有营养叶,但营养叶生长到一定时期,在小叶背面出现许多孢子囊群,对这样的种类,要采集带有孢子囊群的叶。所以,蕨类植物的采集有时间性,即必须在出现孢子叶或营养叶上出现孢子囊群时进行采集,在北方,这时间大多是盛夏季节。

③采集的标本要尽快放入小标本夹中压好。由于蕨类的叶大而零散,而且生于阴湿环境,叶面角质层薄,质地柔软。这样的标本如果在阳光下放置时间过久,或在采集袋中反复挤压揉搓,就会萎蔫变形,小叶重叠,给标本压制工作带来很大困难。因此,采集后最好立刻放入小标本夹中压好。万一做不到这一点,也应该放入大塑料袋中暂时保存。一般标本在塑料袋中只能保存 3~4 小时不萎蔫,所以不能存放时间过久。

④做好采集记录工作。蕨类标本采集后,应及时编号和记录。

3.蕨类植物标本的制作

(1)腊叶标本

采集的蕨类标本主要以腊叶标本的形式保存。其腊叶标本的制作方法,与种子植物的腊叶标本基本相同。但在制作过程中应注意以下两个问题:

①标本压制时,要将叶进行反折,使背腹面都能展现出来,以便能同时观察叶的背腹面形态特征,尤其是营养叶背面生长孢子囊群的种类,更要将其背面在台纸上展现清楚。

②羽状复叶如果过大,可以折叠,经过折叠还大时,可剪取部分小叶进行压制,但要将整个的形态在采集记录册中详细记录。

(2)乳胶粘贴法

随着工业的发展,越来越多的化学合成黏合剂可以用来喷涂粘制植物标本,例如乳胶。乳胶粘贴法在保持标本完整性以及使用、保存等方面都有良好的效果。其中有用聚苯乙烯颗粒兑水隔热加温制成糊状物来涂刷植物标本的,也有用醋酸乙烯乳液刷粘植物标本的,一般用醋酸乙烯乳液刷粘植物标本效果较好,它的主要优点是取材方便,操作简便,粘力较强,透明度高,并有速干的特点,故此乳胶粘贴法又被称为“快速制作法”。

醋酸乙烯乳液即市售“乳胶”,一种乳白色的乳状胶合剂,是黏合木材的常用品。用它粘制植物标本,不足之处是对花的保色较差,甚至变色,但对一般植物的茎(枝)叶来说,它却既可保色,而且干后能使青枝绿叶的植物标本显得更加光亮鲜嫩。

用乳胶粘贴法制作蕨类植物标本的具体操作方法如下:

选取带有孢子囊的蕨类植物叶或连同根状横茎一起挖出的整株标本,除去茎、叶上的浮尘,清理整洁后放在台纸上(如叶部太长,可折成 N 形或 W 形)。如需制作大型整株标本,则放标本的大张台纸要固定在三合板(或五合板)上。适当地翻过一些叶片,使标本上的叶片既有正面的,也有反面的。

用毛笔或小平板毛刷蘸上乳胶,在叶柄下面的台纸上涂刷一层乳胶,随即把叶柄向下压粘在台纸上;对于带有横茎的标本,也需同样处理。接着,自下而上一片一片地掀起叶片,用乳胶固定在台纸上。整个标本用乳胶固定后,再在叶面、叶柄和横茎表面涂刷一层乳胶,10 余分钟后乳白色的胶层逐渐变干,形成一层平整光洁的透明薄膜,标本就显出光亮鲜嫩的外观。小型标本可在小张台纸上加贴标本签,大型标本则需另加适当字形的专题标注。

涂刷标本表面的乳胶时,也可连同整个台纸一起刷乳,效果很好,但需注意刷胶均匀,以防台纸发皱,刷胶后还要加压使之平整。

用这种方法制作标本,特点是速制速成,平整光洁,适用于课堂教学或提供科普展览。保存时最好在上面盖一张黑纸防止长期曝光褪色。此外还要注意防潮、防水。

4.蕨类植物标本的保存

蕨类植物标本的保存和一般干制植物标本的方法基本类似,在此不赘述。

苔藓植物标本的采集与制作

苔藓植物是一种形体较小的高等植物,没有真正根、茎、叶的分化。全世界有23000余种,我国有2800多种。苔藓植物的营养体即配子体,它的孢子体不能独立生活,寄生或半寄生在配子体上。

苔藓植物的种类和分布

苔藓植物的适应性很强,分布广泛,在高山、草地、林内、路旁、沼泽、湖泊乃至墙壁屋顶,都有它的分布。根据生长环境的不同,可把苔藓植物分为水生、石生、土生、木生等4大类型。

(1)水生苔藓:由于水生环境多种多样,不同水生环境又生长着不同的苔藓植物,在有机质比较丰富的水中,有漂浮的浮苔属、钱苔属;在流水中物体上生长的有水藓属、曲柄藓属、苔藓属、垂枝藓属、拟垂枝藓属、青藓属等;静水中物体上生长的有柳叶藓科;沼泽中生长的有泥炭藓属。

(2)石生苔藓:生长在岩石上的苔藓植物比较多。由于岩石的酸碱度和湿度不同,所生长的苔藓植物种类也不同。如酸性高山岩石上生有黑藓属、砂藓属;干旱岩石上生长的有紫萼藓属、虎尾藓属、牛舌藓属;潮湿岩石上生长的有提灯藓属和一些苔类。

(3)土生苔藓:土生苔藓植物的种类最多。土壤性质不同,生长的苔藓种类也不同。在腐殖质丰富、含氮量高的土壤上,常生长着葫芦藓属、地钱属等;酸性土壤上常生长曲尾藓属、仙鹤藓属等;中性土壤上常生长提灯藓属、羽藓属等;碱性土壤上常生有山羽藓属、绢藓属等;含钙量高的土壤上,常生有墙藓属。

(4)木生苔藓:在林内附生在树上和倒木上的苔藓植物,有光萼苔属、耳囊苔属、羽苔科、平藓科等。

2.苔藓植物标本的采集

(1)采集工具

①小抄网:用于捞取漂浮水面的苔藓。

②采集刀(可用电工刀代替):用于采取石生和木生苔藓。

③镊子:用于采取水中、沼泽中的苔藓。

④纸袋(12 厘米×10 厘米):用于盛装苔藓标本。

⑤塑料瓶:用于盛取水生苔藓。

⑥采集袋、塑料袋、曲别针(或大头针)、采集记录册、铅笔等。

(2)采集方法

①对不同生长环境的苔藓植物,要用不同方法采集。

a.水生苔藓——对于漂浮水面的种类,可用小抄网捞取,然后将标本装入塑料瓶中。对于生长在水中物体上或沼泽中的种类,可用镊子采取,采集后,将标本放入塑料瓶内或将水甩净后装入纸袋中。

b.石生、树生苔藓——对于生长在石面的种类,可用采集刀刮取。对于生长在树皮上的种类,可用采集刀连同一部分树皮剥下。对于生在小树枝或叶面上的种类,可采集一段枝条或连同叶片一起采集。

c.土生苔藓——对于松软土上生长的种类,可直接用手采集。稍硬土壤上的种类,则要用采集刀连同一层土铲起,然后小心去掉泥土,将标本装入纸袋中。

②要尽量采集带有孢子体的标本。苔藓植物孢子体各部分的特征,在分类上有重要价值。采集时,要保持孢子体各部的完整,尤其是孢蒴上的蒴帽容易

脱落，要注意保存。

③做好采集记录。标本采集后，应及时编号和填写采集记录册。

填表说明：

生长环境是指苔藓植物生活的具体环境，如林中、林下、林缘、草地、岩面、土坡等。

基质是指苔藓植物附生的物体，如水中岩石、水中朽木、树皮、树叶、土壤等。

营养体生长形式是指直立、倾立、匍匐、主茎横卧枝茎直立、主茎紧贴基质枝茎悬垂等。

孢蒴是指孢蒴做成标本后容易变化或不易区分的性状，如姿态下垂、上举、倾斜等。

3.苔藓植物标本的制作

苔藓植物标本的制作和保存比较简单，一般用以下两种方法。

(1)风干标本

苔藓植物体小，容易干燥，不易发霉腐烂，而且在干燥的状态下，颜色能长期保存。因此非常适宜制成风干标本，并用纸质标本袋长期保存。

(2)压制腊叶标本

各种苔藓植物都可制作腊叶标本，尤其是水生种类和附生在树枝、树叶上的种类，更适合用蜡叶标本保存。其制作方法与制作种子植物腊叶标本相同。但要在标本上盖一层纱布，以防止有些苔类标本粘在盖纸上。

4.苔藓植物标本的保存

干制的苔藓植物标本，除用标本台纸或装盒保存外，还可放在牛皮纸袋内长期保存。

入袋保存前，先将标本放在通风处晾干，去净所带泥土，然后放入标本袋中。

将牛皮纸折叠按照图折成长方形纸袋。放入标本后，将折在背面袋口互相交叉叠好，在纸袋外面加贴标本签，注明标本的名称、学名、采集地点、采集人等。装袋的苔藓植物标本，可放在木盒或纸盒内长期保存。标本数量较多，需较有系统保存时，要另备标本柜。与此同时，要填写标签，写明学名、产地、采集人和编号，将标签贴在标本袋上，并在登记簿上登记，然后入柜长期保存。

标本柜的大小和抽斗的多少可自行设计。标本柜的高度考虑取放标本方便；每个抽斗的宽度要以能横放标本纸袋为准，抽斗外面设有拉手和标本卡片框。标本柜宜放在干燥的地方，抽斗里放些防腐、防虫剂，同保存其他植物标本一样要注意防潮、防虫。

地衣植物标本的采集与制作

地衣是多年生植物，全世界共有 25000 余种，我国约有 2000 种。每一种地衣都是由 1 种真菌和 1 种藻组合的复合有机体。

1.地衣植物的种类和分布

地衣的适应能力极强，特别能耐寒、耐旱，广泛分布于世界各地，从南北两极到赤道，从高山、森林到沙漠，从潮湿土壤到干燥岩石和树皮上，都有它们的存在。地衣因生长基物的不同，可分为附生、石生和地上土生等 3 大类型。

(1)附生地衣：本类型大多附生在森林、灌丛中的树上，各种地衣在树上的分布常有其固定的部位，呈现出规律性分布。附生在树冠上的地衣，主要是枝状地衣，如松萝属、雪花衣属等；在树干上部，由于树皮光滑，大多附生壳状地衣，如文字衣科、茶渍科、鸡皮衣科等；在树干中部和基部，树皮粗糙，多少都贴生着苔藓植物，因此，树干的这两个部位大多附生叶状地衣，如梅衣属、蜈蚣衣属、牛皮叶衣属、地卷属等。

（2）石生地衣：在裸露岩石上主要是壳状地衣，如茶渍科、鸡皮衣科、黑瘤衣科、石耳科、黄枝衣科、橙衣科、梅衣科等；在有苔藓植物的岩石上，主要是叶状地衣，如梅衣科、胶衣科、地卷属、石蕊属等。

（3）地上土生地衣：在本类型中，既有壳状地衣，也有叶状地衣，如石蕊属、皮果衣属和猫耳衣属等。

2.地衣植物标本的采集

（1）采集工具

①采集刀：用于采集树皮上的壳状地衣和叶状地衣。

②锤子和钻子：用于采集石生地衣。

③枝剪：用于剪取树枝上的各种地衣。

④采集袋、放大镜、包装纸（可用旧报纸）、小纸袋、钢卷尺、采集记录册、铅笔、号牌等。

（2）采集方法

①壳状地衣的采集：此类地衣，由于没有下皮层，髓层的菌丝紧紧贴在基质上，很难与基质分离。采集时，必须连同基质一起采；对地上土生的可用刀挖取；对树枝上着生的，可用枝剪连同树枝一起剪取；对在树干上着生的，可用采集刀连同树皮一起切割；对石生的，须用锤子和钻子将所着生的石块敲打下来。

②叶状和枝状地衣的采集：这两类地衣，前者具有下皮层，后者植物体圆筒形，体表均具皮层。因此，以皮层上的假根和脐固着在基质上，与基质的结合不太紧密，容易剥离。采集时，不能用手抓（注意这是同学们常用的方法），要用刀从基质上轻轻剔剥下来，防止将地衣碰碎。

采集地衣标本,不受季节限制。因为除了有些不产生子囊果的种类外,一般地衣在一年四季都能产生子囊果和子囊孢子。因此,一年四季均可采集。

(3)记录

地衣标本采集后,放入小纸袋中,纸袋上写清采集号数,然后在采集记录册中进行记录。

3.地衣植物标本的制作与保存

地衣标本制作与保存比较容易。一般多用风干的方法,使标本自然干燥,然后放入小纸袋中保存。对于叶状和枝状地衣,也可以按照种子植物腊叶标本压制方法,用标本夹压干,装帧成腊叶标本保存。

大型真菌标本的采集与制作

真菌有 10 万余种,在植物界中,其种类之多仅次于种子植物。真菌的种类虽多,但大多数的种类体型微小,不易发现。对同学们来说,容易观察和采集的是大型真菌。

大型真菌是指真菌中子实体较大的子囊菌和担子菌,全世界共有 10000 余种。常见种类有盘菌类、木耳类、银耳类、多孔菌类、伞菌类、腹菌类等。这些大型真菌的子实体,形态多种多样,有盘状、碗状、马鞍状、羊肚状、伞状、球状、扇状、笔状、脑状、耳状、块状、喇叭状等。子实体的质地也不相同,大多为肉质,有的为革质,还有的为木质、木栓质,以及胶质、膜质等。子实体的不同质地,使得采集和标本制作方法各不相同。

1.大型真菌的种类和分布

大型真菌分布广泛,山林、草原、田野、庭院等处都能见到它们。根据其生长环境的不同可分为以下几种类型。

(1)地生真菌:大型真菌大多为地生,如各种伞菌、盘菌、腹菌等真菌,都生长在沃土或粪土上,利用土中丰富的有机物形成地下菌丝和子实体。

(2)木生真菌:木生真菌有的寄生在活的树木上,有的腐生在枯立木、倒木或伐木桩上。各种多孔菌、银耳、木耳等都是木生真菌。

(3)共生真菌:伞菌、多孔菌和盘菌中的一些种类,其地下菌丝常与某些种子植物的根结合在一起,形成菌根。共生真菌通过菌根,一方面,从种子植物根上吸取自己需要的有机养料;另一方面,又将自己吸收来的水分、无机盐供给种子植物使用,从而增加了种子植物的吸收面积,形成了共生关系。

2.大型真菌标本的采集

(1)采集工具

①平底背筐或塑料桶:用于盛放各种真菌标本。

②掘铲和小镐:用于挖掘地生真菌标本。

③采集刀、枝剪和手锯:用于采集木生真菌标本。

④硬纸盒若干个:用于存放珍贵或容易破碎的标本。

⑤漏斗形白纸袋(用光滑洁白的纸临时制作):用于包装肉质标本。

⑥采集袋、采集记录册、铅笔、号牌等。

(2)采集时间

采集大型真菌,首先要了解它们子实体的发生时间。子实体在春季发生的比较少,仅羊肚菌属、马鞍菌属等发生于春末,多数真菌发生于夏秋两季,尤其是多雨的7~8月份出现最多;多年生的多孔菌如灵芝属,一年四季均可采到,但以春季和晚秋采集最为适宜。

(3)采集方法

①地生和共生真菌的采集:同学们遇到各种地生真菌时,常常用手去拔,这

样做,既容易损伤地上的子实体,也很难将子实体菌柄下端的地下菌丝拔出土外。正确的做法是用掘铲和小镐小心挖取,如果没带掘铲和手镐,可用手轻轻捏住子实体的菌柄基部,缓慢地将菌柄转一周,然后拔出,这样就能将地下菌丝带出土外。在整个采集过程中,要注意保持子实体的完整,对各部分都不要损伤,如菌环、菌托、盖面、柄上的绒毛和鳞片,以及菌幕残片等,都要注意保护。共生真菌的采集方法与地生真菌的采集相同。

②木生真菌的采集:应将标本连同一部分基物一起采集,可用采集刀、枝剪、手锯等工具采集。

(4)标本的临时保存

标本采集后,要立即分别包装,以免损坏和丢失。不同质地的标本,包装方法不同。

①对肉质、胶质、蜡质和软骨质的标本,可用光滑洁白的纸做成漏斗形的纸袋包装(现用现做,其容积随标本大小而定)。包装时,菌柄向下,菌盖在上,放入牌号,包好上口。然后将包好的标本放入筐或桶内。如采到稀有、珍贵或容易破碎的标本,可放入硬纸盒内,周围充填洁净的植物茎叶,并在盒壁上穿些孔洞,以利通风。

②对木质、木栓质、草质和膜质的标本,采集后,先拴上号牌,再用白纸分别包装即可。

(5)野外记录

标本采到后,根据标本特征,在采集记录册中逐项填写。

填表说明:标本采集部位是指木生菌类的标本在树上的着生部位。

填表说明:

生长环境:生物生长地域的环境。

基物:指地上、腐木、立木、粪上等。

生态:指单生、散生、群生、丛生、簇生、叠生等。菌盖包括直径、颜色、黏度、形状等,均须记录。

菌肉:包括颜色、气味、伤后变色等。

菌褶:包括宽度、颜色、密度、是否等长和分杈等。

菌管:包括管口大小和形状、管面颜色、管里颜色、排列状态等。

菌环:包括质地、颜色等。

菌柄:包括长度、直径、颜色、基部形态、有无鳞片和腺点、质地、是否空心等。

菌托:包括颜色、形状等。

孢子印:包括颜色等。

附记:包括用途、是否有毒、产量等。

(6)采集中应注意的问题

大型真菌中,有不少有毒种类。在采集中,同学们对采到的真菌标本鉴定时绝不能口尝,更不能随便把一些不认识的种类,当作食用菌带回食用。

3.大型真菌标本的制作和保存

(1)浸制标本

凡是白色、灰色、淡黄色、淡褐色的标本,可选用下列浸制液配方中的一种:

配方1——甲醛10毫升、硫酸锌2.5克、水1000毫升。

配方2——50%酒精300毫升、水2000毫升。

凡是颜色深的标本,为保持颜色,可用下列配方保存:

A液——2%~10%硫酸铜水溶液;

B液——无水亚硫酸钠21克,浓硫酸1克,溶于10毫升水中,再加水至1000毫升。

保存时,先将标本放入A液中浸泡24小时,取出用清水浸洗24小时,然后转浸入B液中长期保存。

(2)风干标本

对木质、木栓质、革质、半肉质和其他含水分少不易腐烂的标本,可作干制标本。其做法:先将标本放在通风处风干或放在日光下晒干。如果阳光充足,肉质标本也可晒干做成干制标本。标本干后,放入标本盒,并加樟脑粉和干燥剂,盒外贴上标本签,即可长期保存。

(3)腊叶标本

肉质标本还可以制作腊叶标本。其方法是取一张薄的白板纸,在纸上涂一层15%的动物胶或蛋清,使其干燥。同时,将肉质标本纵切成均等的两半,将其中一半的菌伞和菌柄内的菌肉挖空,只剩下一层薄壳;另一半沿纵轴切下一层薄片,这薄片应完整地表示出子实体的各部分。然后将上述薄壳和薄片两个标本贴在涂有动物胶的纸上(薄壳的空腔朝向动物胶),再在上面放一层纱布,放入标本夹中压制,这样压干的标本不会卷缩。压干后,再贴在台纸上,按照腊叶标本装帧的方法做成腊叶标本。

(4)制作孢子印

能做孢子印的真菌,大多属于担子菌。当担子菌的子实体成熟时,菌伞张开,大量的孢子就从菌褶上散落下来。此时,用特别准备的纸接取,被粘在纸上的孢子就叫作孢子印。各种担子菌的孢子形态、颜色、菌褶大小、菌褶和菌管形态不同,彼此的孢子印也就不一样。这样,孢子印就成为鉴定真菌标本时不可缺少的一个根据。

用来制作孢子印的标本,应该是菌伞已经张开,但不过熟,而且菌伞必须完整。把标本选好后,取一张稍厚的纸,涂上15%的动物胶或蛋清,干燥后待用。纸的颜色视孢子的颜色而定。如果是黑色孢子,则用白纸;反之,则用黑纸;如果不知道孢子颜色,则把一半白纸一半黑纸拼接使用。在准备纸的同时,用铁丝做一个比菌盖稍大的圆圈,铁丝的一端弯向圆圈中央,使其末端向上弯曲成短柱状。

上述准备工作完成后,用刀片将标本的菌柄齐菌盖处切掉,用铁丝短柱插在菌盖中央的菌柄切断处。然后将这套装置放在涂有动物胶的纸上,为了防止风吹孢子或落上灰尘,应罩上玻璃罩或纸套,静置4~24小时,成熟的孢子就会落到纸上,形成了一张与菌褶或菌孔排列方式完全相同的孢子印。

孢子印制做好后,要及时记录新鲜孢子的颜色,并将其编上与其他同种标本相同的号数,一起保存,以备鉴定时查用。注意不要用手抚摸孢子印,以免造成损坏。

藻类植物标本的采集与制作

采集藻类标本要以各种藻类的生态环境、生活习性为基础。藻类主要分布在水中,如湖、河、海洋,可分为固着、漂浮、浮游3类。在陆地潮湿处也有分布。从气候条件看,一般在温暖季节,藻类的种类和数量较多。有一些种类如蓝藻在气温较高时生长特别繁盛;也有些种类如硅藻、甲藻在气温凉爽时较多。

1.藻类植物的种类和分布

藻类在自然界分布很广,江河、湖泊、水库、小溪、池塘、积水坑、沼泽、冰雪、温泉、土壤、岩石、树皮、墙壁乃至花盆外壁上,都有它们的踪迹。根据各种淡水藻类生长环境中水的多少和有无以及藻类本身的生活方式,将它们分为以下几种生态类型:

(1)水生藻类——水生藻类是生活在各种淡水水域中的藻类植物,根据它们在水中的生长方式,又分为浮游藻类、附生藻类等。

①浮游藻类是淡水藻类中种类最多的一类。它们自由浮游在水中,身体大多由单细胞组成,体型微小,肉眼无法观察。在它们当中,有的种类具有鞭毛,

能自由运动；有的不具鞭毛，只能随水漂浮。裸藻门、绿藻门、金藻门、甲藻门、黄藻门、硅藻门、蓝藻门中，都有淡水浮游藻类的存在。

正因为淡水浮游藻类由不同类群的藻类组成，它们对水质的要求和生长季节常不相同。例如各种裸藻喜在温暖夏季有机物丰富的水中生活；各种绿藻在春、秋两季生长旺盛，其中的鼓藻喜微酸性水质；各种金藻多在寒凉的秋末至次年早春出现；各种甲藻喜在温暖夏季碱性水中生活；各种硅藻喜在冷水中生活，春、秋两季出现较多；各种蓝藻在夏季生长旺盛，喜在营养丰富的水中生活，常集聚水面，形成"水花"。因此，采集浮游藻类前，应先了解它们的生态习性，否则不易采到所需的标本。

②附生藻类附生在水中各种物体上，如石块、木桩、水底高等植物及其他藻类植物体上。它们多数是分枝或不分枝的丝状体，少数为群体和单细胞类型。

(2)亚气生藻类——亚气生藻类大多生长在潮湿土壤表面、潮湿岩石表面、树干基部和水花飞溅处等处。生长环境潮湿，藻体半沉浸在水中。

(3)气生藻类——气生藻类生长在树皮、树叶、岩石、墙壁、花盆壁等处。藻体暴露在空气中，生活期的大部分时间缺水，但仍能生存，一旦遇到雨水，立即恢复生命活动。

2.藻类植物标本的采集

(1)采集工具

①浮游生物网：用于采集各种浮游藻类。浮游生物网可以自己制作，一般用25号(网孔为0.06毫米)筛绢做成。在湖泊内应用的浮游生物网为圆锥形，口径约20厘米，网长约60厘米。

制作时，可用直径3~4毫米的铜条或粗铅丝作一环，来支持网口，使它呈环形。用金属(如铝、钢精或铜)或玻璃小筒，套结在网底，通常称为网头，用来收集过滤到的藻类。由于滤液内有浮游动物，如时间放得较久，往往藻类有不少被浮游动物吞食，所以若不马上观察，需用固定液固定。若用来分离藻种，可用13号筛绢（网孔0.1毫米）再将滤液过滤一次备用。有些地方购买筛绢较困难，也可不用浮游生物网，而用采水瓶，或一般器皿。但因藻类个体较少，最好多采些水样，待沉积后观察。

②采水瓶：采取垂直分层定量藻样和水样需用采水瓶。这种工具式样规格繁多，如图是可以自制的简易采水瓶，比较实用。

制作方法是取一个500毫升（或1000毫升）的广口瓶，瓶底附一块重1.5千克的铅块（或不锈钢块），用铅丝固定在瓶底。瓶口橡皮塞穿3个孔，一孔插进水的长玻璃管，一孔插排气和出水的短玻璃管，一孔插温度计。进水管与出水管的上端都高出塞面3厘米左右，进水管下端接近瓶底，出水管下端接近塞底。用一根长约24厘米的软橡皮管，一头紧套在排气管上，不使脱落；另一头则较松地套在进水管上，并在此处扎一根细绳（既要扎牢，又不能影响以后排水）。还要在瓶颈上扎一根较粗的绳子，以沉下或拉起水瓶。

采样时，将采水瓶沉没到规定水层，向上拉细绳，使橡皮管与进水管脱开，水即可迅速进入采水瓶（为使进水速度快些，玻璃管内径最好粗些，在10毫米以上）。待3~5分钟后，将瓶提出水面，先看水温，再倒出水样。

③小桶：用于临时盛放或采集水生浮游藻类标本。

④标本瓶：用于盛取水生藻类。

⑤吸管：用于吸取浅水中的浮游藻类。

⑥小铲、采集刀和小锤：用于采集附生藻类和气生藻类。

⑦采集袋、纸袋：用于盛装亚气生、气生藻类。

⑧pH试纸：用于测试水体pH。

⑨温度计：用于测量气温和水温。

⑩镊子、采集记录册、铅笔、号牌等。

⑪固定液（甲醛固定液和鲁哥氏液）：用于固定保存藻类标本，其配方见本

书标本制作部分。

(2)藻类采集的一般方法

藻类分布极广,在不同环境条件中,藻类的组成成分是不同的。因此,采集不同环境中的藻类,应根据它们的生长情况,采取不同方法。

①着生藻类:对于生长在其他物体上较大型藻类,一般用手或镊子采取。应尽可能采取整个植物,包括它们的基部等。生长在石上的,最好用采集刀刮取;生长在水生高等植物上的,要用镊子取下生长藻类最多的部分叶、茎一同保存(尽可能记下植物名称);生长在土壤上的,最好用采集刀或小铲取,尽可能少带泥土(如专门做土壤藻类研究,则应分层采土,进行培养);生长在树干上的,要用采集刀削取。

微型藻类中也有不少是着生的,更有一些混生在其他植物(如苔藓等)之间,在有这类藻类生长的部位,常具有各种颜色的斑点、斑块、颗粒、黏质层、皮壳状、薄膜等标志,应选择生长最多部分用刀刮取或削取。岩石上不易刮下的种类,如急流中或海岸岩石上的藻类可敲取或取小石块一同保存。

②漂浮藻类:在各种静水水体中,常漂浮一些丝状藻丛。采集时应注意取同一藻丛上不同颜色部分或不同颜色的藻丛,特别是变成黄褐色部分常为生殖时期的植物体。如采集较长的、分枝的藻类,不宜折取一段藻体,而应尽可能采整体。

③浮游藻类:先准备好浮游生物网,然后在水面较宽、较深水体中采集。

(3)各种藻类的采集

①蓝藻

a.生活环境及主要形态特点

a)念珠藻属:生活在水中、湿土或石头上。念珠藻是由许多丝状体埋于胶质中构成的胶质球,放在低倍显微镜下观察,可见丝状体的细胞呈圆球状顺序排列,连成弯曲的丝,每条丝外被有胶质鞘,整体如同念珠,故名念珠藻。供食

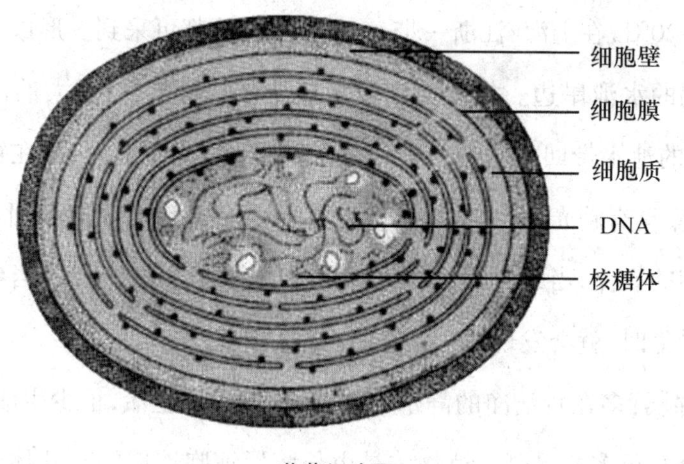

蓝藻细胞图

用的地木耳、发菜和葛仙米都属念珠藻。

b)颤藻属:颤藻是最常见的蓝藻,生活于湿地或浅水中,特别在污水中生长最为旺盛。污水中生长旺盛的颤藻呈暗绿色(或稍带褐色,呈泡沫状),一片片浮生于水面。低倍显微镜下的颤藻为蓝绿色的单列细胞丝状体,高倍显微镜下观察颤藻,可以见到丝状体作左右摆动运动,故名颤藻。

b.采集要点

a)念珠藻可在雨季湿地或阴湿的石块上找到。采集时用长镊子轻轻夹起,放入容器内带回实验室镜检。

b)颤藻在污水沟或有机质丰富的湿地上都能采到。颤藻暗绿色,块状或片状,有臭味,手摸有滑腻感,握时有气泡发生。用长竹筷或大镊子挑取采集,放入容器内带回实验室镜检。

②绿藻

a.生活习性及主要形态特点

a)衣藻属:衣藻分布很广,绝大部分在淡水中。一般生活在有机质丰富的不流动的水沟、水池或临时水洼中,在流动性的或清洁的水池里较少。南方农民用的粪池或粪缸中(一般在粪不多而上层有较多水的缸),经常有纯粹的衣藻群,致使水呈绿色(有时还有眼虫)。一般衣藻最多的时期是在春末、秋初,气温在10~20℃,在上海、江浙一带,一年四季几乎都可采到。形成胶鞘体的常在渐趋于竭的水池岸边。如欲得到较多且纯粹的材料,可用大的广口瓶盛入2/3有衣藻的池水带回。瓶的一面用黑纸遮起,另一面承光,放在窗台上。这样,由于衣藻具有趋光性,大量聚集于光亮面,然后用吸管吸取备用。要得到结合生殖时期的衣藻,当气候骤然变化时就可能采到。如在上海,当冬季寒潮到来的次日采集时,就会发现结合状态的衣藻。

b)水绵属:多在较洁净的静水中如池塘、湖泊中生活,很少生活于流水中,是淡水中分布很多的绿藻。植物体是由长筒形细胞连成的丝状体。每个细胞里有一条或几条叶绿体。叶绿体呈带状,螺旋式地盘绕于外围贴壁的细胞质中。细胞壁外层有果胶质,手感滑腻。

b.采集要点

a)衣藻:在有机质较多的池塘、湖泊污水中,养鱼缸里,雨季的积水处,衣藻可形成纯群。大量繁殖时,能使水面呈草绿色。采集时,用塑料勺舀水倒进水桶或广口瓶,带回实验室后再置换到透明玻璃缸或玻璃瓶里,放在有阳光处,过了不久,即可见玻璃缸(瓶)壁与水面交界处的向阳面有绿色衣藻的纯群,这是衣藻向光驱动而集聚的结果。用吸管自衣藻的纯群处吸一滴绿水镜检。

注意两点:一是当外界气温低于10℃时往往不易采到衣藻;二是切忌将眼虫藻误认为是衣藻。

b)水绵:开春化冻至结冰之前,在静水池塘或积水处均可见到鲜绿色的结成块状成团浮于水面的绿藻,用解剖针挑取少许,手摸有滑腻感,便可初步认定是水绵。用水网或大竹镊子捞取,放入塑料桶内,带回实验室镜检。

③裸藻

a.生活环境及主要形态特点:眼虫藻属是一种常见的绿色裸藻类,在春、夏、秋三季中常生活在小的污水沟中,附着在水底杂物上。生长旺盛时可形成纯群,使水呈草绿色。眼虫藻有1条或2条、3条鞭毛,是能游动的单细胞植物。

细胞呈纺锤形,细胞内中有叶绿体(也有无色的类型),后端较尖或不明显。因其体表有一层周质膜、无纤维素的细胞壁,所以运动时可不断变形。低倍显微镜下可以看到靠近细胞前端一侧的细胞质中有一红色的眼点。

b.采集要点:在污水沟中,取草绿色的水放进小塑料桶带回实验室镜检。

镜检时要注意区别眼虫藻和衣藻:a)两者的细胞形状不同;b)两者细胞内叶绿体的形状不同。

(4)采集记录

每采一份标本,都应写好号牌,将号牌投入标本瓶或小纸袋内,并及时填写采集记录册。

藻类植物标本的制作与保存

(1)风干标本

气生、亚气生藻类标本,可直接装入纸袋中,风干保存。标本橱中应放入樟脑防虫。

(2)腊叶标本

附生藻类可制成腊叶标本保存。藻类植物腊叶标本的制作方法与水生种子植物的腊叶标本的制作方法基本相同,但由于藻类标本所含的胶质多,压制时,应在标本上覆盖纱布,以免粘连在吸水纸上。藻类植物腊叶标本的制作方法主要有以下几个步骤:

①漂洗标本

不论是从湖泊还是沿海一带采回的各种藻类标本,均须放入盛有淡水的桶(盆)中漂洗,把标本上残存的泥沙和盐分洗净。

②移到纸上

洗净后的藻类标本再次放入清水桶（盆）内。根据标本的大小，取一张较厚的白纸（一般的图画纸或小块台纸）放在托板（薄木板或塑料板）上，左手持板入水，右手从桶（盆）内选取标本，将标本移放在托板的白纸上，用毛笔在临近水面处调理标本姿势，然后斜向将托板轻轻取出。出水过程不可操之过急，既要使白纸不漂离托板，又要使标本不离纸、不移位。出水后的标本，仍须调姿梳理，最好采用小皮头吸管适量地喷冲调姿的办法。

③加压脱水

把托板上的标本连同白纸一起取下，放在标本夹内的吸水纸上。根据标本的大小，取一块棉纱布盖在标本上，主要是防止带有黏胶质的藻类与吸水纸粘连在一起；然后再在标本上盖几张吸水纸，另放其他的藻类标本。全部标本放好后压紧标本夹，放到干燥处脱水。初放进标本夹的藻类标本当天需换纸两次，换纸的同时也要另换干燥的纱布。在比较干燥的室内条件下，一般每天换纸1次，经5~7次后即可压干。

④台纸固定

由于藻体表面有黏胶质，加压后干燥标本已较好地粘在白纸上，无需再加工固定。如需将粘在白纸上的标本移放到植物标本台纸上，可在白纸背面沿边缘适当涂些胶，粘在台纸上就行；有些较长的标本不易粘稳，可用玻璃纸条予以固定。

漂洗标本时可去掉标签；用托板移取标本前要在白纸上用铅笔注明标号（或名称）后再撤掉标签，以免混淆标本的序号或名称。

（3）浸制标本

浮游藻类和附生藻类都可以制作浸制标本。浸制标本所用的固定液种类很多，常用的有以下几种。

①甲醛水溶液。为最常用的固定液，用于固定浮游藻类时，一般可用2%~4%的浓度。其中，固定蓝藻可用2%；固定裸藻和绿藻可用3%；固定鼓藻除用

3%浓度外，还要滴加几滴醋酸；对于附生藻类，可用4%~6%的浓度。

②鲁哥氏液。鲁哥氏液最适于固定保存浮游藻类，其优点是能防止鞭毛收缩，并使绿藻的淀粉核变为蓝紫色，便于识别和计算藻体数量。

配方：碘4克、碘化钾6克、蒸馏水100毫升。

配法：先将6克碘化钾溶于20毫升蒸馏水中，搅拌均匀后再加入4克碘，搅拌溶解后，加入80毫升蒸馏水即成。

由于鲁哥氏液中的碘容易挥发，在配成24小时后，须加3%甲醛液，标本才能长期保存。

(4)玻片标本

对微小藻类，制作玻片标本的基本步骤，一是杀生、固定，二是冲洗及脱水，三是染色，四是透明及封藏。以下介绍几种方法：

①甘油封片不染色制作法

a.标本用4%福尔马林固定，时间12~24小时。

b.载玻片上滴一小滴10%甘油液，吸取沉淀于福尔马林液中标本，滴在甘油液中，用针轻轻搅动，使标本均匀散布。

c.将载玻片放在干燥器或其他容器内，注意防尘，使甘油中水分逐渐蒸发，时间随干燥情况而定。待甘油浓缩至原来1/2时，即可加1滴20%甘油，再静置使水蒸发，然后再加40%甘油。待甘油浓缩至原来容量1/2时，即可加盖玻片，仍使继续蒸发。

d.2~3天后，甘油近于无水状态，此时即可进行密封。

e.密封：需用洪氏两液，其配方为阿拉伯树胶20克、蒸馏水20毫升、水合氯醛17克、甘油3毫升、冰醋酸2毫升。用毛笔蘸上此液，涂在盖玻片四周边缘部分(0.5~1毫米)，过1~2天，用刀轻轻刮去盖玻片四周不平整处，再用磁漆在四周加固密封。

②甘油封片染色制作法(材料以丝状绿藻为例)

a.标本用弱铬酸-醋酸液固定24~48小时。

b.将材料倾入广口瓶中,瓶口用纱布包扎,然后在自来水龙头下冲洗(水量可小一些),以除去标本中固定液,时间至少24小时。

c.移入2%铁矾液中2小时。

d.再用自来水冲洗30~60分钟。

e.用0.5%海氏苏木色素染色3~24小时后,用水冲洗30分钟(苏木色素溶于蒸馏水中需10天,在这段时间中,需经常摇晃玻璃瓶,以加速溶解。此液配好后,需等两个月,待其自然氧化成氧化苏木色素后才能使用)。

f.用2%铁矾溶液分色,直到满意为止(如染色较浅,4~5分钟已足够)。再在水中冲洗30~60分钟(冲洗必须彻底,否则封藏后仍继续分色,最后完全失去颜色而失败)。

g.将标本放于2%甘油中,以后根据不染色法使甘油水分蒸发,逐级加浓,加盖玻片,以洪氏两液密封和磁漆加固。

③甘油明胶法

把含有藻类的一个水滴放在载玻片上,然后加上一滴3%甘油,用表面皿把标本盖上,再把标本拿到干燥地方放一昼夜,使水分蒸发。结果,藻类就停留在一薄层甘油中,然后把材料放入甘油明胶中。

甘油明胶的制备方法:先把4克明胶放在24毫升蒸馏水中浸2~3小时,然后加入28克甘油和一小块石炭酸晶体。把这些东西倒入烧瓶中,再放在水浴器内煮热,直到明胶完全溶解为止。不要煮得太久,否则就不易凝固。如果甘油明胶在过滤后仍然浑浊,那么要在溶解的甘油明胶中加入蛋白,使发生沉淀,再重新过滤。配成的甘油明胶在冷却后应为透明的半固体,其黏度可使制成片子侧立在切片盒中时材料不往下沉落。如没有达到这样黏度,可能因为所用明胶质量不好或其他成分不纯。

把材料放入甘油明胶的方法:将经过甘油脱水的材料从甘油中取出,或不需脱水材料（质地较硬，不会发生变形的）从固定剂中取出，在吸水纸上放片刻。然后取适当分量放在洗净载玻片上。材料所占面积的直径不可超过1厘米（用大盖玻片的不在此限），越小越好，立刻加上一块甘油胶，甘油胶多少，因材料大小而不同，通常比火柴头稍大即可。在有深罩的100瓦电灯下，用载玻片上的甘油胶熔化，也可用酒精灯代替电灯，但不可使玻片上的温度升得太高。另外也可将整瓶甘油胶在温水中熔化，用玻璃棒把一小滴甘油明胶加到玻片上，但此法有一个缺点，就是甘油胶一再熔化容易变质。

用镊子去掉已熔化甘油胶表面气泡，静置几分钟待其再度凝固，加上一片洗净盖片。用18毫米或22毫米方盖片，其大小视展开的甘油胶面积而决定。在盖片上轻压，使甘油胶展开成一薄层。在天气寒冷时，将手指在盖片上轻按片刻，使甘油胶能稍熔化而展开，展开后的甘油胶应为圆形，位于玻片中央。盖上盖片，使载片保持水平状态，直到完全凝固为止，过1~2周后，用火漆或指甲漆封住盖片边缘。

甘油明胶装片法是简便的低等植物玻片标本制作法。除简便外，还有另一个优点，就是不需要乙醇和二甲苯。至少有4点好处：一是经济；二是省时间；三是易保存材料原色，尤其是蓝藻和绿藻的颜色；四是材料不会发生明显收缩或变形。其中最后一点最重要，因为这一类材料在乙醇及二甲苯中特别容易变形。但这种方法有一个重要缺点，就是制成片子不能持久。即使在盖片边缘用加拿大胶或漆封得很好，在应用中仍不能像用加拿大胶装作片剂所制片子那样经久耐用。并且在制作时还需十分小心，不能让丝毫甘油胶溢出盖片外，否则封边时就不能封密，因为甘油胶不易擦干净。

④甘油胶-加拿大胶改良封片法

此法是针对上述缺点加以改进，方法是在做好甘油胶装片后，且慢封片，而在盖一边加一滴稀加拿大胶，任其自行渗入盖片下空处而围在甘油胶四周。需要注意加拿大胶只能在一处加入，并注意浓度要适当。如在盖片边缘上两处同时各加一滴胶，盖片下就容易保留空气而形成气泡。

在封得好的片子中，甘油胶与加拿大胶的交界处应该是一条整齐的交界线；封得稍差的交界线内外有油滴或水滴；更差的交界线屈曲如齿状，甚至杂有气泡，这些缺点的原因可能是：载片或盖片未洗净，致使甘油胶在屏开时边缘不齐（在制作这一类不染色玻片标本时，未用过的新盖片及载片经肥皂水洗过或煮过，再用清水多次冲洗即可，不必用清洗液洗）；或者加入加拿大胶后，盖片下有气泡，用针将气泡压出不尽时，可产生上述缺点。

第二十四章　各国货币上的植物

一、亚洲国家

中华人民共和国货币及货币上的植物

中华人民共和国，亚洲国家，东邻有朝鲜、韩国、日本；南面有越南、老挝和缅甸；西南和西部与印度、不丹、锡金、尼泊尔、巴基斯坦和阿富汗接界；东北和西北面与俄罗斯、塔吉克斯坦、吉尔吉斯斯坦、哈萨克斯坦为邻；北面是蒙古国。陆地领土面积约为 960 万平方公里，海洋领海面积约为 300 万平方公里。总人口居世界第一位。

中国陆地领土位于地球北半部，欧亚大陆东部，太平洋西岸。陆地面积占整个亚洲面积的 21.9%。国土面积仅次于俄罗斯和加拿大，居世界第三。陆地疆界长 2.28 万余公里。海岸线长 1.8 万多公里。南北相距 5500 多公里，东西相距 5200 多公里。

中国是临海国家，有渤海、黄海、东海、南海等四大海域，海域总面积 490 多万平方公里。中国也是个多山国家，山地占 33.3%，高原占 26%，丘陵占 9.9%，盆地占 18.8%，平原仅占 12%。

中国的地势很有规律，由东向西逐渐升高。位于西南部的青藏高原被称为“世界屋脊”，跨青海与西藏的全部和四川的西部，总面积 250 万平方公里，相当于全国总面积的 1/4。山脉主要有喜马拉雅山、冈底斯山、唐古拉山、昆仑山、喀喇昆仑山、巴颜喀喇山、天山、阿尔泰山、祁连山、秦岭、横断山、大兴安岭等。喜马拉雅山平均海拔 6000 米以上。最高山峰是珠穆朗玛峰，高 8848 米，是世界第一高峰。

中国自然河流总长大约有 43 万公里。主要河流有长江、黄河、黑龙江、珠江、澜沧江、雅鲁藏布江、怒江、辽河、海河、淮河等。长江为中国的第一大河，全长 6397 公里，流域面积 180 万平方公里，约占全国总面积的 1/5。长江的长度仅次于亚马孙河、尼罗河，为世界第三大河，主干线通航里程达 8 万多公里。黄河被称作母亲河，长 5464 公里，流域面积 75 万平方公里，是中国第二大河。另有中国古代劳动人民创造的奇迹——京杭大运河，全长 1801 公里，是世界上最长的运河。

中国也是湖泊较多的国家，湖泊总面积约有 8 万平方公里，面积在 1000 平方公里以上的湖泊有 16 个。青海湖是中国最大的湖泊，面积 4583 平方公里。纳木错湖是著名的“天湖”，是世界海拔最高的湖泊之一，海拔 4718 米。此外还有兴凯湖，鄱阳湖、洞庭湖、太湖、呼伦湖、洪泽湖等著名大湖。

中国幅员辽阔，纬度差别很大，气候条件非常复杂。属多类型气候国家。主要气候特点是，冬、夏季风向相反，年温差很大，在同一天里，南北温差可达 40℃以上。

中国是淡水资源缺乏国家。降雨量偏低，分布不均衡。江南雨量充沛，西北地区干旱少雨。降水量最多的地方，是台湾地区基隆市东南部，年平均降水量高达 6557.8 毫米，最高纪录为 8408 毫米。降水量最少的地方是塔里木盆地中心，多年平均年降水量在 20 毫米以下。

中国的自然资源条件特殊,矿产资源丰富。但人均耕地资源、水利资源、海洋资源、森林资源均偏低。世界已知的150多种矿藏,在中国已探明储量的达130多种,其中有金属矿50多种,非金属矿80多种。煤炭总储量约1.5万亿吨。已发现陆地上有300多个含油气盆地,1400多个储油气构造,石油蕴藏量为30多亿吨。黑色金属矿产资源中,铁矿石储量为497.31亿吨,居世界第三位。锰、铬、钒、钛都有较丰富的储量。有色金属和贵金属中,钨、镐、锑、锌、钼、汞和菱镁矿均居世界首位。铜、铝、镍、铅、钴、银等均居世界前列。已探明储量的8种稀有金属矿产中锂、钽、铌矿均居世界前列。内蒙古白云鄂博铁矿伴生的稀土资源是世界上最大的稀土矿床。已探明储量的73种非金属中,黄铁矿、石膏、重晶石资源居世界首位。黄石、磷矿、滑石、碳岩、云母、石墨、高岭土、膨润土和大理石等非金属矿资源名列世界前茅。

中国森林覆盖率比较低,在世界上属于少林国家。全国林地面积3414亿平方米,森林覆盖率为16.55%。中国的动物资源较为丰富。野生兽类420多种,鸟类1166种,爬行和两栖类动物510多种。分别占世界总数的11%、15.3%和8%。其中丹顶鹤、金丝猴、双峰驼、扬子鳄和大熊猫等100多种动物属中国特有。云南西双版纳地区是中国天然热带动物园,有鸟类400余种,两栖类动物30多种。还有亚洲象、野牛、华南虎、水鹿、大灵猫、懒猴、豕尾猴、白颊长臂猿、绿孔雀、飞蛙等珍稀动物。

中国是世界古老的文明国家之一,为世界文明史的发展做出过重大贡献。早在170万年前,中华大地就有了人类活动。在没有文字的远古时代,传说中的黄帝、尧、舜是中华民族的祖先。夏朝是中国历史第一个传说和古人追述之中的朝代。商朝是中国古代第一个有文字记载的朝代。春秋战国的500年间,是中国历史大动荡、大变革的时期。当时社会经济迅速发展,思想和意识形态开始了诸子论学、百家争鸣的古代学术辉煌的时期。这一时期活跃的思想和艺术,对整个中国封建社会的意识形态产生了深远的影响。

公元前221年，秦始皇结束了东周以来长期的封建割据局面，建立了中国历史上第一个中央集权的封建王朝——秦帝国。此后，历经汉、晋、南北朝、隋、唐、五代十国、宋、金、元、明、清等封建朝代。其中唐代是中国封建文明的鼎盛时期。

清代末期，由于统治者的腐朽没落，招致了帝国主义的大肆侵略。经过100多年的殊死斗争，中国人民重新站起来了。

1949年，中华人民共和国成立，宣告中国新纪元的开始。

1948年12月1日，中国人民银行成立，开始发行人民币。第一套人民币共12种面额，57种版别；第二套人民币11种面额，13种版别，于1955年3月1日发行；第三套人民币共7种面额，11种版别，于1962年4月20日发行；第四套人民币9种面额，共12种版别，于1987年4月27日发行；第五套人民币于1999年10月1日起在全国陆续发行。

中国货币的名称为“中国人民币元”。发行机构是中国人民银行。主辅币制是，1元等于10角等于100分。

货币面额为1,2,5,10,20,50,100元及1,2,5角纸币和1,2,5分，另有1,5角及1元的硬币。

ISO货币符号是CNY。

在人民币1元硬币的正面是牡丹花。

(1)牡丹花

牡丹花属毛茛科，芍药属。牡丹花在中国有“国色天香”之赞誉。繁盛期牡丹，朵大色艳，奇丽无比，有红、黄、白、粉紫、墨、绿、蓝等色。花多重瓣，形美多姿，花香袭人。中国人民把牡丹花看为富丽繁华的象征。

牡丹为多年生木本植物，生长缓慢。株高在0.5至2米之间；根肉质，粗而长，中心木质化，长度一般在0.5至0.8米。根皮和根肉的色泽因品种而异；枝干直立而脆，圆形，呈丛生灌木形状。当年生枝条光滑，黄褐色，常开裂而剥落。

叶片通常为三回三出复叶，枝上部常为单叶，小叶片有披针、卵圆、椭圆等形状，顶生小叶常为2至3裂，叶上面深绿色或黄绿色，下为灰绿色，光滑或有毛；总叶柄长8至20厘米，表面有凹槽；花单生于当年枝顶，两性，花大色艳。花径10至30厘米。雄、雌蕊常有瓣化现象，花瓣的自然增多，与雄、雌蕊瓣化的程度、品种、栽培环境条件、生长年限等有关。正常花的雄蕊多，结籽力强，种子成熟度也高。雌蕊瓣化严重的花，结籽少或不结籽。完全花雄蕊离生，心皮一般5枚，极个别8枚，各有瓶状子房一室，边缘胎座，多数胚珠，骨果分五角，每一果角结籽7至13粒。牡丹的种子呈类圆形，成熟时为黄色，老时变成黑褐色，成熟种子直径0.6至0.9厘米，千粒重400克左右。

牡丹

牡丹原产中国西北部，秦岭和陕北山地有野生牡丹。野牡丹与经过人们栽培的牡丹略有差异。野生牡丹属直立灌木植物，一般高0.5至1.5米。枝条有伏贴或稍伏贴的鳞片状毛。叶对生，宽卵形，长4至10厘米，宽3至6厘米，基部浅心形，两面有毛，主脉5至7条。伞房花序，花两性，1至5朵聚生于枝顶，粉红色花瓣，长可达3厘米。果实稍肉质，不开裂，长约1至1.5厘米，密生伏贴的鳞片状毛。野生牡丹远没有达到“国色天香”的美丽。是经过长期栽培，才有今天人们看到的花大、色多、样美的牡丹。

在中国,牡丹花卉栽培历史悠久。《群芳谱》记载牡丹在中国有1500多年的栽培史。早在南北朝时,牡丹就已经栽培成为庭院观赏植物。隋炀帝在洛阳建西苑,诏天下进奇石、花卉,易州进牡丹20箱,植于西苑。从此,牡丹进入了皇家园林。唐时广泛栽种于长安。到了宋代,牡丹在全国各地普遍栽种。宋代文豪欧阳修在《洛阳牡丹记》中曾写道:"牡丹出丹州,延州,东出青州,南亦出越州,而出洛阳者,今为天下第一。"宋时称"洛阳牡丹为天下第一",故牡丹又名"洛阳花"。到了明代,中国牡丹已经发展到180多个品种。现代已有500多个品种。

牡丹繁殖与栽培的主要方式是,用分株和嫁接法繁殖,也可播种和扦插。移植栽培的时间是每年的9月下旬至10月上旬,不可过早或过迟。牡丹是喜肥植物,每年至少应施肥三次,分别称之为"花肥""芽肥"和"冬肥"。栽培2至3年后应进行整枝。对长势旺盛、发枝能力强的品种,需要剪去细弱弯曲枝条,保留强壮挺直的枝条。基部的萌蘖枝条应及时除去,以保持株形美观。为使植株开出的花繁茂而艳丽、保持植株健壮,需要根据树龄情况,控制花蕾数量。在花蕾早期,选留一定数量发育饱满的花芽,把多余的芽及弱芽及时除去,以免浪费养分。5至6年生的植株,保留3至5个花芽。新定植的植株,第二年春天应将花芽全部除去,不让其开花,以便集中营养促进植株的发育。

牡丹在中国不仅是一种观赏植物,还成为一种文化现象。自唐、宋以来,许多诗人、墨客,文人、学者,用诗、歌、赋,笔记、小说歌颂牡丹。中国第一部诗歌总集《诗经》把牡丹引入了文学领域。唐朝诗人更是大加赞颂牡丹。李白曾写《清平调词》三章,借吟牡丹来赞扬贵妃的美貌:"名花倾国两相欢,常得君王带笑看。解释春风无限恨,沉香亭北倚栏杆。"李贺作七言诗描述牡丹:"莲枝未长秦蘅老,走马驮金斸春草。水灌香泥却月盆,一夜绿房迎白晓。美人醉语园中烟,晚花已散蝶又阑。梁一老去罗衣在,拂袖风吹蜀国弦。归霞帔拖蜀帐昏,嫣红落粉罢承恩。檀郎谢女眠何处?楼台月明燕夜语。"唐代刘禹锡诗云:"庭前芍药妖无格，池上芙蕖净少情。唯有牡丹真国色，花开时节动京城。”文人们不仅以牡丹赋诗，还编出许多故事。据《事物纪原》记载，唐武则天冬月游后苑，下令百花开放，唯独牡丹不畏强权，没有开花，遂被贬洛阳。“强项若此，得贬固宜。”李渔《闲情偶寄》曰：“是花皆有正面，有反面，有侧面，正面宜向阳，此种花通义也。然他种犹能委屈，独牡丹不肯通融，处以南面即生，俾之他向则死，此其肮脏不回之本性，人主不能屈之，谁能屈之？”宋代还有人写出了研究牡丹的专著。

在《聊斋》里，牡丹则变成了花神。洛阳人常大用酷爱牡丹。听说曹州牡丹天下第一，他就跑到曹州，住在一个大花园内，天天等着牡丹开放。待牡丹含苞欲放时，大用已身无分文了，他将值钱的东西和衣服典卖，仍等着看花。一天，大用碰到一艳丽女子，二人一见钟情，那女子跟着大用回到洛阳，嫁给大用，她就是葛巾。后来，葛巾又把妹妹玉版嫁给了大用的弟弟大器。一年后各生一子。二位女郎从不说自己的身世，在大用兄弟再三追问下她们才说：自己姓魏，母亲被封为曹夫人。大用听了更是奇怪。一是曹州没有魏姓，二是这样大的家族丢两个女儿怎么没人找。带着这两个谜，大用又来到曹州，找到那座花园的主人，问起当地可有曹夫人。主人领他到一株大牡丹前说：“这就是曹夫人。”大用这才知道自己的妻子和弟妹都是牡丹花神变的。大用回到家后，葛巾告之：“三年前，看到你对牡丹情深，很感动，便变为女子嫁你，现在你知道真情，我要走了。”说完和玉版把孩子往地上一放，就无影无踪了。几天后，在放儿子的地方长出两株牡丹，一紫一白，花朵像盘子大，花色艳丽。后人将这两种名花叫“葛巾紫”“玉版白”。

牡丹在中国古代是园林文化的组成部分。苏州园林中绘有牡丹图案的花瓶、花盘、花缸，置于室内、案头、几上，几乎随处可见。园林厅堂裙板、砖雕桥面上都刻有牡丹图案。牡丹与其他吉祥植物图案的组合也大量出现在园林的雕刻中。如牡丹与芙蓉、牡丹与长春花表示“富贵长春”；牡丹与海棠象征“光耀门庭”;牡丹与桃表示“长寿、富贵和荣誉”;牡丹与水仙是“神仙富贵”的隐语;牡丹与松树、寿石又是“富贵、荣誉与长寿”的象征。牡丹还常与荷花、菊花、梅花等画在一起,象征四季,牡丹代表春天所开的花。

牡丹是国画的重要题材。南北朝时,北齐杨子华画牡丹,自此,牡丹又走进画学艺术领域。

牡丹不仅是名贵的观赏花木,而且有较高的经济价值。花可醇酒,根可入药。根皮经过加工称“牡丹皮”,是名贵的中药材,有泻伏火、散淤血、止吐衄之效。自秦汉时就以药植物载入了《神农本草经》。

牡丹不仅可以看,还可以吃。烹饪专家发明了许多有关牡丹的食谱。如,牡丹粥、牡丹花鱼片、牡丹花爆鸡条、牡丹花里脊等名菜。

中国香港特别行政区货币及货币上的植物

中国香港特别行政区,位于中国广东省东南海岸,珠江口外东侧。总面积1071平方公里,包括香港岛、九龙半岛和“新界”三部分。人口密度每平方公里约为5000人。

香港具有优越的地理位置,地处太平洋地区中心,是中国南海及远东地区海空交通的重要枢纽,是轻纺、商业、贸易和旅游中心,也是亚洲大型贸易公司的采购中心。香港是世界第三大金融中心,是世界四大黄金市场之一。在香港的著名中外银行机构180多家,分支机构多达1500多个。

香港交通便利,有数十条通往海内外的海运线路,是世界上最重要的港口之一。香港的集装箱码头吞吐量居世界首位。是世界最大的货物运输港。

香港也是著名的航空运输基地,1998年7月6日起用的香港国际机场,机场大楼总面积达55万平方米,有座位12530个,被称为地球上室内公众空间最宽敞的地方。

香港还是个优秀的旅游城市。香港旅游业相当发达,每年游客多达1000

余万。这里不仅购物方便,而且风景名胜繁多,还有很多游玩之处。太平山游览区有山顶公园、瞭望台、古炮台;山下有文武庙、虎豹别墅、跑马场、大会堂、海洋公园,还有戏水湾、维多利亚港、黄大仙庙等。其中海洋公园被誉为"东南亚公园之冠"。此外,位于九龙荔园的宋城、荔园游乐场、万佛寺,以及浅水湾畔和长洲岛西海浴胜地,都是游人的好去处。香港会议展览中心前的紫荆花广场,有世界最大桥梁之一的青马大桥。香港最引人注目的名胜是香港天坛大佛。大佛位于海拔482米高的木鱼峰顶。佛身高23米,重200余吨,是当今世界上最高的露天青铜佛像。

香港已经建成世界闻名的国际城市,许多重要的国际会议和展览经常在这里举行。这里已经成为许多著名报刊、电台、电视台及出版机构的亚洲区总部所在地,邮电通讯网联系亚洲及世界各地。

香港文化教育与艺术很发达,在几百万人口的城市中,有6所颁发学位证书的大学,8所工业学院,4所教育学院和一所演艺学院。

香港的货币名叫"香港元"。发行机构较多,有香港上海汇丰银行;香港渣打银行;中国银行。主辅币制为1港元等于100分。

ISO货币符号是HKD。

香港上海汇丰银行和渣打银行发行的货币面额主要有10,20,50,100,500,1000港元的纸币;另有1,2,5毫和1,2,5,10元的硬币。

中国银行发行的货币主要有20,50,100,500,1000港元的纸币。

在10,100,1000港元纸币的背面,是香港最著名的花卉紫荆花。

(2)紫荆花

紫荆属于豆科,也有学者倾向于把它列为苏木科或云实科。紫荆的叶子质地如皮革,呈圆形或阔心形,顶端裂开成两半,裂的深度几乎为叶长的三分之一,形如羊的蹄甲,故又称为羊蹄甲。在别的地区,紫荆又被称为洋紫荆、红花紫荆、红花羊蹄甲等。香港居民也有人将其称为香港樱花、香港兰花。

紫荆花

虽然紫荆花有带洋字别名，但是，紫荆绝非外来物种。在中国还不知洋人为何物时，就有了关于紫荆的记载。白居易有诗云："东郊踏青草，南国攀紫荆。"晋代文人陆机的诗写道："三荆欢同株，四鸟悲异林。"后来演化为兄弟分而复合的故事。南朝吴钧的《续齐谐记》中有个关于紫荆的凄美故事，故事说京兆田真三兄弟决定分家，所有财产平均分为三份，包括庭前一丛紫荆树也要分成三份，紫荆闻之，一夜间便枝枯叶焦。三兄弟看到这种情景，十分震惊，大哥提出，连紫荆都不愿骨肉分离，我们难道连草木还不如吗？大哥的话震撼了三兄弟，他们一致同意不再分家，过团圆生活。随后，紫荆树又恢复生机。从此，紫荆花成为家庭和睦、骨肉团结的象征。

中国古代的植物学、药物学也有许多关于紫荆的记载。

近现代紫荆花成为一种美化和装点城市的植物。南国紫荆花美丽端庄、色香俱佳。花朵硕大，颜色紫红，花瓣五出，有白色脉状彩纹装点其间。花期从10月始开，11月中旬进入盛期，到次年一月最为繁盛。花开期间，紫荆丛中，枝叶交错，花影其间，灿如云霞，美不胜收。花期一直延续到二三月才开始凋谢，凋谢时花瓣纷纷坠落，铺就满地彩霞，显现出别致的凄美。

香港人爱紫荆花，所以，1965年，紫荆花被评为香港的市花。香港回归祖国后，又选定紫荆花作为香港区旗、区徽的主要图案，并以法律形式固定下来。《中华人民共和国香港特别行政区基本法》第一章第十条规定：香港特别行政区的区旗是五星花蕊的紫荆花红旗。香港行政区的区徽，中间是五星花蕊的紫荆花。

在 20 港元纸币的正面是水仙花。

（3）水仙花

水仙花，石蒜科，多年生草本植物，鳞茎生的很像洋葱、大蒜。故中国古代

水仙花

有“雅蒜”“天葱”之称谓。民间则用美丽、精巧的感受把水仙命名为金盏、银台、俪兰、雅客、女星，等等。水仙只用清水供养而不需土壤来培植。其根如银丝，纤尘不染；其叶碧绿葱翠传神；其花有如金盏银台，高雅绝俗，婀娜多姿，清秀美丽，洁白可爱，清香馥郁。有人赞誉水仙：一青二白，所求不多，只需清水一盆，并不在乎于生命短促，不在乎刀刃的“创伤”，不在乎严寒的“凌辱”，始终洁身自爱，带给人间的是一份绿意和温馨。有人称赞水仙是“借水开花自一奇，水沉为骨玉为肌”。

水仙花是中国的名花。它有两个主要品种：一个品种是单瓣水仙。其花冠色青白，花萼黄色，中间有金色的冠，形如盏状，花味清香，被称作“玉台金盏”，花期约半个月左右。另一个品种是重瓣水仙。十余片花瓣卷成一簇，花冠下端

轻黄而上端淡白。没有明显的副冠,被称为“百叶水仙”,也叫“玉玲珑”,花期20天左右。适宜于种植水仙花的地域很小,主要集中在漳州的园山东麓一带。这里的地理环境独特,园山挡住了强烈的阳光,山的斜影所及的地方日照较短。这是水仙花成长所需要的理想条件。

培育好的水仙通常放在精致的浅盆中栽培。等待开花的水仙对环境要求不高,适当的阳光和温度,一些清水,点缀几粒石子就能生根发芽。栽上几日,绿叶萌发,十数日过后,绿茎垂直升起。再过些时日,白花点点,含苞待放。

水仙以清丽淡雅著称,所以,民间常用水仙做清供佳品。每过新年,人们总是把水仙摆放在厅堂之上,点缀环境,增加过年的气氛。在交通十分方便的今天,每逢春节,江南朋友常常把节日的祝贺寄托于水仙根茎之中,寄给远方的朋友。于是,这珍贵的花卉得以走遍大江南北,甚至远渡重洋。水仙成为春节期间赠送亲朋好友的佳品。水仙不仅带去了新年的问候,还给北方的朋友带去春天的气息,带去了情谊和纯洁美好的心愿。

水仙既有浑然天成的秀丽,也经得起人工雕琢。一些有艺术匠心的人们,创作出水仙盆景雕刻艺术,让水仙花按照人们的愿望,在预定的期间里开放。经过雕刻的水仙,给节日、寿诞、婚喜、迎宾、庆典增添了感情的色彩。在栩栩如生、生机盎然之中,带有几分耐人寻味的情谊。

中国古代有许多关于水仙的传说。水仙最早见诸史册始于宋代。据说,有一名闽籍的京官告老还乡途中,将要回到家乡漳州时,见河畔长有一种水本植物,并开着芳香的小白花,这位官员好奇,就叫人采集一些,带回培植。又据《蔡坂乡张氏谱记》记载,明朝景泰年间,张光惠在京都任职,有一年冬天请假回乡,船过江西吉水,发现近岸水上,有叶色翠绿、花朵黄白、清香扑鼻的野花,带回后培育成新卉。另据《漳州府志》记载,明初郑和出使南洋时,漳州水仙花被当作名花随船馈赠给南洋友好国家。

在50港元纸币的正面是菊花。

（4）菊花

菊花属菊科，多年生宿根花卉。别名金英、寿客、黄华、帝女花，节花等，是多年生草本花卉，中国为主要分布地区。经长期人工选择，培育出的名贵观赏花卉又称“艺菊”，品种已达数千种。株高差别很大，在 20 至 200 厘米之间，主要用于秋季观赏。

生长结构分为根、茎、叶、花、种子等部分。菊花根系发达，易于种植。茎呈深绿色，挺直。叶子有正叶、长叶、圆叶、葵叶、蓬叶、反转叶、柄附叶、锯齿叶。菊花的花型主要有平型、走厚型、球型、圆抱型、乱抱型、自然抱、露心抱。通常是当花朵盛开之后两三个月果实成熟，但种子成熟后寿命很短。发芽期通常只有七八个月，在密封的条件下，其发芽力可达 4 年。菊花的种子没有休眠期，只要达到发芽的温湿条件，随时可以播种育苗。

菊花已经成为世界性花卉，几乎各大洲都有菊花栽种。比较有名的品种是：雏菊，又名延命菊、春菊。原产欧洲至西亚，现世界各地均有栽培。喜冷凉、湿润和阳光充足，较耐寒，地表温度不低于 3 至 4 摄氏度条件下可露地越冬。重瓣大花品种的耐寒力较差。对土壤要求不严，不耐湿。中国华北地区 8 月下旬至 9 月上旬露地播种，播后 5 至 10 天出苗，于 10 月下旬移入阳畦越冬。翌年 4 月下旬定植，生长季节给予充足肥水，则开花茂盛，花期也可延长。雏菊须根发达，开花后可分根繁殖，栽于花盆，置冷凉处越夏，初冬移入温室，加强肥水管理，冬季或翌春可再次开花。夏季炎热天气往往生长不良，甚至枯死。

金盏菊，又名长生菊，原产欧洲南部加那利群岛至伊朗一带地中海沿岸。性较耐寒，中国长江以南可露地越冬，黄河以北需入冷床或地面覆盖越冬。不择土壤，但以疏松肥沃土壤生长旺盛。喜照光充足。

大丽菊，又名天竺牡丹、西番莲、大丽菊、大理菊、地瓜花等。原产墨西哥高原地带，不耐寒，在酷暑下生长不良，生长适温为 10 至 30 摄氏度。喜光但不宜过强。不耐干旱，且怕涝。要求疏松、肥沃、排水良好的沙质壤土。为当年生草本花卉。

翠菊又名江西腊、蓝菊、七月菊等。原产中国，分布于吉林、辽宁、河北、山西、山东、云南和四川等省，朝鲜和日本也有分布。现世界各国已广泛栽培。喜光照充足、温暖湿润环境，耐寒性不强，越冬最低温度 2 至 3 摄氏度，高温下延迟开花或开花不良。对土壤要求不严，喜富含腐殖质土壤。疏松肥沃和排水良好的沙质土壤。分期播种，5 至 10 月份均有花开放，单株花期约 10 天。

荷兰菊又名柳叶菊。原产北美，现广泛栽培于北半球温带地区。耐严寒，也较耐旱。适应性强，喜阳光充足及通风良好的环境和肥沃排水良好的沙质土壤。

一枝黄花又名加拿大一枝黄花。原产北美东北部。喜阳光充足和凉爽干燥的环境。较耐寒、耐旱，肥沃疏松、排水良好的中性土壤为宜。

瓜叶菊，产于中国，喜冷凉气候，忌酷暑，怕严寒。喜疏松肥沃排水良好的土壤。生育适温 10 至 15 摄氏度，小苗能经受 1 摄氏度左右的低温。不需强烈的直射光，以略有遮荫处和明亮的散射光为宜。

百日草又名步步高、节节高、对叶梅、五色梅。原产北美、墨西哥及南美等地，世界各地有栽培。喜温暖，不耐寒。宜阳光充足，在长日照条件下舌状花增多。耐干旱、耐瘠薄，忌连作，对土壤要求不严。

菊花的主要生长特性，是喜欢凉爽，适宜于阳光短日照区域。所以，纬度较高的地区，菊花品种多，色泽好。菊花春季发芽，夏季生长，秋季开花，冬季地下越冬。菊花的适应性很强，但由于菊花的品种不同，对环境条件的要求也有所差别。温和凉爽的气候适宜于菊花生长，理想温度是 18℃至 25℃之间，最高 30℃，最低 10℃。菊花比较耐寒，大多数品种地下部分能耐 -5℃至 -10℃的低温。菊花需要阳光，但阳光又不能太强。强烈的日照会抑制菊花生长。在酷暑的夏季，如果阳光太强就应该给菊花遮荫，遮荫的程度为 5%以下。菊花属浅根系植物，生长过程需要适当的水分，不宜太湿，忌涝积水。过多水分会导致根系腐烂。菊花耐旱,但土壤必须含一定的湿度。菊花需要的土壤是,含有丰富的腐殖质,松软肥沃、排水良好的沙质土壤。菊花喜肥料,所需肥料主要有氮、磷、钾及一些微量元素。

菊花的繁殖方法有两种:一种是有性繁殖:用菊花天然杂交或经过人工杂交获得的菊花种子,通过播种、育苗、移栽进行培育和繁殖。第二种是无性繁殖。包括扦插繁殖、分株繁殖、压条繁殖、嫁接繁殖以及组织培养等方法。扦插繁殖使用更广泛,效果更好,更适宜于推广。嫁接是改良菊花品质的较好繁殖方法,其操作过程是,把菊花的枝条或嫩梢嫁接在青蒿类植物的砧木上,使菊苗靠发达的蒿根吸取充足的营养,健壮生长。

菊花的药用价值很高,特别是中国的野生菊花,更是中草药不可缺少的药材。在《神农百草经》中记载:菊花可入药,长期服用可治疗头疼、安脾胃、除胸中烦闷,"久服轻身延年。"李时珍在《本草纲目》中讲野生菊花有"利五脉、调四肢,治头风热,脑骨肿痛,养目血,主肝气不足等作用。"《本草备要》也提出了野菊的药用价值,认为野菊"性甘苦微寒,有输风热,清头目之功"。现代医学实验证实,野菊花含有蛋白质、氨基酸、胆碱、水苏碱、糖类、脂类、维生素 B_1 等多种成分。具有广泛抗菌功能。能够抑制或杀灭大肠杆菌、金黄色葡萄球菌、甲型乙型链球菌等作用。还能够治疗风热感冒、头痛头晕、心胸烦躁、咽喉肿痛、眩晕耳鸣、流行性感冒、高血压、高血脂、冠心病、扁桃腺炎、支气管炎、扭伤、外伤出血等疾病。

菊花是很好的室内观赏花卉。按色彩区分,主要的观赏菊有如下品种:白色花系品种主要有太白积雪、十丈竹帘、清水得阁、高原之云、野马分鬃、玉龙闹海、梨香菊、海满天、白衣学士、大白莲、白剑云、白云托雪、白雪塔、白牡丹等。黄色花系的主要品种有金龙探爪、火烧祥云、广东黄、金丝猴、夕阳得月、斗鸡、黄云、金龙飞舞、黄扶手、黄石公、黄冠、金皇后、黄牡丹等。红色花系主要品种有帅奇、红宝石、飞鸟美人、汴京红、飞火轮、朱砂灌耳、金杯大红、火炼金丹、红玛瑙、大红袍等。绿色花系的主要品种有绿朝云、绿牡丹、清水绿波、清流戏水、绿柳垂荫、绿松针、绿春盘等。墨红色系的主要品种有墨荷、墨葵、黑牡丹、墨麒麟、墨绣球、墨球等。其他色系有,绿衣红裳、雪罩芙蓉、国华万寿、金鸡报晓、嫦娥奔月、海底捞月、紫云香、紫红袍、粉面金刚、紫牡丹、紫绣球等。不同的花形和色彩,适用于不同的场所。尤其是重要场合,如婚庆、生日等场合,更是要做好色彩和花型的选择。

在100港元纸币正面是荷花。

(5)荷花

荷花,又名莲花、芙蓉、水华、水芙、水旦、水芙蓉、泽芝、玉环、草芙蓉、六月春,等等。属睡莲科多年生水生草本植物。根茎肥大多节,横生于水底泥中,根也称为"藕"。叶盾状圆形,表面深绿色,有蜡质感,背面灰绿色,全缘并呈波状。叶柄圆柱形,密生倒刺。花单生于花梗顶端、高托水面之上,有单瓣、复瓣、重瓣等花型;花色有白、粉、深红、淡紫色或间色等变化;雄蕊多数,雌蕊离生,埋藏于倒圆锥状海绵质花托内,花托表面具多数散生蜂窝状孔洞,受精后逐渐膨大称为莲蓬,每一孔洞内生一小坚果(莲子)。花期6至9月,每天早晨开花,傍晚闭合。很有规律。果熟期9月至10月。坚果椭圆形,种子卵形。地下茎长而肥厚,有长节。荷花种类很多,分观赏和食用两大类。

荷花为窃根水生花卉。藕是荷花横生于淤泥中的地下根茎。藕的横断面有许多大小不一的孔道,这些孔道是荷花为适应水中生活形成的气腔。在叶柄、花梗里同样长有气腔。在茎上还有许多细小的导管,这些导管是用来运输水分的。导管壁上附有增厚的粘液状的木质纤维素。它具有一定的弹性,当折断拉长时,出现许多白色相连的藕丝。老藕的丝往往多于微藕。种藕的顶芽叫"藕苫",被鳞片包着。萌发后抽出白嫩细长的地下茎,称为"藕带"。藕带分节,节的周围环生不定根。节上抽叶和花。从藕带先端形成的新藕叫主藕,旺盛者有4至7节藕筒,筒长10至25厘米,直径约6至12厘米。主藕上分出的支藕叫子藕；从子藕再长出的小藕称孙藕。藕的大小、形态、色泽、生藕的迟早、入泥深浅等，均因品种而异，也在一定程度上受栽培技术和生长条件影响。

荷花全身皆宝，藕和莲子能食用；莲子、根茎、藕节、荷叶、花及种子的胚芽等都可入药，可治多种疾病。

荷花原产亚洲热带和温带地区，性喜温暖多湿。除中国外，日本、俄罗斯、印度、斯里兰卡、印度尼西亚、澳大利亚等国均有分布。

中国栽培莲藕的历史久远。在人工栽培前，早有野生的荷花。古植物学家徐仁教授，曾于40年前在柴达木盆地发现荷叶化石，该化石距今至少有1000万年。1973年在浙江余姚市距今7000年前的“河姆渡文化”遗址出土的文物中，发现有荷花的花粉化石；同年又在河南郑州市距今5000年前的“仰韶文化”遗址中发现两粒炭化莲子。

早在古代，中国人民就把莲子作为珍贵食品。西周初期（公元前11世纪），人们发现可食用的蔬菜约40余种，藕就是其中的一种。莲藕是最好的蔬菜和蜜饯果品。传统的莲子粥、莲脯、莲子粉、藕片夹肉、荷叶蒸肉、荷叶粥等都是古代人创造的莲藕食品。

秦汉时代，中国人民将荷花作为滋补药用。莲叶、莲花、莲蕊等都是人们喜爱的药膳食品。

荷花是圣洁的代表，更是佛教神圣净洁的象征。荷花出尘不染，清洁无瑕，因此，中国人民和广大佛教信徒都以荷花“出淤泥而不染，濯清涟而不妖”的高尚品质作为激励自己洁身自好的座右铭。

国外也有关于荷花的传说，古埃及人相信荷花象征缄默之神，隐藏着众神祇的秘密，她的香气是众神的气息，在宗教仪式上不可或缺。

荷花是友谊的象征和使者。中国古代民间就有秋天采莲怀故人的传统。

在中国花文化中，荷花是最有情趣的咏花诗词对象和花鸟画的题材；是最优美多姿的舞蹈素材；也是各种建筑装饰、雕塑工艺及生活器皿上最常用最美的图案纹饰和造型。

澳门特别行政区货币及货币上的植物

澳门,古称濠镜澳,位于广东省东南部。面积23.5平方公里。常住人口中96%以上是华人。澳门是自由港,长期以来以赌博业为主。旅游业闻名遐迩。主要旅游景点有,大三巴牌坊、炮台山、主教山、松山灯塔等。澳门货币名称叫"澳门元"。面值10,20,50,100,500,1000元纸币等。

ISO货币符号是MOP。

在澳门元10,20,50,100,500,1000纸币的背面是著名花卉莲花。

(6)莲花

莲花与荷花是同一植物的不同叫法。百姓俗称"荷花",佛教称"莲花"。佛教用莲花比喻道德、品行和修养。《大正藏》经典说,莲花有四德,一香、二净、三柔软、四可爱。让莲花承担了佛教的象征性使命。一个日本佛教美术研究者认为:"初期佛教徒是基于植物生育的特征而重视莲花。"《阿弥陀经》中记载,"极乐国土,有七宝池,八功德水,充满其中,池底纯以金沙有地……池中莲华,大如车轮,青色青光,黄色黄光,赤色赤光,白色白光,微妙香洁。"

佛教有不同派别,分别给莲花赋予了不同的意义。大乘佛教天台宗的《妙法莲华经》称莲华即妙法。花代表接引众生的法门。古老的南传佛教圣典《经集》,用莲叶上的露珠与莲子,形容不为诸种情欲所污染的生命。用莲子形容尘世与修行的意义。莲子剥去黑而坚硬的外壳,才是人们食用的白色莲子。莲房、莲子,在佛间弟子眼中,广阔无边,是人所探究,也是应认识的本心、佛性。佛教徒认为,莲花努力开花不只是为了开花,而是开花才能显出莲子。一片片的莲花瓣,正如佛陀以方便法门接引众生,通过不同法门,人们得显出藏在其中的佛性。莲座,乃为讲经开释而设。佛家在百花齐放中独生出莲花座,与荷花云锦可观,香远益清有一定的关联。《大智度论》卷八,记载了几个趺坐莲花的原因,因为莲花在众花中最大最盛、代表庄严妙法。莲花柔软素净,坐其上可以展现神力。在佛教心中,莲花已升华为天上之花:“人中莲花大不过尺,天上莲华大如九车盖,是可容结跏趺坐。”

在佛教雕塑等各种图像中可以看出,佛陀座椅有金刚座、狮子座与莲花座三种造型,前两者由具威严的帝王宝座转化而成,佛陀与弟子谈话的非正式场合出现。宣讲《法华经》时“一定趺坐于莲花座上。”“佛也继印度教光明神的性格,成为莲华化生创造伟业的主人公。”经典里众生可以借由“莲花化生”,乘着莲座进入净土。根据《佛陀本生传》记载,释迦佛生于2000多年前印度北边,出生时向10个方各走7步,步步生莲花,并有天女为之散花。

莲花成为创生必备花朵。《起世经》记载:“彼诸山中。有种种河。百道流散、平顺向下。渐渐要行。不缓不急。无有波浪。其岸不深。平浅易涉。其水清澄。众华覆上。水流遍满……”水涝不现,云雾消除,有清凉风的创世纪,山与山间的河流上,覆满莲花。在佛教信仰中,莲花是生的再生和真善美所有的象征。

阿拉伯联合酋长国货币及货币上的植物

阿拉伯联合酋长国,亚洲国家,位于阿拉伯半岛东部的波斯湾南岸,西北与卡塔尔交界,西南部与沙特阿拉伯为邻,东北与阿曼为邻。领土面积8.36万平方公里。

阿联酋由阿布扎比、迪拜、沙迦乌姆盖万和阿治曼7个酋长国组成。阿拉伯人仅占1/3,其他为外籍人,他们来自30多个国家,主要有巴基斯坦、印度、伊朗等地的移民。

阿拉伯语为官方语言,英语为通用语。

居民多信伊斯兰教。

阿联酋是沿海国家，有643公里长的海岸线。境内除东北部有少量山地外，绝大部分是海拔200米以下的洼地和沙漠。在沙漠和洼地之中，也有砾石、沙丘和绿洲。

该国气候条件恶劣，属热带沙漠气候，炎热干燥。夏季气温高达40℃至50℃，冬季凉爽舒适，气温约在7℃到20℃之间。长年干旱少雨，年降水量不足100毫米。

阿联酋盛产石油，有“世界油库”之称。已探明的石油储量达133.4亿桶，占海湾国家总储量的1/4，占世界总储量的9.7%，居世界第3位；天然气储量为5.9万亿立方米，占世界总储量的5%，居世界第5位。

该国的民风和民俗独特。伊斯兰教徒不吃猪肉和甲鱼之类食物。自己死亡的动物肉也不能吃。猎取野味时，要在被打中的动物断气之前，主动割断其喉头，这样就与宰杀的一样了，否则不能食用。与伊斯兰教徒交往时，不要吸烟和饮酒，更不能照相。男性客人偶然与该国女人相遇，切不可过于接近。应邀做客时，要带礼物给主人；家宴招待一律都是男人，来客也不要问主人家的女人身体如何。这里的人不论贫富都爱香水，各种香料混合在一起制成香水洒在身上，把能发出奇妙的香味作为乐趣。大多数妇女待在与世隔绝的家中，出门时都戴面纱。

在接待客人时，阿联酋人用不带小把的杯子请客人喝咖啡。规模盛大的宴会上，主人把煮好的全羊放在盘子里的米饭堆上，还要在餐桌上摆上鸡、鱼、凉拌菜等。人们只能用右手抓食物吃，不能用左手。饭前，仆人在门口把水倒在客人手上，这是让客人洗手。饭后，在主人站起来之前可以离开饭厅。一般是饭后喝完咖啡，客人起身告辞才是最适宜的。

阿联酋有悠久的历史，该国从前称为“特鲁西尔诸国”。公元7世纪，隶属于阿拉伯帝国。16世纪开始，葡萄牙、荷兰、法国等殖民主义者相继侵入。

1820年英国入侵波斯湾地区,强迫当地的酋长国与其签订“永久休战条约”,称为“特鲁西尔阿曼”,即休战的阿曼。此后沦为英国的“保护国”。第二次世界大战后,英国被迫于1971年3月10日宣布,以往同波斯湾各酋长国签订的条约,于1971年底终止。同年12月2日,阿拉伯联合酋长国宣告独立,并被接纳为阿拉伯联盟成员国。1972年初,阿拉伯联合酋长国被推举为联合国会员国,成为该组织的第132个会员国。

由于该国石油储量丰富,被誉为“油海七珍”。阿拉伯联合酋长国以石油生产和石油化工工业带动国民经济的发展,并发展多样化经济。石油收入成为政府财政收入和人民致富的主要来源。新中国成立之初,国内生产总值只有10多亿美元。从20世纪70年代开始,随着石油的开采,使阿联酋一跃而成为海湾地区最富有的国家之一。到1985年,该国的人均国民收入就已高达2.63万美元,国民人均年收入曾跃居世界前列。20世纪80年代末期,国内生产总值跨过300亿美元大关,并连年持续上升。

阿联酋的农业不发达,耕地面积只占全国土地的4%。由于石油利润的丰厚回报,政府投入巨资发展农业。使得该国粮食不仅能自给,还可出口。

石油业的发展,国民收入的迅速增加,使该国在短短的时间内就完成了城市化进程,目前,该国人口的绝大部分居住在城市,其城市人口约占全国总人口的81%。只有极少数人还在过游牧生活。

经济收入的提高,使该国为教育投入了大量资金。到1996年,阿联酋已建起了从幼儿园到大学的教育体系。公立学校有610所,各类私立学校400所,各类职业训练班、夜校和扫盲班遍布全国,从学龄前儿童到成年人都可以得到国家免费教育,成绩优秀者还可以由国家送到国外深造。阿联酋对6岁以上儿童实行发放学习补助金制度,所有的书籍、文具、绘画用具和科学试验材料,都免费供应,同时免交伙食费、医疗费、制服费和乘车费。对来自较远地区和海湾其他国家的学生还供给住宿。在阿联酋,妇女与男人一样,享有读书与就业的各种权利。目前在阿联酋的学校里，女性比例高于男性。如今，国民的识字率已达80%。

阿联酋的首都是阿布扎比，也是阿布扎比酋长国的首府。

阿联酋自从1973年5月19日开始发行本国货币。货币叫“阿联酋迪拉姆”。由阿联酋中央银行发行。主辅币制为1迪拉姆等于100费尔。

目前流通的货币主要有面额为5,10,20,50,100,500,1000迪拉姆的纸币；另有面额为1,5,10,25,50费尔和1迪拉姆的硬币。

ISO货币符号是AED。

在10迪拉姆纸币的背面和1费尔硬币的正面，是阿拉伯国家最著名的植物——椰枣树。

椰枣树

椰枣树在植物学中属棕榈科常绿乔木。椰枣树喜欢高温低湿度气候，适宜在沙漠或半沙漠地带生长。最常见的椰枣树像椰子树和棕榈树那样巍然耸立，高可达20多米，采摘时需要爬到树梢。椰枣树有特定的分布环境，从世界植被图中可以看到，椰枣树的生长范围西起大西洋岸畔的摩洛哥，横跨撒哈拉大沙漠、阿拉伯半岛和两河流域，东到伊朗和巴基斯坦。在北纬15度至35度之间形成一个长达几千公里的椰枣树种植带。据世界粮农组织统计，世界上约有30多个国家栽种椰枣树，大约有1亿株以上。椰枣年产量为340万吨。其中，6400万株集中在阿拉伯国家，年产量为240万吨，占世界总产量的2/3。

椰枣树生长期比较长，从开花到结果大约需要6到7个月时间。椰枣成长过程要变三种颜色，刚刚退花后成型的椰枣呈青色，长大变为黄色，成熟后则呈红褐色。单个椰枣的形状为长椭圆形。结在树上的椰枣呈团状。成百上千枚椰枣集结成一团，每团重约七八公斤。成年椰枣树，一棵树可生长5到10团。挂果季节，椰树上结满了沉甸甸的椰枣团。给人以硕果累累，丰收在望的景象。

在原始状态下，椰枣自然生长，风吹、日晒、雨淋、鸟啄，使大量果实损坏。

椰枣树

在现代条件下，生产技术有了很大改善，长出的椰枣或用纸袋包起来，或用树条编制的篮筐罩起来。用纸袋包裹，是为防止刚长出的嫩果因暴晒而枯萎，因雨淋而腐烂；用篮筐罩起，则是为防止即将成熟的果实因太重而坠落，因太甜而遭鸟啄。

椰枣的用途很广，椰枣不但含糖量很高，所含蛋白质、脂肪和矿物质也很丰富。椰枣不但可以生吃，可以做酱、制糖、造醋、酿酒，还可以晒干后储藏，终年食用。椰枣不仅营养价值高，还含有药物成分，据说经常食用椰枣的贝都因人，患癌症和心脏病的几率非常低。

长期以来，椰枣是阿拉伯人的主要食物之一。在阿拉伯世界，枣椰树有"救命树"之说。有一部作品，描写的是一支阿拉伯骆驼商队遭遇沙暴，在茫茫大漠中迷路，几天找不到吃的。在客商们饿得走不动路的时候，面前出现一棵大树。这棵大树像椰子树，却挂满青枣。因此，他们称其为"椰枣树"。青枣甘甜如蜜，被称之为"蜜枣"。客商们食后得救，称颂这种树为"救命树"，其果为"救命枣"。在现实生活中，椰枣在阿拉伯世界仍然扮演着重要角色。沙特阿拉伯人视椰枣树为吉祥树。在他们眼中，椰枣就是"绿色金子"。

椰枣树是世界上最古老的树种之一。根据考古发现，大约公元前 4000 年，在幼发拉底河与底格里斯河流域南部的美索不达米亚平原，就有人工栽培椰枣树的历史痕迹了。这大约是椰枣树最早的人工栽培记录。椰枣树具有很强的传播能力,一经栽种就不断繁衍。在公元前2500年的古埃及文献中,发现了关于椰枣树的记载。在这里,椰枣树被看作富饶的象征。在公元前12世纪兴起于地中海东岸的迦太基帝国,椰枣树被刻制在纪念碑上,还被铸造在硬币上。古希腊罗马人也喜欢这种树,集会时经常带着椰枣树叶子,把它作为胜利的标志。基督教则把椰枣树的叶子同橄榄枝一样视为和平的象征。在棕榈主日,椰枣树的枝叶是不可或缺的装饰物。

椰枣在中国古代就有记载。唐朝段成式所著《酉阳杂俎》称这种舶来品为"波斯枣","食之味甘如饴也"。明代李时珍在《本草纲目》中称椰枣为无漏子,又叫千年枣、万岁枣、海枣、波斯枣、番枣、金果。他把这些名称解释为:"千年、万年,言其树性耐久也。曰海,曰波斯,曰番,言其种自外国来也。金果,贵之也。"他认为,这种枣的药用价值是:"补中益气,除痰嗽,补虚损,好颜色,令人肥健"。

巴林国货币及货币上的植物

巴林国,亚洲国家。领土面积约为691.2平方公里。首都是麦纳麦。

巴林国位于卡塔尔和沙特阿拉伯之间的波斯湾海面上。整个国家由巴林岛等33个大小不等的岛屿组成。其中巴林岛最大,海拔135米,长48公里,宽16公里。全境约有一半的土地处于海拔100米以下,海岸线长200公里。首都麦纳麦在巴林岛的东角。巴林岛东北部是穆哈拉格岛,两岛之间修筑了一条长3公里的石堤公路。巴林岛以南是锡特拉岛。

巴林国属热带沙漠气候,特点是炎热、干燥。最高气温可达50℃。年平均降雨量仅有75毫米。

巴林国独特的资源优势是拥有优质的珍珠资源,建设有世界上最大的采珠场。巴林国还拥有石油、天然气等资源。已探明石油储量为3000万吨,天然气蕴藏量为2900亿立方米。

巴林国人口密度较高,每平方公里平均634人。在巴林人口中,阿拉伯人占人口总数的70%。另有伊朗人、印度人、巴基斯坦人、英国人、美国人等。

巴林国最大的民族是欧图卜(伯弩、阿台伯)、萨达(圣裔贵族)、达瓦赛尔族等民族。此外还有伯弩·啥立德和阿勒·哈利法等族。

阿拉伯语为巴林国官方语言,英语为通用语。

伊斯兰教是巴林国的主要宗教。巴林居民大都信奉伊斯兰教。

巴林有自己奇特的风俗和纪念日。相传在每年的伊斯兰教历八月十五日夜,安拉来决定人们一年的生死祸福,所以,在这一天,穆斯林白天封斋,夜间诵经、礼拜,以求安拉赐福人间。这夜叫作"拜拉台夜"。

在巴林国,订婚的彩礼是一个金里拉。通常用来为新娘购买首饰、衣服、香水和家庭用品。巴林人结婚时,同村的小伙子们把新郎送到新娘家。新娘梳洗完毕在手和脚上涂抹花粉软膏,穿上传统婚礼服。然后被用地毯卷起来,放在新郎房间的椅子上,妇女们做完这一切后念道:"愿真主赐福给你!"之后,新郎揭开新娘面纱,取下戴在她头上的斗篷,双膝跪下,祈求真主赐福于未来。随后,新郎向新娘赠送金银首饰,并在新娘家住满一周。婚礼仪式进行期间,娘家人要屠宰牲畜,摆宴席招待客人。

巴林有悠久的历史,公元前3000年巴林岛就有了城市。城市内建设了许多宽阔的石屋。城市周围修造了高大的石墙。公元7世纪,巴林岛成为阿拉伯帝国巴士拉省的一部分。1507至1602年,巴林又被葡萄牙人占领。1780年宣告独立。1820年英国殖民者侵入,并成为英国的"保护国"。1933年英国攫取了巴林的石油开采权。1957年11月,英国再次声明,巴林是"英保护下的独立酋长国"。1971年8月14日,巴林宣布独立。1973年6月2日公布独立后第一部宪法。

巴林国是君主立宪制的酋长国。宪法规定,巴林是独立的伊斯兰阿拉伯国家,统治权由哈利法家族长子世袭。埃米尔为国家元首,掌握着这个国家的政治、经济和军事大权和立法权。同时可以解散议会。埃米尔由哈利法家族世袭。

巴林是海湾地区开采石油最早的国家,1932 年,巴林成为海湾地区第一个发现有石油的国家。巴林石油收入占国内生产总值的六分之一,占政府收入和公共支出的二分之一。

巴林金融业发达,是海湾地区金融中心。目前有 180 多家银行和金融机构。巴林作为国际金融中心,既从事靠岸业务,也办理离岸业务。巴林利用海洋优势,发展近海采珠业。20 世纪初,巴林的珍珠占全世界年产量的二分之一。

国家独立以来,政府一直奉行“发展教育,培养群英”的方针。教学宗旨是普及和完善各类教育,提高教育水平。国家实行免费教育,普及 9 年一贯制中等教育。文盲率已下降至 7%。

巴林首都麦纳麦,人口占全国人口总数的三分之一。麦纳麦是现代化海港城市,有“阿拉伯世界苏黎世”之称。市内有宽阔的马路,高大的建筑物,青翠的园圃,中间夹着许多美丽的源泉,最著名的源泉处女泉,位于麦纳麦附近,其泉水灌溉着附近的种植园。麦纳麦城的“古达伊比叶区”位于城的东南,建有巴林埃米尔的王宫。

巴林国原来使用特种印度卢比。自 1965 年 10 月 16 日开始,巴林国开始发行本国货币。货币叫“巴林第纳尔”。由巴林国家银行发行,主辅币制为 1 第纳尔等于 100 费尔。已发行货币面额为 1/2,1,5,10,20 第纳尔的纸币和 5,10,25,50,100 费尔硬币。

巴林岛国和其他热带岛屿国家一样,把椰子树作为重要绿化植物,种植在街道上和田园中。也印在了本国货币上。

ISO 货币符号是 BHD。

在 1 第纳尔纸币的正面、5,10 费尔硬币的背面是椰树图案。

椰子树

椰子树,又名椰树。棕榈科常绿乔木,成熟的椰子树高 15 至 30 米。茎干粗壮。叶长 3 至 7 米,羽状全裂,羽叶外向,折叠;叶柄粗壮,长 1 米以上,基部有网状褐色棕皮。肉穗花序腋生,长 1.5 至 2 米,总苞舟形,最下一枚长 60 至 100 厘米,雄花呈三角状卵形,雌花呈略扁的圆球形。坚果每 10 至 20 聚为一束。开花后一年一熟,外果皮黄色或褐色,中果皮为厚纤维层,内果皮即内壳为角质坚壳,再内为果肉,是有脂肪的白色肉质层,内藏有水液及胚子。

椰子小苗为船形单叶又称“联合叶”,生长出 8 至 10 片叶后,逐渐羽化成深裂羽状叶,成龄树一般有 30 至 40 片叶,丛生在树干顶端,呈辐射状冠。叶由叶柄、中轴、小叶组成。革质,较厚,抗风性强。椰子种植 5 年左右茎干露出地面。矮种椰子植后 3 年茎干露出地面。椰子茎干由维管束组成,没有形成层,所以椰子树干不随树龄增加而增粗,受伤之后不能恢复原状。

椰子没有主根,由不定根与其营养根、呼吸根组成。从树干基部球状茎放射状长出的根称“不定根”,粗约 1 厘米,没有形成层,粗度一致,长度 5 至 11 米,最长达 25 米。50 岁的椰树不定根多达 4000 至 7000 条。从不定根长出侧根、分根,再分根,称为“营养根”,分布在 10 至 50 厘米土层中,组成庞大的根群。少量侧根上长出白色圆锥形小点,称“呼吸根”。根尖由根冠保护着,是活跃生长区,根尖后面为吸收区,长有根毛吸收养分。

椰子树的生长对温度、湿度、土壤、光照等都有一定的要求,一般温度要求是,年平均温度 24℃至 25℃。温差较小,全年无霜地区,椰子才能正常开花结果。最理想的条件是,年平均温度为 26℃至 27℃,最低月份平均温度不低于 20℃,温差不超过 5℃至 7℃。在这样的温度条件下,椰子生长繁茂,发育正常,产量较高。在热带边缘地区,偶尔低温,短时间极端低温达到0℃,椰子也能忍受,但果实生长发育受到一定影响。椰子树对区域降水量的要求较高,年降雨量在1300至2300毫米之间,分布均匀适宜于椰子生长。年降雨量低于800毫米或超过2300毫米,如果排灌条件较好,光照和湿度适宜,椰子树也能生长。椰子树对湿度的要求,一般认为80%至90%适宜,低于60%影响生长。椰子是强光照作物,要求年光照量要达到2000小时,每月平均要达到120小时以上,低于这个水平椰子生长发育受影响。

在热带作物中,椰子是抗风能力较强的植物。风力3至4级,有利于椰子叶面蒸腾和传粉。7至8级大风对椰子生长影响不大。9至10级强热带风暴对椰子树只有少量影响,部分椰果被吹落,叶片被吹断。12级以上台风,大量椰果被吹落,叶片被吹断,严重影响椰子生产,但也不会把椰子高大的树干吹断。

椰子树是长寿植物,生长得很慢,生长期很长。通常25年才开花结果,再经过8年才达到丰果期。椰子树的种子会漂在海上,通过水传播。还可以通过风传播。

世界上的椰子树几乎都生长在岛屿、半岛和海岸边,成了热带海滨独特的风光。椰子树高耸挺拔,长矛似的阔叶向四周伸展,仿佛一柄巨大的绿伞。椰子树迎风摇曳,婆娑多姿,表现着海岛特有的风光。巴林岛国重视椰子树,把它印在了本国货币上。

菲律宾共和国货币及货币上的植物

菲律宾共和国,亚洲国家。位于赤道北端、亚洲东南部的群岛上,北隔巴士海峡与中国台湾地区遥遥相望,南和西南隔苏拉威西海、苏禄海以及巴拉巴克海峡与印度尼西亚、马来西亚相望,西濒南海,东临太平洋。菲律宾是个群岛国家,领土面积29.97万平方公里。由7107个岛屿组成,其中,有名称的岛屿有2800个。主要岛屿11个。在11个主要岛屿中,吕宋岛是最大岛,面积为10.4688万平方公里,约占全国总面积的35%,其次是棉兰老岛,面积为9.463万平方公里,约占全国总面积的32%。海岸线长1.8533万公里。菲律宾国家首都是马尼拉。全国划分为13个地区,下辖73个省、2个分省、60个市。市以下设镇。

菲律宾地形复杂,岛屿中的山地占全国土地总面积的3/4以上。菲律宾有火山多,海底深之称。全国有50多座火山,其中10多座是活火山。棉兰老岛的阿波火山海拔2953米,是菲律宾最高的火山。吕宋岛东南部的马荣火山,海拔2416米,呈圆锥形,灰白色,被誉为"世界最完美的火山锥"。还有地球上最小最低的火山,即吕宋岛西南部的塔尔火山。菲律宾有世界上最深的海沟,在萨马岛和棉兰老岛以东80公里处,名为"菲律宾海沟",全长1200公里,深度超过7000米,最深处达10497米。

菲律宾属于热带海洋气候,高温、多雨、多台风。年平均气温为27℃,平均湿度为76%。雨季在5至10月间。11月至翌年4月为旱季。最热的月份是5月。年平均降水量约2000毫米。菲律宾河流湖泊纵横,第一大河是棉兰老河,全长400公里;卡加延河是第二大河,全长352公里。吕宋岛上的内湖是全国最大的湖泊,长48公里,宽约40公里。

菲律宾的金属矿藏主要有铜、金、银、铁、铬、镍等20余种。非金属有20多种。森林面积1588万公顷,有红木、樟木、桃花心木等名贵木材。水产资源丰富,鱼类品种有名称的就达2400多种。已开发的海水、淡水鱼场面积21380平方公里。

菲律宾人口居世界前20位,并以每年2.32%的速度增长,为世界人口增长率较高的国家之一,增速在东南亚国家名列前茅。人口分布不平衡,马尼拉每平方公里的人口密度达9317.4人。城市人口占人口总数的21%。

菲律宾是多民族的国家,90%居民属于马来族,其中米沙鄢人约2000多万,是菲律宾人口最多的民族。在少数民族中,华人最多,其他还有印度尼西亚人、阿拉伯人、印度人、西班牙人、美国人和土著人等。

菲律宾有70多种语言,大部分属于马来一波利尼西亚语系。他加禄语、宿务语、伊洛干诺语、比科尔语、萨马语、邦板牙语、邦加锡南语等使用广泛。他加禄语为全国通用语言。

约有85%的菲律宾居民信奉天主教。有4.9%信奉伊斯兰教,少数人信奉独立教和基督教新教,土著民族信奉原始宗教,华人多信奉佛教。

不同的民族有不同的习俗,内库利特族居民不分男女老少都喜欢文身。孩子长到12岁,就在两臂、胸部及背部刺上许多图案。随着年龄的增长,身上的图案会越来越多。巴扎入常年生活在海上,以船为家,几乎与外界隔绝。部族内可以通婚。近亲配偶举行婚礼时,要向海神祈求消灾免难。

菲律宾民间流行斗鸡比赛。斗鸡场建在大厅中央,斗鸡台高约1.5米,观众在四周。斗鸡开始后,鸡主人各抱自己的鸡,鸡腿上裹有1枚一寸长的刀片。恶战开始后,两鸡拼命厮杀,当刀片刺中目标,斗台上顿时鲜血淋漓,直到一方死去为止。活着的便是优胜者。斗鸡大体可分为天然斗鸡、本地混种斗鸡和进口斗鸡三类。还有一种"蒙地诺"斗鸡,是美国、古巴、西班牙和本地鸡杂配而成。斗鸡的场面惊险而残酷,不仅吸引着大批本地观众,也吸引着许多外国游客。

一般菲律宾人多是自由恋爱结婚。在农村,男青年往往用歌声向他倾爱的姑娘求爱,并赠以花束,花的颜色以白色和桃色为佳,茶色和红色属禁忌之色。土著人有各自的婚俗。伊戈罗特人的婚约主要有两种方式:父母主婚和试婚。试婚时期,如果不能生育,随时可以分开。巴交人允许多偶婚。多半由父母包办,经常是表兄弟姐妹之间通婚。矮黑人男子求婚,以弓箭射通女子在远处安置的竹筒为准,未射中者,说明男子无力养活妻子,求婚目的就难以达到。

菲律宾有圣周节。即每年3月15日后的第一个星期日为圣周节,是菲律宾天主教徒为纪念耶稣上十字架而举行的宗教活动。圣周节的7天中每天都有活动,周日教徒们在教堂集会祷告,然后游行,纪念耶稣在受难前进入耶路撒冷。圣周一,读经开始。圣周二,做弥撒。圣周三,"圣欢会",是为耶稣受难而举行。圣周四,忏悔日。圣周五,是耶稣受难日,这晚举行"圣葬"。圣周六,圣周节达到高潮,因为到了耶稣复活日。菲律宾还有圣伊斯多节。据说,古代在巴纳哈有一位叫圣伊斯多的农民,遭遇灾害,别人颗粒无收,他仍然获得丰收。他死后被当地人尊为这块土地的保护神。他去世的时间是5月15日。这一天就用他的名字命名为节日。圣伊斯多节时人们把用大米做成的"卡饼"涂上各种颜色来装饰房子,抬着这位农民的塑像游行。

菲律宾历史记载并不久远,公元1000年左右已有华裔侨居。15世纪时,伊斯兰教传入棉兰老岛和苏禄群岛。16世纪中期出现两个苏丹王国。从16世纪开始沦为殖民地。1565年西班牙在宿务岛建立永久性殖民地。在西班牙殖民统治的300多年间,菲律宾人民经常举行起义,但都未能把欧洲人赶走。1898年5月1日,美国海军在马尼拉湾歼灭了西班牙舰队。菲青年军官阿奎纳多于6月12日宣布独立,成立了菲律宾历史上第一个共和国,阿奎纳多任总统。同年12月10日,美国通过对西班牙战争后,签订美西"巴黎和约",占领了菲律宾。此后发生了美菲战争。经过两年战事,菲律宾沦为美国殖民地。1935年11月,菲律宾成立"自治政府",但并没有改变美国的殖民统治。1942年菲律宾被日本占领。第二次世界大战后,菲律宾又陷入美国的统治之下。1946年7月4日菲律宾宣告独立。

1987年2月,通过公民投票,颁布新宪法。宪法规定:国家政体为民主代议制,立法权移交国会,行政权属于总统。总统是国家元首兼武装部队总司令。总统、副总统由选民直接选举产生,任期6年。

国会是国家最高立法权力机构。宪法规定,国会由参众两院组成。参议院议员24名,直接选举产生,任期6年。众议院议员250名,其中25名由参选获胜政党委派,25名由总统任命,200名由地方按比例直接选举产生,任期3年,可连任3届。

菲律宾国民经济主要靠制造业和农业。工业产值占国内生产总值的30%,主要有制造、采矿、能源和建筑等。制造业主要集中在大马尼拉区,它集中了全菲小型工业企业的31%、中型工业企业的66%和大型工业企业的57%。宿务、内格罗斯岛的巴哥洛的制造业也较发达。采矿业中开采量较大的主要有黄金、铬、铜、铁、镍等。在轻工业中,烟草生产占有一定成分。吕宋岛的雪茄世界闻名。

劳务输出是菲律宾经济的一大特点。劳务输出对菲律宾的经济发展起到重要促进作用。菲律宾是亚洲最大的劳务输出国。“菲佣”在香港以及阿拉伯产油国家,占有很大的市场。

菲律宾农业人口占全国人口总数的68%,全国有一半劳动力从事农业生产。农业产值占社会生产总值的20.7%,其中粮食作物产值占农业产值的60%,经济作物占农业产值的40%。椰子、甘蔗、蕉麻、烟草是菲律宾四大传统经济作物,并保持着在国际市场上的地位。其中椰子的产量和出口量均位于世界椰子产量和出口量的前列。

菲律宾独立后,教育事业得到了发展。中小学实行义务教育,是亚洲地区文盲率最低的国家之一。菲律宾政府重视师范教育。大部分公私立大学均设有教育学院,培养中、小学师资。全国有20个地区性的在职培训中心。目前,菲律宾的普通教育是六、四制。即小学6年、中学4年,共10年。大学年限长短不一,商业、教育和工程均为4年制,政治为6年制,医学为8年制。著名的大学有:菲律宾大学,创建于1908年,校址在奎松城;圣托马斯大学,创建于1611年,校址在马尼拉。此外还有阿塔尼奥大学、东方大学和远东大学。

早在西班牙殖民者入侵之前，菲律宾的口头文学和文字文学就有发展。较为著名的有口头文学有伊富高人的著名叙事诗《阿丽古荣》、史诗《呼得呼得和阿里姆》《邦都地区的狩猎歌》《孤儿之歌》等，玛拉瑙人的《达兰干》，伊洛干诺人的史诗《拉姆安格的生活》，还有民间故事《麻雀与小虾》《安哥传》和《世界的起源》等。早期的文字文学，主要有写穆斯林世系的《萨耳西拉期》，班乃岛纪年史《马拉塔斯》等。

马尼拉是菲律宾首都，是该国经济、政治、文化和交通中心，位于马尼拉湾。马尼拉城历史悠久，1571 年西班牙在此地设总督署并开始建设要塞式城市。美西战争后成为美国在菲律宾的统治中心。马尼拉几乎集中了菲律宾工业的三分之一，主要有纺织、印刷、食品加工、制药、油漆、卷烟、肥皂、机械、汽车装配等。

菲律宾是“千岛之国”，自然景观十分美丽，异国情调颇为浓郁。主要旅游景点有百胜滩、蓝色港湾、马荣火山、伊富高省原始梯田等，以及马尼拉市、宿务市、碧瑶市和文化城奎松。马尼拉市最著名的名胜古迹有：长达 10 公里的罗海斯滨海大道，盆型建筑菲律宾文化公园，圣奥古斯丁天主教堂，建于 1571 年的宏伟华丽的马尼拉卡思德拉尔天主教堂，建于 1762 年的马尼拉郊外的拉斯皮纳斯教堂，位于马尼拉市北部的商业中心王彬街(即唐人街)。巴纳韦高山梯田是菲律宾的古代奇迹，位于吕宋岛北部伊富高省巴纳韦镇附近。这里有 2000 多年前菲律宾伊富高民族在海拔 1500 米以上修建的古代水稻梯田。梯田面积最大的为四分之一公顷，最小的仅 4 平方米。用石块修成的梯田，外壁最高约达 4 米，最低的不到 2 米。盘山台阶似的灌溉渠层层升高，总长度达 1.9 万公里。

塔尔湖位于吕宋岛西南部八打雁省境内的大雅台东南山脚下，长 20 多公里，宽约 15 公里。湖的正中央是“塔尔火山岛”。最高处只有海拔 300 米。火山中间有一火山湖，称“火山口”，面积大约 1 平方公里，形成湖中有山、山中有湖的美丽景观。

菲律宾是一个绿色王国,该国热爱植物,把纳拉树定为国树,把茉莉花定为国花。

菲律宾的货币名称受西班牙的影响,货币的主币叫“比索”,1 比索等于 100 分。菲律宾比索的面值分别为 2,5,10,20,50,100,500 和 1000 比索的纸币,另有 1,5,10,25,50 分和 1,2,5 比索的硬币。

菲律宾比索的发行机构为菲律宾中央银行。

ISO 货币符号是 PHP。

在 50 比索的菲律宾纸币背面是椰子树。

椰子树

椰子的故乡是菲律宾及东南亚。据说,是意大利人贝卡力经过调查,发现南太平洋有个小岛叫巴罗米拉,那里生长了许多粗大的野生椰林。他推断椰子的发源地在马来群岛一带。后来椰树传播到了南亚、非洲以及加勒比海沿海等地,大部分椰树是移种的,也有一些椰籽从岸边跌落海中,随海浪漂浮到别处海岸上,生根安家。现在,全世界椰子种植面积约 850 万公顷,年产椰子约 310 亿枚。其中菲律宾占了 120 亿枚,年产椰干、椰油 500 万吨左右,年出口量占世界市场需要量的 60%,每年获得外汇收入 7 到 10 亿美元,居全国出口总额第一位。全国有三分之一的人口直接或间接地从事椰业生产。因此,菲律宾人称椰子为“生命之树”,菲律宾被誉为“椰子之国”。

格鲁吉亚货币及货币上的植物

格鲁吉亚,亚洲国家。位于西亚地区。其西南与土耳其接壤,西面濒临黑海,南部、东南与亚美尼亚、阿塞拜疆邻界,北、东与俄罗斯相连。领土面积 6.97

万平方公里。

主要民族有，格鲁吉亚、俄罗斯、阿塞拜疆、奥塞梯族、阿布哈兹族、希腊族等民族。格鲁吉亚人占总人口的81%以上，亚美尼亚人占8%，俄罗斯和阿塞拜疆人各占6%。

格鲁吉亚语为官方语言。

格鲁吉亚人多数信仰东正教，少数信仰基督教和伊斯兰教。

格鲁吉亚有2/3的领土属山地和山前地带，一半以上的土地面积在海拔1000米以上。平原只占全部领土的10%。北部为高加索山脉（又称大高加索），南部为南格鲁吉亚高原（又称小高加索）。大小高加索山脉之间是低地、平原和高原。气候、土壤和植被都体现了高山地带特征。气候条件较恶劣。气候变化很大，在面积并不大的国土上，既有亚热带气候，又有温带气候。领土内的降水量差别更大，黑海沿岸地区，年降水量为1000到4000毫米；而东格鲁吉亚地区，年降水量仅300到600毫米。主要河流有库拉河、里奥尼河。

格鲁吉亚自然资源相对贫乏，主要矿物有锰、煤、铜、石油和重晶石等，其中以锰矿最为有名，第比利斯北面的恰图拉，是苏联的第二大锰矿产地。尽管土地贫瘠，降水量差别极大，但其森林面积却不小，占整个国土面积的40%，其林木种类主要是阔叶林和针叶林。

格鲁吉亚人在食物上与中国有相同之处。如，玉米面包、羊肉饺子等。他们的主食往往是白面包、干酪和烤羊肉串等。在服装上，显示了格鲁吉亚人的风俗特征。格鲁吉亚人典型的服装是：男人穿棉布和绸子缝制的深色短上衣，系银色压花窄皮带，穿齐膝毛料外套，软皮靴，小毡帽和长耳风帽。女人穿紧腰连衣裙，短上衣，皮鞋是平底尖头往上翘，头巾深色素花并呈三角形。在日常生活中，一般都穿现代休闲服装。

格鲁吉亚有自己特殊的历史。公元6至10世纪，格鲁吉亚部族逐渐形成。8至9世纪初形成了卡赫季亚、爱列京、陶-克拉尔哲季三个封建公国和阿布哈兹王国。13至14世纪遭到蒙古鞑靼人入侵。15到17世纪初,格鲁吉亚境内分裂为众多的王国和公国。16到18世纪,格鲁吉亚地区又成为伊朗和土耳其争夺的对象。从1801年到1864年,东格鲁吉亚被并入俄罗斯。19世纪末期的战争期间,格鲁吉亚被德国、英国和土耳其军队占领。1921年,成立格鲁吉亚苏维埃社会主义共和国。从1936年12月5日起,格鲁吉亚作为一个加盟共和国成为苏联的组成部分。1990年10月28日,格鲁吉亚反对派联盟组织"自由格鲁吉亚圆桌会议"在竞选中获胜,取代共产党组成政府。1991年4月9日,格鲁吉亚最高苏维埃非常会议通过"独立宣言",格鲁吉亚正式脱离苏联独立。1995年8月,议会通过独立后第一部宪法。废除议会制,实行立法、司法、行政三权分立的总统制,并改格鲁吉亚共和国为格鲁吉亚。

格鲁吉亚是一个农业国,经济不发达。独立后,国内局势动荡不安,经济状况不断恶化,市场供应紧张,居民生活水平骤然下降。到1995年,经济才有所回升。格鲁吉亚的工业属于资源型,以锰矿石开采业为主,另有铁合金、钢管、载重汽车等生产项目。轻工业以食品、纺织业为主。

格鲁吉亚居民具有较高的教育水平。千名居民中受过高等教育者有150多人。全国有国立高等学校24所,自费大学163所,国立中等专科学校84所。国立第比利斯大学、格鲁吉亚工学院以及格鲁吉亚农学院等均较有名。

格鲁吉亚的主要城市有:第比利斯、库塔伊西、苏呼米和巴统。第比利斯是该国首都。位于库拉河畔,面积348.6平方公里,人口占全国人口总数的四分之一。库拉河穿过第比利斯,把该市分为两个自然城区。第比利斯建于公元4世纪,历史上有过繁荣。公元12至13世纪曾经是远东最大的商业、手工业和文化中心之一。市内至今还保留着中世纪建筑的城堡、教堂和钟楼。19世纪初,随同格鲁吉亚并入俄罗斯帝国。这里是斯大林的故乡,所以,保留有斯大林故居、斯大林纪念馆和斯大林全身塑像。库塔伊西是格鲁吉亚第二大城市,也是一座历史文化名城。位于奥尼河畔。市内有著名的巴格拉特大教堂,建于

11 世纪,建筑物上有富丽堂皇的石刻装饰,还有绚丽多彩的图画。城外有格拉季大教堂和修道院。在里奥尼河畔的悬崖上,还保留着伊列梅季亚王国时期用绿石头修建起的教堂。苏呼米是格鲁吉亚的另一个重要城市,它是格鲁吉亚国内亚阿布哈兹自治共和国首府,位于著名的黑海旅游胜地。该市三面环山,市内花草遍地,绿树成荫。建设有许多疗养院。巴统是格鲁吉亚国亚阿扎尔自治共和国首府,也是一座旅游城市。位于格鲁吉亚北部。黑海沿岸名城。巴统气候温暖,四季常青。城市郊区建有世界著名植物园。栽培各种植物 5000 多种。

格鲁吉亚是经济和货币独立国家。从 1994 年开始发行本国货币。货币名称叫“里拉”。由格鲁吉亚中央银行发行。

主辅币制为 1 里拉等于 100 泰特勒。

ISO 货币符号是 GEL。

目前已经发行并流通的货币主要有面额为 1,2,5,10,20,50,100,500 里拉的纸币和面额为 1,2,5,10,50 泰特勒的硬币。

在 250,2000,3000,20000 和 30000 拉里纸币的背面是葡萄。

葡萄

葡萄,葡萄科,落叶木质藤本植物。葡萄的果实又名草龙珠、山葫芦、蒲桃、李桃、蒲陶等。葡萄皮薄而多汁,酸甜味美,营养丰富,有“晶明珠”之美称。被誉为世界 4 大水果之首。葡萄营养丰富、用途广泛,经济价值很高。色美、气香,味可口,是果中佳品,既可鲜食又可加工成各种果品。葡萄是重要的轻工业原料,可制作葡萄酒、葡萄汁、葡萄干、葡萄果脯等。葡萄还是重要的中药原料,葡萄籽、根、叶皆可入药。

葡萄是一种古老的植物。据古生物学家考证,在新生代第三地层内就发现了葡萄叶和种子的化石,证明距今 650 多万年前就已经有了葡萄。有的学者认为,在 2300 万年前至 6700 万年前,就有类似葡萄的植物。葡萄树平均寿命大约为 60 年。一般情况下,一株葡萄树栽种后,经过 3 年生长,开始开花结果。

10年以后为盛果期。

葡萄具有丰富的营养价值。含有人体所不可缺少的谷氨酸、精氨酸、色氨酸等十几种氨基酸。葡萄含糖量约10%至25%,高者可达30%。在葡萄所含的各种糖分中,大部分是容易被人体直接吸收的葡萄糖,所以葡萄成为消化能力较弱者的理想果品。葡萄中含较多酒石酸,有帮助消化的作用。适当多吃些葡萄能健脾和胃,对身体大有好处。医学研究证明,葡萄汁是肝炎病人的好食品,可以降低血液中的蛋白质和氯化钠的含量。

中国古代医学对葡萄药用有许多记载。认为葡萄性味甘,酸,平,入肺、脾、肾、能补益气血、强筋骨、通经络、通淋消肿、利小便、滋肾益肝。

葡萄易泄泻,不宜过食。医疗上能起到补肾、壮腰、滋神益血、降压、开胃的作用,尤其在预防和治疗神经衰弱、胃痛腹胀、心血管疾病等方面有较显著的疗效。《滇南本草图说》葡萄能治痘症毒,胎气上冲,煎汤饮之即下。《本草再新》说它"暖胃健脾"。《随息居饮食谱》认为它"补气,滋肾液,益肝阴,强筋骨,止渴,安胎"。《陆川本草》记载:"滋养强壮,补血,强心利尿,治腰痛,胃痛,精神疲惫,血虚心跳。"

葡萄含铁量较高,缺铁性贫血者,食用葡萄干大有裨益,是治疗的辅助措施。葡萄汁对体弱的病人、血管硬化和肾炎病人的康复有辅助疗效,在那些种植葡萄和吃葡萄多的地方,癌症发病率明显较低。葡萄是水果中含复合铁元素最多的水果,是贫血患者的营养食品。常食葡萄对神经衰弱者和过度疲劳者均有益处。葡萄制干后,糖和铁的含量均相对增加,是儿童、妇女和体虚贫血者的滋补佳品。因此,常吃葡萄能使人延年益寿。

葡萄是酿酒的好原料。不同的树龄结出的葡萄,在做鲜果食用时,品尝不出大的差别。但是,对于酿酒业来说,却差别很大。前10年为幼年期,树根还不是很深,结出的葡萄所酿造出来的葡萄酒在口感上通常带有清新、清淡与新鲜的果香和花香。这种葡萄酒大多在装瓶后一二年便必须开瓶饮用,没有太大

葡萄树

的瓶内陈酿价值。30年树龄的葡萄树逐渐进入全盛产期，其根部渐渐深入地下，为葡萄带来丰富的矿物质，此时的葡萄不论在色泽或甜度上都十分充足，所酿造出的葡萄酒，营养价值和芳香味道明显增加。

葡萄籽是葡萄中最有价值的成分之一。近年来，在欧洲开始流行葡萄籽美容。用葡萄籽提取物制成的面膜、护肤油、口服胶囊等受到众多女性的追捧。葡萄籽中含有一种叫葡多酚的物质，也称“花青素”，具有很强的抗氧化作用。葡萄籽美容是近期比较受关注的一个美容新概念，有关研究表明，葡萄籽提取物，具有帮助皮肤增强氧气交换的作用，能有效地抵抗皮肤氧化衰老。

大韩民国货币及货币上的植物

大韩民国，亚洲国家。位于亚洲朝鲜半岛南半部，三面环海，东濒朝鲜东海（日本海），西临中国黄海，东南隔朝鲜海峡与日本相望。整个版图呈弧状，向东突出。地形东高西低、北高南低，整个地势由北部和东部向南部和西部逐渐降低，山地多集中在北部和东部。最高的山是济州岛的汉拿山，海拔1950米。平原多集中在西部和南部的河川流域、海岸地带。主要河流有洛东江、汉江、锦江等，洛东江总长525公里，流域面积23860平方公里，通航里程为344公里，为韩国最大河流。

韩国较明显地呈海洋性气候，具有亚热带气候的特点。8月份最热，北部为28℃至29℃，南部为29%至31℃。年降水量为1100至1200毫米。

韩国总人口居世界第25位。全国为单一韩（朝鲜）族。另有华侨3万多。全国通用韩国（朝鲜）语。1999年2月9日，韩国政府决定部分恢复使用汉字，即在公务文件和交通标志等领域恢复使用已经消失多年的汉字和汉字标记，以适应世界化的时代潮流。韩国的宗教种类较多，主要有佛教、基督教、天主教、圆佛教、天道教、伊斯兰教、国际道德协会、太极教等。韩国的服饰特色鲜明，传统民族服装和新式流行服装并存，老年男人多数穿民族服装，个别老人还头戴黑纱斗笠，身穿长袍。中年以上的妇女喜欢穿民族衣裙，也喜欢穿带钩的韩国妇女胶鞋。服装和服饰的丰富，促进了时装产业的发达。

韩国的饮食与中国相近，多数家庭以大米为主，也吃面食。在副食生产上保持了浓厚的民族风味。韩国是公历和农历并用的国家，和中国一样，把农历正月初一、正月十五、清明节、端午节、中秋节作为民族的传统节日。另外还有“八一五”光复节、檀君节等。韩国民间遵从儒家思想，传统家族观念很强，同一家族还在续家谱，同一族源的家族内部禁止通婚，讲究多世同堂的传统式家庭结构，子女成婚后，另立门户，由长子赡养父母。祭祀活动及节日，团聚在长兄家中。

韩国在历史上与朝鲜是同一个国家。公元前约3世纪，在朝鲜半岛的中南部有“三韩”族——马韩、辰韩、弁韩生息繁衍，还以“三韩”族为中心建立了辰国。后来辰国被百济和新罗吞并，新罗国原韩族定居地作为中心地区发展。李朝末期，高宗李熙于1897年8月16日改王称帝，定年号为光武，换国号为“大韩帝国”,简称“大韩”或“韩”。1910 年 8 月 29 日签订《韩日合并条约》,韩国沦为日本殖民地,李氏王朝遂宣布灭亡。1945 年 8 月 15 日,日本帝国主义宣布投降,朝鲜人民从日本殖民主义的统治下获得解放。由于苏美以北纬 38 度线为界分别进驻北部和南部,使朝鲜半岛“国土中断”,形成了南北分治民族分裂的局面。1948 年 8 月 15 日,大韩民国宣布成立,简称“韩国”。

韩国在国家政体上采用三权分立制。1987 年 10 月 27 日通过的宪法规定,总统享有作为国家元首和武装力量总司令的权力,任期 5 年,不得连任。

进入 20 世纪 60 年代以后,韩国经济发展较快,到 1995 年,人均国内生产总值超过 1 万美元。曾经被称为“亚洲四小龙”之一。1997 年的金融危机给韩国经济带来沉重打击,国家经济几乎到了崩溃边缘。经过数年努力,韩国经济得到迅速恢复。钢铁工业是韩国的支柱工业之一,韩国已跻身于世界第 6 大钢铁工业国。韩国的农业也很发达,是朝鲜半岛的粮仓,自然条件有利于发展种植业。

韩国的学制是,小学 6 年、初中 3 年、高中 3 年、大学 4 年。在办学体制上,分为国、公和私立学校。大学已发展到 100 余所,在校大学生 100 余万人。较有影响的大学有国立汉城大学、延世大学、高丽大学和梨花女子大学等。韩国注重保持本国文化特色,20 世纪 90 年代中期,选择了韩国服装、韩国文字、泡菜和烤牛肉、石窟岩和佛国寺、跆拳道等民族特色文化,作为韩国文化的象征。韩国的主要戏剧品种有假面剧、木偶剧、曲艺、歌剧、新派剧和新剧。传统舞蹈有宫廷舞、民俗舞、假面舞、仪式舞和新创作舞等。

韩国的主要城市有首尔、釜山、大丘、仁川等。其中首尔是韩国首都,原名汉城,后改为首尔。是韩国政治、经济和文化中心,政府机关及金融、企业、文教、宣传机构大都集中在首尔。首尔是世界人口最密集的城市之一,现有人口 1000 余万。首尔市容美丽而整洁,清澈的汉江穿城而过,市内建造了 20 多座形态各异的江桥,形成一道独特的风景线。

韩国有较丰富的旅游资源,古迹有景福宫、德寿宫、昌德宫、昌庆苑。寺庙有海印寺、松广寺、通度寺等。

为了适应观光旅游业的发展,韩国大力倡导花卉生产。甚至提出了以花富民的口号。政府资助花农兴建温室、购置各类机具,给予50%左右补贴,提供低息贷款支持大专院校开展科研工作和建立强大的销售网络及流通体系。通过政府主导,韩国花卉业快速发展。栽培技术和优良品质培育都处于国际领先地位。其花卉在国际市场上具有较强竞争力。韩国花卉的生产基地以南部的济州岛、釜山和汉城郊区为主,在那里养花的温室和花圃随处可见。韩国的家庭和城市都喜欢花,在各大城市的街道和商业中心都装饰着鲜花,家庭购花开支也很大。韩国花卉流通业很发达。建设有大型花卉市场,市场内有占地5000多平方米的拍卖大厅,厅内划分为进货区、分货区,冷藏区和拍卖区。日成交鲜花近800箱,约100多万支。花农们每天把采收的花卉运到拍卖市场后,进行统一分级和计量后拍卖。这里还有包括120个摊位、7200平方米的花卉零售市场。市场内观叶植物、热带兰及盆景等琳琅满目。

韩国独立发行自己的货币。货币叫"韩国元"。由韩国银行发行。

韩国纸币的面值有50,100,500,1000,5000,10000元和硬币有1,5,10,50,100,500元。

ISO货币符号是KRW。

在1韩国元硬币正面是木槿花。

木槿花

木槿花,锦葵科植物。又名朝开暮落花、玉蒸、白玉花、面花、喇叭花、佛叠花、鸡腿蕾、白牡丹、篱障花等。落叶灌木,成年株高3至4米。茎多分枝,幼枝密被黄色星状毛及茸毛包裹。叶互生,卵形或菱状卵形,长4至7厘米,宽2至4厘米,不裂或中部以上3裂,基部楔形,边缘有钝齿。花朵较大,单生叶腋,直径5至6厘米,花柄长4至14毫米;小苞片6至7,线形,有星状毛;花萼钟形,5

木槿花

裂,有星状毛及短柔毛;花瓣白色、红色、淡紫色等,常重瓣;雄蕊和柱头不伸出花冠。蒴果长圆形,长约2厘米,顶端有短喙,密生星状毛。种子褐色。花期为7至8月,果期为9至10月。木槿一般于夏秋季开花,朝发暮落,日日不绝,人称"日新之德"。

木槿花原产于中国江苏、湖北、四川、河南、河北、陕西等地。后来逐渐流传到亚洲各国。

木槿花既可作为观赏花卉,也可食用或入药。作为观赏花卉,获得古代文人的高度赞颂。唐代诗人李白专作《咏槿》赞扬木槿花:"园花笑芳年,池草艳春色。犹不如槿花,婵娟玉阶侧"。

木槿花是美丽的观赏花卉。其树木高大挺拔,花朵和花蕾高雅尊贵,叶片厚重。栽种于公园、庭院或街道两旁,成为美化环境不可缺少的树种。

木槿花也是重要经济作物。它有很高的营养价值。每100克木槿花含蛋白质1.68克、脂肪0.19克、总酸0.38克、粗纤维1.40克、干物质10.3克、还原糖2.10克、维生素C24.6毫克、氨基酸总量1.19克、铁0.8毫克、钙60.66毫克、锌0.30毫克,并含有黄铜甙、多量皂甙及粘液质等。中国古人创造了许多木槿花菜肴。如,木槿花炖肉、木槿豆腐脑、木槿砂锅豆腐汤、木槿花鲫鱼、木槿花粥等。还有木槿保健饮品,如,木槿花茶、木槿姜茶、木槿白蜜茶、木槿冰糖茶、木槿花糯米汤,等等。

木槿花有很好的药用价值,根据中医介绍,木槿性凉,味甘苦;入脾、胃、大肠。清热解毒,利湿止痢,凉血。木槿花还可治疗赤白痢疾,妇人带下,疮疡肿毒等病症。据称木槿花还有抗菌疗癣、杀菌排脓作用。

柬埔寨王国货币及货币上的植物

柬埔寨王国,亚洲国家。位于中南半岛南部,东和东南部与越南为邻,北部与老挝接壤,西北部与泰国相连。领土面积 18.1 万平方公里。

大多数居民是高棉族,另有少数占族和普农族等。

通用语为高棉语。

居民多数信奉佛教。

首都是金边。

柬埔寨王国的自然地理环境状况是,高原和山地占 54%,平原占 46%。柬埔寨是沿海国家,海岸线长 460 公里。境内大部分地区被森林覆盖。北部有唐勒山脉;西部与西南部有加达莫美山脉。山脉东段的奥拉山海拔 1813 米,是柬埔寨的最高峰。主要河流有湄公河、洞里萨河。湄公河上游是中国境内的澜沧江,中、下游在柬埔寨境内,流经柬埔寨约 500 多公里,为柬埔寨最大河流。洞里萨河长 155 公里,是柬埔寨第二大河。洞里萨湖也叫金边湖,是世界著名的“鱼湖”,是中南半岛第一大湖,旱季低水位时水域 2500 平方公里;雨季湖区面积可达 1 万平方公里。

柬埔寨属热带季风气候,常年温暖多雨,年平均降水量在 2000 毫米以上。年平均气温 27℃左右。一年之内只分雨、旱两季。5 月到 11 月份是雨季。12

月到次年4月是旱季。旱季又分凉、热两季。12月到次年2月是凉季，几乎全是无雨的晴朗天气。3月到4月是热季，4月平均气温为30℃。旱季降雨量很少。

柬埔寨资源比较丰富，主要矿藏有黄金、磷、宝石、石油、铁、煤等。森林面积约为1337万公顷，占国土总面积74%。木材蓄积总量为11.36亿立方。柬埔寨渔业资源也很丰富，海鱼产量等于中南半岛其他各国产量的总和；淡水鱼资源丰富，是东南亚最大的天然淡水鱼场。主要盛产黑魔鱼、黑鲤鱼、万鲇鱼、鳗鱼、蛙鱼、红目鱼等。

柬埔寨的历史较长，始建国于公元1世纪，经历了扶南、真腊、吴哥等几个重要时期。公元9至14世纪的吴哥时期，是柬埔寨国势最为兴盛的时期。此后则每况愈下。1863年沦为法国保护国。1940年又被日本占领。1945年日本侵略者投降后，法国又卷土重来，再度控制了柬埔寨。1953年11月9日，柬埔寨王国宣布独立。1954年7月，法国被迫同意将其军队撤出柬埔寨。由柬埔寨王室掌握政权。1970年3月18日，掌握着军队的朗诺，乘西哈努克亲王出国访问期间，发动军事政变，推翻了西哈努克亲王领导的王国政府，控制了国家政权。同年3月23日，西哈努克亲王在北京宣布成立柬埔寨民族统一阵线，5月5日成立以宾努亲王为首相，乔森潘为副首相的柬埔寨王国民族团结政府。1975年4月柬埔寨解放。1976年1月颁布新宪法，改国名为民主柬埔寨。柬埔寨获得了短暂的独立。

1978年越南出兵10万入侵金边，柬埔寨人民再次陷入水深火热之中。1991年10月23日，柬埔寨问题巴黎国际会议复会，柬埔寨全国最高委员会和19国外长共同签署了柬埔寨和平协定，正式结束了柬埔寨长达13年的战争。

1993年9月24日，制宪会议通过新宪法，按新宪法规定，西哈努克亲王宣誓登基，成为柬埔寨国王，改国名为柬埔寨王国。1993年10月，以拉那烈为第一首相、洪森为第二首相的王国政府组成。1993年11月15日联合国维和部队全部撤出柬埔寨。

当年一度掌握政权,并先后反对过朗诺并抗击过越南侵略者的红色高棉,没有参加大选,并于1994年6月从金边撤出它的代表。同年7月6日柬埔寨议会宣布红色高棉为非法组织。

多年的战乱和帝国主义的统治,使柬埔寨的经济受到严重影响。被联合国宣布为世界上最不发达的国家之一。缺乏工业基础,一直以传统的农业为主。农业是这个国家的基础,农业人口占全国总人口的85%。大米、玉米、橡胶、胡椒等是该国的主要产品。工业基础非常薄弱。

长期内战和外敌入侵,给柬埔寨留下了严重创伤,恢复经济十分困难,广大百姓不仅生活无着,安全也难以保证。据统计,在柬埔寨的土地上,还有几百万颗地雷。这些深埋地下的武器,使大面积良田无法耕种。

柬埔寨原来是法国的殖民地,在殖民地时期,使用的是法国东方汇理银行发行的皮阿斯特。到1955年才开始发行本国货币,货币叫“瑞尔”。1970年改为高棉瑞尔。1980年,民主柬埔寨发行新瑞尔。由于长期战乱,柬埔寨曾多次发行货币,仅从1962年起,就发行了7种以上版本的货币。

目前还在使用的货币主要有面额100,200,500,1000,2000,5000,10000,20000,50000,100000瑞尔的纸币和5,50,100,200,500瑞尔硬币。

ISO货币符号是KHR。

在10瑞尔纸币的正面,是胡椒树。

(1)胡椒

胡椒属胡椒科,多年生藤本。叶卵状椭圆形。夏季开花,花型小,无花被。花呈细长下垂的穗状花序。浆果呈球形,黄红色。胡椒适宜生长于高温和长期湿润的土地上,繁殖多以茶树或咖啡树为母体,以胡椒粗茎部分为子本嫁接。经过3年以上的精心培植才能结果。生长期可维持在30年以上。

胡椒分白胡椒和黑胡椒两大类。黑胡椒与白胡椒,其实都是用胡椒果实加

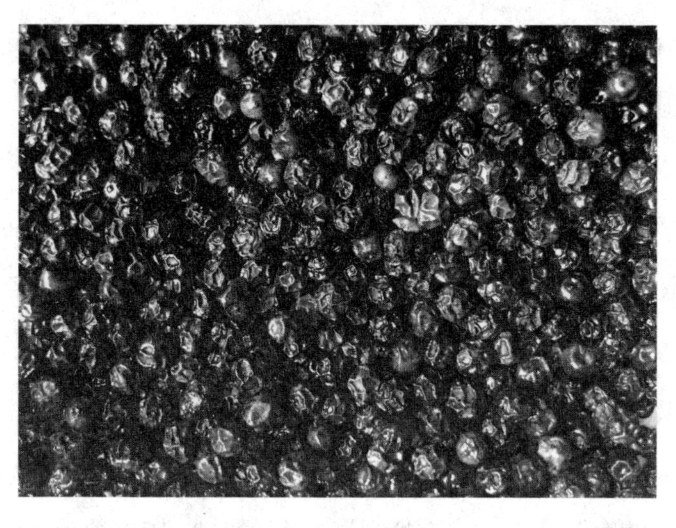

胡椒

工而得的,是不同成熟时段的胡椒果实。胡椒刚结果时是绿色,此时摘下,放进沸水中浸泡5到8分钟,捞起晾干再放阳光下晾晒3至5天,晒干后再将其表皮搓开,就成黑胡椒粒。胡椒果实由绿色转变成黄中带红以示成熟时,摘下用水浸泡发酵,再洗去果皮并晒干,即成白胡椒。

胡椒果实含有挥发油、胡椒碱、粗脂肪、粗蛋白等,是人们喜爱的调味品。肉食烹饪、麻辣菜肴,都离不开胡椒。黑胡椒可用于炖肉,烹制野味和火锅。黑胡椒经腌制或冻干后味道柔和,可用于烹制羊肉、牛肉。白胡椒味道比黑胡椒更柔和,更香浓,是烹煮鱼,红烧菜肴的理想调味料。

胡椒除用作调味品外,还是常用中药之一。具有温中散寒、醒脾开胃之效。医学上用作健胃剂、解热剂、利尿剂及支气管黏膜刺激剂等,可治疗消化不良、寒痰、肠炎、支气管炎、感冒和风湿病、呕吐、腹胀、腹泻、肠鸣等症。胡椒不管是做调味品,还是药用,都有一定的副作用。明代医学家李时珍在《本草纲目》中写下这样一段话:"胡椒大辛热,纯阳之物……时珍自少食之,岁岁病目,而不疑及也。后渐知其弊,遂痛绝之,病目自止。"据说,李时珍年轻时经常患眼病,却始终找不出病因。后来渐渐发觉年年复发的眼疾,竟与自己平时特别爱吃胡椒有关。于是在停食胡椒一段时间后,眼病就好了。康复后,他又试吃胡椒,很快就觉得双目干涩，视力模糊。为此，李时珍在《本草纲目》中收录胡椒时，专门指出了它的副作用。

胡椒在食品工业上还用作防腐剂。是一种无污染的绿色防腐剂原料。

胡椒原产于印度热带雨林，后来传到东南亚一带，中国也有种植，主产地海南，种植胡椒面积约占全国总面积的 80%，海南白胡椒因质优、味辣在国际市场享有盛誉。

胡椒在欧洲一度比白银还贵。近代欧洲人想到塞拉里昂海岸寻找并掠夺胡椒，于是，这些殖民者踏上了寻找这个梦幻国度的航海。并在塞拉利昂海岸找到了这种珍贵的植物。由于塞拉利昂海岸在非洲，所以被称为“非洲胡椒”。而塞拉利昂海岸也被称为“非洲胡椒海岸”。

在 100 瑞尔纸币的背面是橡胶树。

(2)橡胶树

橡胶树，简称胶树。常绿乔木。干皮具有丰富的褥浆。三小叶复叶，互生。小叶椭圆状披针形，全缘，无毛。春季开绿色小花。单性，雌雄同株。圆锥花序。蒴果大三裂。种子卵圆形。褐色，有银灰色斑块。橡胶是著名的经济作物，是现代汽车等工业不可缺少的原料来源。

橡胶树原产于巴西亚马孙河流域马拉岳西部地区。这里是橡胶、可可等植物的发源地，被称为“世界橡胶树的故乡”。100 多年前，这里曾以盛产橡胶树闻名于世，有各种橡胶树 40 多种，是今天世界大多数橡胶树种的原始母本。这里的“巴西三叶橡胶”经过培植，已成为世界最优良的橡胶树种。橡胶树的树身碰破皮之后就流出乳白色液体，所以，当地印第安人把橡胶树叫作“眼泪树”。印第安人很早就知道橡胶树流出的“眼泪”的作用。他们把“橡胶泪”收集起来，用土法制作成盛水器、橡皮球等橡胶制品。西班牙人侵入南美地区后，逐渐从当地印第安人那里学会了采胶和制作橡胶的方法。无论是印第安人还是西班牙人，都是用原胶制作器物，皮质软，用处有限。1839 年，一个美国人无

橡胶树

意中发现，把橡胶和硫磺放在一起加热，硫磺溶在橡胶里可增加橡胶的弹性和强度。橡胶的硫化法发明后，橡胶的用途变得越来越广泛。从此，橡胶被用在轮船、汽车等新的发明和生产中。近现代橡胶的大部分来源于巴西的亚马孙热带雨林。亚马孙河的几个小镇，也随着橡胶业的发展而发展起来。

1876 年英国植物学家亨利·威克姆从亚马孙地区带出了 7 万颗橡胶种子到英国等地栽种。后来又陆续把橡胶移栽到东南亚各国。橡胶在东南亚地区迅速发展，到 1913 年产量已超过原产地巴西。东南亚的橡胶产量高，质量好，价格低，使巴西亚马孙地区靠橡胶发家的富翁大部分破产。

橡胶树在亚洲地区传播过程中，也进入了柬埔寨。由于这里的地理、气候、土壤、光照等都非常适宜于橡胶树的生长，所以，很快就成为柬埔寨的重要经济作物。

橡胶树也是中国的重要经济作物。中国种植天然橡胶树已经有 100 多年的历史了。19 世纪末，云南省盈江县的干崖土司刀安仁先生，远渡重洋，率先从海外将热带树种巴西三叶橡胶树,引种到云南省盈江县新城凤凰山。据考证,这是中国最早从海外引种的天然橡胶树,至今还有一株存活着。从那以后,一些海外华侨以及中国国内的有识之士先后多次引进橡胶树在中国种植,使中国在世界上成为橡胶树新的种植地区。20世纪50年代,新中国建立后,帝国主义对中国实施经济封锁,切断了橡胶的进口,迫使中国不得不自力更生,发展自己的橡胶种植业。经过半个多世纪几代植胶人的艰苦努力,克服了种种困难,打破了国际权威认定的橡胶树种植传统禁区,使橡胶树在中国北纬18至24度地区大面积种植成功。形成了以云南省、海南省、广东省为主的三大橡胶种植基地和较为完善的产业体系。到21世纪初,中国天然橡胶种植面积已达66.1万公顷,年产天然橡胶56.6万吨,种植面积和产量均居世界第五位。其中,云南橡胶单位面积产量已达亩产127.36千克,居世界第一。

黎巴嫩共和国货币及货币上的植物

黎巴嫩,亚洲国家。位于地中海东岸,北部和东部同叙利亚为邻,南邻巴勒斯坦,西接地中海。境内一半以上土地是山地,山脉纵贯全境,卡尔纳特—骚达山海拔3083米,为该国最高峰。西部海岸有狭长的平原。领土面积1.0452万平方公里。全国划分为5个省,省下设州。

国家首都是贝鲁特。

通用阿拉伯语,这是黎巴嫩的国语,亦使用英语和法语。

全境按地形分为沿海平原、黎巴嫩山地、贝卡谷地等。全国最长河流为利塔尼河。黎巴嫩属热带地中海型气候,沿海与内陆气候差异很大。年平均降雨量为1000毫米。北部山区降水量为1200毫米。黎巴嫩矿产资源较少,主要有铁、铝、铜、褐煤和沥青等。

黎巴嫩人口主要集中在沿海地区。腹地高原和山地人口较少。城市人口占全国人口总数的80%。黎巴嫩人绝大多数为阿拉伯人,此外还有亚美尼亚人、土耳其人和希腊人。全国人口中,大约有50%在国外谋生,国内人口有1/4从事农业生产。

黎巴嫩教派较多,主要教派有基督教、伊斯兰教。每一种宗教信仰者又分为不同教派。基督教以马龙派为主,约有60万信徒,另有希腊东正教、罗马天主教和亚美尼亚东正教。伊斯兰教有什叶派、逊尼派和德鲁兹派。

黎巴嫩人有一种叫“当面灌水”的独特婚俗,男到女家相亲时,姑娘要当着男方父母的面小心翼翼地往水壶里灌水,在这一过程中,男方父母仔细观察姑娘的一举一动,感到满意,才替儿子求婚。在黎巴嫩的布里瓦一带,新郎去新娘家必须骑着毛驴去。途中,新郎的好朋友们会把他抱到很远的地方,他必须想方设法逃脱,来到新娘身边,才能成为新娘的丈夫。

黎巴嫩有悠久的历史。公元前3000年迦南人最早在黎巴嫩定居。公元前4世纪,黎巴嫩就有了希腊文明的特点,它既是亚、非、欧三大洲的地理交接点,又是伊斯兰教、基督教和犹太教三大宗教的中心。经过漫长的岁月,到第一次世界大战后,黎巴嫩沦为法国委任统治地。1941年又被英军占领。1943年11月黎巴嫩宣布独立,建立了黎巴嫩共和国。

黎巴嫩独立后,于1975年爆发内战。1976年,叙利亚以“阿拉伯威慑部队”名义,派3.5万人进驻黎巴嫩。黎巴嫩逐渐成了阿以冲突的主战场。1978年和1982年,以色列将“巴解”和叙利亚势力逐出黎巴嫩。1985年以色列撤军,但在南部留下了“安全区”,并为黎巴嫩组成了“南黎巴嫩军”。持续16年的内战,有9.4万人丧生,115万人受伤,90万人流离失所,直接损失达180亿美元。2000年5月24日,以色列从黎南部撤军,结束了以对黎南部地区的占领。2001年6月14日,叙利亚部队撤出大贝鲁特地区。

黎巴嫩总统为国家元首,执掌国家的最高行政权。总统由议会选举产生,任期6年。议会是国家最高立法机构,议员由普选产生,任期4年。国家政府在总统直接领导下行使国家最高行政权。

黎巴嫩政党林立,主要政党有长枪党,1936年11月成立,为基督教马龙派主要政党,拥有武装民兵。主张一切外国军队退出黎巴嫩,提出在承认黎的阿拉伯属性的同时,"黎巴嫩先于一切"。阿迈勒运动,又称"被剥夺者运动",1974年成立,伊斯兰教什叶派主要组织,拥有武装民兵。要求提高什叶派的地位,主张同叙利亚结盟。黎巴嫩共产党,1924年成立。1948年被宣布为非法,1970年恢复合法地位。真主党,1982年以色列入侵黎巴嫩期间成立。其宗旨是"收复被以色列占领的土地,消灭犹太复国主义,建立伊斯兰共和国",拥有武装民兵。

黎巴嫩经济以商业和服务业为主,商业和服务业产值占国内生产总值的68.8%。战乱发生之前,是中近东贸易、金融、交通和旅游中心。20世纪70年代以来的战乱,造成经济损失严重。黎巴嫩工业基础薄弱,以纺织业为主,战乱结束以来,电力得到了很大的发展。由于中东其他国家铺设的石油输油管必须经过黎巴嫩,每年可以收取一笔可观的"过路费",这已成为黎巴嫩的重要财源之一。

农业生产以水果和蔬菜为主。

黎巴嫩在战乱频仍的状态下,仍注重发展教育。有公立学校、私人收费学校和私人免费学校。私立学校约30%为教会学校。全国有4所综合大学,20多所相当于大学和大学预科的学院。黎巴嫩大学、阿拉伯大学、圣约瑟大学等都在阿拉伯世界有一定名气。

这个战乱不断,灾难深重的国家,文学创作却很活跃。早在20世纪初,以"笔会"为中心,逐渐形成阿拉伯文学史上第一个重要的文学流派,其代表人物为艾敏,雷哈尼,纪伯伦等。第二次世界大战期间,出现了以《道路》杂志为代表的道路派。第二次世界大战后至20世纪70年代,黎巴嫩文学的主流是现实主义。代表作品有:纪伯伦的《草原新娘》《叛徒的灵魂》《折断的翅膀》等;安杜尼斯的诗歌《大地说话了》《风中树叶》;穆特朗的《两情人的故事》《黑山姑娘》《傍晚》和《哭泣的雄狮》等。

黎巴嫩主要城市有贝鲁特、的黎波赛达和巴勒贝克等。贝鲁特是黎巴嫩政治、经济、文化和宗教中心,位于黎巴嫩山脉突入地中海的山岬上。全国人口的30%集中在贝鲁特。全国工业企业的39%集中在贝鲁特。商业、财政、金融活动均具有国际性。贝鲁特是中东重要海港之一,港口水深15至18米。3个码头均可停万吨级轮船。贝鲁特还是一座文化古城。城北约30公里处的勃洛斯镇,保存有腓尼基人的村落和古罗马城堡遗址。在米拜勒镇附近的安内雅山山顶,建有一座有腓尼基建筑风格的石砌的圣·马龙教堂。还有黎巴嫩国家博物馆,馆内陈列有腓尼基时代和罗马帝国统治时代的珍贵文物。贝鲁特也是一座旅游城市,依山面海,绵延于此的黎巴嫩山山顶皑皑白雪终年不化。地中海海水幽深碧蓝,庄严宁静。加之城区建筑特有的乳白色,吸引着具有冒险精神的游人。

的黎波赛达市是黎巴嫩北方省省会,全国第二大城市,濒临地中海。该市分为港口区和城区两部分。城区的街道建筑别具特色,保存众多的文化古迹,如十字军占领时期的古城、古堡以及代表阿拉伯文化的遗址等。港口建筑已完全现代化。的黎波赛达的纺织、食品、化工和石油等工业较其他地区发达。这里还是棉花及纺织品和水果集散地。

黎巴嫩旅游资源丰富,山清水秀,气候宜人,这在中东地区是难得的环境。峻峭挺拔的黎巴嫩山山顶终年积雪,宽阔的地中海浅水湾,水清沙细,瀑布直泻而下,地下的泉水随处可见。再加上古老的文化、复杂的宗教信仰,使黎巴嫩吸引着来自世界各地的游客。其吸引游客的主要景点有:“留言崖”,在贝鲁特以北山区离卡勒卜河不远的山崖上,不同时代的人们用自己的智慧,刻满了楔形文字、象形文字、拉丁文字和阿拉伯文字等近20种文字。这是古时胜利了的军事统帅在这里记下的光辉战绩。最早留下记载的是公元前13世纪埃及法老拉姆仁斯二世战胜赫梯人的一段碑文。巴勒贝克镇距离贝鲁特85公里，贝卡谷地中有修建于公元前2000年的“太阳城”神庙。是腓尼基人为祭祀太阳神巴勒而修建的。这是一座神庙群，神庙用巨石垒成。正殿高达数十米，巨石均为长19至20米，宽4.5米，厚3.6米。最重达2000多吨。在祭祀大厅，古代用少女活祭的两个祭坛和祭坛上的“血槽”至今仍在。大厅西端为朱庇特神遗址，古时雄伟壮观的科林斯式的殿堂已不复存在，但残存的6根巨石柱仍不减当年“雄风”。朱庇特神庙左侧是建于公元100年的酒神巴卡斯庙，巴卡斯神庙前面，是爱神维纳斯庙。巴勒贝克神庙虽已只剩下残迹，但散乱的石柱，横陈的房梁以及其上的精巧雕刻，特别是关于神庙的种种传说，仍吸引着世界各地对历史感兴趣的人们。据说，这座闻名于世的建筑群，是奥古斯都皇帝驱使两万名奴隶历时10年建造起来的。

黎巴嫩从1952年开始发行本国货币。货币叫“列费尔”。主辅币制为1列弗尔等于100皮阿斯特。正在流通的货币主要有面额为100，250，500，1000，5000，10000，20000，50000，100000列弗尔纸币和面额为50，100，200，500列弗尔硬币。

ISO货币符号是LBP。

在20000，50000和100000列弗尔纸币背面是黎巴嫩命名为国树的雪松。

雪松

雪松属于松科，裸子植物，常绿乔木。树皮灰褐色，鳞片状开裂；大枝不规则轮生，平展外伸；一年生长枝淡黄褐色，有毛，短枝灰色。树冠圆锥形。叶针状，灰绿色，宽与厚相等，各面有数条气孔线，雌雄异株，少数同株，雄球花椭圆状卵形，长2至3厘米；雌球花卵圆形，长约0.8厘米。球果椭圆状卵形，顶端圆钝，成熟时红褐色；种鳞阔扇状倒三角形，背面密被锈色短绒毛；种子呈三角形，种翅宽大。花期10至11月；球果次年9月至10月成熟。成年雪松树型高大。

雪松自然类型很多,根据树型和分枝状况,可分为厚叶雪松、垂枝雪松、翘枝雪松三大类型。

雪松原产于喜马拉雅山西部自阿富汗至印度海拔1300至3300米间。中国自1920年起引种,现在长江流域各大城市中多有栽培。经过引种,人们发现,雪松对气候的适应范围较广,从亚热带到寒带南部都能生长,在年降雨量为600至1000毫米的地区,在长江中下游地带,生长较好。雪松耐寒能力较强,但对湿热气候适应较差。湿度太高或太低,雪松往往生长不良。

雪松为阳性树种,在幼龄阶段能耐一定的蔽荫,大树则要求较充足的光照,否则生长不良或枯萎。雪松喜深厚肥沃排水良好的土壤,也能适应瘠薄多石砾土地。雪松不喜水,在低洼积水或地下水位过高和不透水的地方,生长不良甚至死亡。雪松抗风力较弱,抗烟害能力较差,对二氧化硫等有害气体比较敏感,在嫩叶展开期如空气湿度高,嫩叶受二氧化硫危害会导致迅速枯萎,甚至全株死亡。

雪松的用途很广。观赏、绿化、建筑等都可选用雪松。雪松树体高大,树形优美,为世界著名的观赏树。印度民间把雪松视为圣树。由于雪松造型美观,近年来越来越多的城市,把雪松选为美化城市的树木。它适宜孤植于草坪中央、建筑前庭中心、广场中心或主要建筑物的两旁及公园门的入口等处。其主干下部的大枝自近地面处平展,长年不枯,能形成繁茂雄伟的树冠。列植于路的两旁,形成甬道,极为壮观。雪松的木材坚实,纹理致密。可用来建筑房屋、做火车枕木甚至造船等用。雪松的种子含油高达25%,可榨取工业用油。由于雪松对大气中的氟化氢及二氧化硫有较强的敏感,还可作为大气监测植物。

雪松对土壤等条件的要求不高。比较理想的条件是,温和凉润气候和上层深厚而排水良好的土壤。喜阳光充足,背阴处也能生长。酸性土、微碱性土均能适应,在黏重黄土及瘠薄干旱地上也可生长。因属浅根性树种,所以怕涝,在常年积水地带,或地下水位过高处,则生长不良,甚至会死亡。

雪松的繁殖培育比较简单,主要有播种法、扦插法、压条法、嫁接法等方法。采用较多的是扦插法和播种法。以播种法繁殖的雪松实生苗,具有枝条匀称、萌发力强、树形好、对不良环境的抗性强等优点。

马尔代夫共和国货币及货币上的植物

马尔代夫共和国,亚洲国家,位于印度半岛西南印度洋中的马尔代夫群岛上,是地球上最大的珊瑚岛国。由19组珊瑚环礁、1200多个小岛组成,其中202个岛屿有人居住。南北延伸650公里,地形狭长低平,平均海拔1.2米。海域面积9万平方公里、陆地面积298平方公里。距离最近的陆地是斯里兰卡,有640公里。属人口高密度国家,每平方公里791人。全国1/10以上的人口集中在马累市。

国家首都是马累。

马尔代夫属热带雨林气候,炎热潮湿,无四季之分,年平均气温为28℃,年平均降水量为1900毫米。由于地处岛礁环境,海洋生物资源丰富,鱼、虾、蟹的种类很多,还有海龟、玳瑁、有毒的海蛇及各种藻类植物。

马尔代夫居民都是马尔代夫族。

官方语言为迪维希语,属印欧语系。上层社会通用英语。阿拉伯语是马尔代夫通行的书面语言。

伊斯兰教为国教。

马尔代夫的家庭组成以男人为主。按照伊斯兰教的习惯,一个男人可以拥有4个妻子。由于经济条件等方面的限制,实际多妻的男人并不多。一夫多妻的丈夫分开供养每个妻子和子女,子女血统随丈夫,并都有财产继承权。家庭组织相对稳定。

马尔代夫男人一般穿白衬衫或汗衫,用长裙围腰。青年妇女服装色泽鲜艳,穿轻质的上装和长裙的较多。由于多雨或暴晒,人们喜欢打伞上街。

马尔代夫人主要吃山羊肉或家禽肉、蛋类,吃得最多的食品是鱼。

马尔代夫禁酒。

主要节日有圣纪日、升天节、祭祀节等。圣纪日是穆罕默德诞辰纪念日,是最隆重的节日。在伊斯兰教历的第3个月的第12日。升天节是纪念穆罕默德从麦加旅行到耶路撒冷并在那里升天的节日。在伊斯兰教历的第7个月的第27日。祭祀节,时间在伊斯兰教历的第12个月的第10至12日。

马尔代夫群岛很早就有人居住。公元前5世纪雅利安人来此定居。到1116年建立了以伊斯兰教为国教的苏丹国,先后经历了6个苏丹王朝。从16世纪开始,马尔代夫沦为殖民地。先受葡萄牙和荷兰人统治,后成为英国附属国。马尔代夫人民进行过各种反抗斗争。16世纪末,在塔库鲁法努领导下举行起义,于1573年光复祖国。18世纪荷兰入侵。1887年沦为英国殖民地。1932年改行君主立宪制。1934年英王承认马尔代夫独立。1953年1月,英、马签订条约,承认马为英联邦内的共和国。1954年马尔代夫议会决定废除共和制政府,重新改为苏丹国。1960年英、马协定规定英租用甘岛基地30年,实际上,马尔代夫的国防、外交权仍由英国控制。直到1964年3至4月,马尔代夫人民举行大规模反英示威游行,才获得真正的主权。1965年7月26日马尔代夫宣布独立。1968年11月11日马尔代夫成立共和国。1976年3月29日最后一批英军撤离。

马尔代夫是一个没有政党的国家。国家实行伊斯兰教法规。宪法规定,国家元首由国民议会提名,得票率超过全体选民的一半才能当选。当选者任期5年。总统有权任命部长,指定副总统。担任总统者必须是年满30岁的男性穆斯林。政府组织实行总统内阁制。

马尔代夫是个司法独立的国家。首都设高等法院,外岛设地方法院。法官由总统任命。

由于资源所限,马尔代夫经济比较落后。国民经济主要是船运业、渔业和旅游业。渔业收入占国内生产总值的16%,占国家出口收入的72%。主要工业是鱼类加工业。马尔代夫自然景色非常美丽。每年的10月至翌年4月之间,是去该国旅游的最佳时节,旅游景点很多。从20世纪70年代初开始的旅游业,已成为马尔代夫的第一大产业。外来游客人数已经超过30万。旅游业创收占国内产值20%,是国家税收的1/3。交通运输主要经营香港到波斯湾和红海地区的海运业务。

马尔代夫实行免费教育。20世纪末开始在全国大规模开展扫盲运动。国家有两种特殊的学校,一种是伊斯兰教的传统学校,也叫"库塔巴";另一种比库塔巴更高一级的学校叫"迈特拉沙",是专门培养专业宗教人才的学校。

现代教育则是按西方的教育体制、方法和内容创办起来的。马尔代夫国没有大学。连中学教师也大多从斯里兰卡聘请。获得中等专业学校的毕业证者,可由政府提供奖学金到斯里兰卡高等学校去学习。各环礁都分别设有一个教育中心。

马累市是马尔代夫首都,全市分4个区。市内设有博物馆、市政府、公共图书馆、医院,还有35座清真寺以及电影院等。马累是"开放港口",外国商品可免征关税。街道是由压碎的珊瑚修建的,上面铺有净沙。城市整洁如洗。

马尔代夫共和国原来的货币单位是卢比,与锡兰卢比等值。自1981年7月1日开始,马尔代夫政府发行新货币叫"拉菲亚"。取代马尔代夫卢比。主辅币制为1拉菲亚等于100拉雷。发行机构为马尔代夫货币局。

从1983年开始,先后发行了面额为2,5,10,20,25,50,100,500拉菲亚的纸币以及1,2,5,10,25,50拉雷和1,2拉菲亚的硬币。

ISO货币符号是MVR。

在2,5拉菲亚纸币的背面是椰子及果实。

椰果

椰果是棕榈科植物椰树的果实，又名胥椰、胥余、越子头。椰子形似西瓜，外果皮较薄，呈暗褐绿色；中果皮为厚纤维层；内层果皮呈角质。

了解椰果应先从椰子开花开始。椰子的花很独特，花序由二层苞片包着，肉穗花序，在佛焰花苞内生长，有单层花苞，双层花苞和多层花苞之分。椰子树的花不像椰子果实那样张扬，而是有点含而不露的状态。佛焰花是成熟时纵裂，露出花序，由花柄，中轴，花枝组成，每花序有 30 到 50 条花枝。分雌雄两种。雄花呈三角筒状，花被二轮 6 片，雄花蕊 6 枚，排成二轮。雄花成熟时，花蕊纵裂，散出花粉，随风飘走，花期一般为 15 到 23 天。雌花体积较大，呈球状，子房上位，雌蕊群退化成一枚，呈三角顶齿状，下方各有密腺，花被 6 枚，不脱落，果实成熟时成为果蒂。

椰子果实为植物中最大核果之一，呈圆形、三棱形。由外果皮，中果皮，种皮，椰子肉，椰子水，胚六部分组成。外果皮为革质，未成熟时呈绿色；成熟后为褐色，有光滑。中果皮又称“椰衣”，质地较松软，由硬质纤维和薄壁细胞组成，棕褐色，富有弹性，成熟后类似树棕。有保护核果落地时不致破裂的作用。内果皮，即椰壳。在未成熟时为白色，成熟后为黑褐色，不变形，能够有效地保护胚乳和胚。种皮，即椰肉表皮保护层，颜色为黑褐色。胚乳，又称“椰肉”，白色，质地较硬，一般厚度 0.9 至 1.3 厘米，脂肪含量高达 30% 至 35%，另含蛋白质 4%，还含有碳水化合物和其他物质等。椰子水，又叫“液体胚乳”，是人们食椰子时最想得到的东西。椰子水在果腔中，椰肉形成前，椰子水含量少，而且味道酸涩；椰肉形成之后，椰水含量增高，味道也变成甜的。太成熟之后，味道反而变淡，脂肪和矿物质含量相应增加。椰子果实的胚是白色的，形状呈圆柱状，约米粒大小，存在椰肉发芽孔中。胚向外长根和叶，向果腔内吸收养分。

椰子果实从内到外全部是宝。人们往往只吸椰子水，而把其他有价值的东西抛弃了。其实，除了椰子水可饮用之外，椰肉除作为水果食用外，还可以做菜或蜜饯，椰仁为果品原料，又可榨油，椰壳可制器皿。

椰子的营养价值很高，椰汁及椰肉含大量蛋白质、果糖、葡萄糖、蔗糖、脂肪、维生素 B_1、维生素 E、维生素 C、钾、钙、镁等。

椰子除食用外，还有医药价值。中医认为，椰肉味甘、性平，具有补益脾胃、杀虫消疳的功效；椰子浆味甘、性温，有生津、利水等功能。现代医学研究表明，椰肉中含有蛋白质、碳水化合物、椰子油、糖类、维生素 B_1、B_2、维生素 C 等物质；椰子浆中则含有果糖、葡萄糖、蔗糖、蛋白质、脂肪、维生素 C、钙、磷、铁等物质。

马来西亚货币及货币上的植物

马来西亚是东南亚国家，由位于马来半岛南部的马来亚和加里曼丹岛北部的沙捞越、沙巴组成。领土面积为 32.9589 万平方公里。马来西亚地理位置非常特殊，处于太平洋和印度洋相交的十字中心，分为东马来西亚和西马来西亚。西马来西亚与泰国、新加坡相邻，西濒马六甲海峡，东临中国南海；东马来西亚由沙捞越和沙巴地区组成，处于加里曼丹岛北部。东马与西马相距数百公里。海岸线总长 4192 公里。

马来西亚人口中的马来族占总人口的 47.13%，华裔占 24.67%。另有印度人、巴基斯坦人、土著人等。

马来西亚地势南高北低，地理分布状况是，沿海多平原，中部主要是山地，最高山脉为大汉山，海拔 2190 米。沙捞越地区沿海属冲积平原，内地被森林覆盖。马来西亚河流密布。主要河流有彭亨河，全长 434 公里；霹雳河，全长 350 公里。自然环境良好，热带气候以及丰富的雨水条件生长着众多的树种，这里有世界上最丰富的热带雨林。马来半岛的 60% 以及各岛屿的 80% 地区被经济林覆盖。森林面积约占全国总面积的3/4,是世界热带硬木的主要生产国之一。土地肥沃,适合于农业和种植业。

马来西亚属热带雨林气候,常年炎热多雨,气候潮湿。年平均降水量在3000毫米以上。每年10至12月下雨最多。年平均气温约29℃。

该国矿产资源丰富,有锡、石油、天然气等。

岛内盛产椰子、可可、橡胶、油棕等。油棕的果实可以榨油,营养价值远远高于大豆油和花生油。油棕在这里广泛栽植,无论城市还是乡村,随处可见大面积油棕。马来西亚是世界第一油棕生产国,棕油出口量占世界棕油市场的66%。该国另一农业经济作物是橡胶,橡胶产量占世界总产量的40%,产值居世界前列。

马来西亚自然条件优良,物产极为丰富。马来语中的"马来"的意思是"黄金"。

马来西亚是个移民国家,人口分布不均。东马来西亚人口较少,西马来西亚人口众多。总人口的3/4居住在西海岸。

马来语为国语,通用语是英语和华语。书面文字为马来文。

主要宗教有伊斯兰教、佛教、印度教和基督教。伊斯兰教为该国国教。不同民族信仰不同宗教。马来人信奉伊斯兰教,华人信奉佛教,印度人信奉印度教。另有部分华人和欧亚混血人以及部分原始部族人信奉基督教。

马来西亚的民俗很特别,表示问候的行为方式是先摩擦手心,然后双手合实,再摸一下自己的心窝。不得触摸马来人的头和背,那样被认为是对马来人的恶意侵犯。马来人还认为,两只手是有分工的,左手是不清洁的,因此,只能用右手拿吃的东西。如果用左手拿食物给马来人,会被认为是有意侮辱。

马来西亚有许多节,不同民族或不同信仰的人过自己的节日。华人过春节,节日风俗和中国春节基本相同。这一天全国放假。屠妖节,又称"光明节",是印度人的新年。古尔邦节,是穆斯林的盛大节日。

马来西亚在近现代史上遭受了许多侵略和压迫。从16世纪开始,先后有葡萄牙、荷兰、英国等殖民者侵入马来西亚。18世纪80年代到20世纪初,又沦为英国的殖民地。在第二次世界大战中,又遭受到日本帝国主义侵略。日本投降后,又受到英国的统治。1948年2月,在英国的控制下,成立了"马来亚联邦",把新加坡从马来亚划分出来,成立单独的直辖殖民地。1955年,英国宣布马来亚实行部分自治。1957年,英国同意马来亚联合邦在英联邦内独立。1963年7月,在英国的策划下,成立了由马来亚、新加坡、沙捞越、沙巴在内的马来西亚联邦。1965年,新加坡宣布退出马来西亚联邦,成立独立的新加坡共和国。马来西亚经过斗争,也成为独立的国家。

马来西亚的国家机构是最高元首为国家首脑、宗教领袖和武装部队统帅。该国有统治者议会,最高元首由统治者议会从9个世袭苏丹中选出一位资力最深的苏丹担任国家元首,任期5年。议会也称国会,由上议院和下议院组成,上议院有议员69人,下议院有议员193人。

国家实际权力掌握在联邦政府手中。政府首脑由议会中议员占半数以上的政党组成。集体向议会负责。政府首脑名称为总理。

马来西亚的主要政党有:国民阵线,是20世纪70年代以来的执政党。马来西亚华人公会,党员约50万,全部为华人。新马来西亚民族统一机构,简称新民党,党员全部为马来人。伊斯兰教党,主要反对党,成员为信仰伊斯兰教的马来人。

马来西亚属南亚较富有的国家。它的橡胶、棕榈油和胡椒产量和出口量居世界前列,是世界第三大锡生产国,第四大可可生产国。

马来西亚注重社会教育,实行小学免费教育,学制为小学6年,初中3年,高中2年。全国有7所高等院校,其中有马来亚大学、国民大学、农业大学、工艺大学等。

吉隆坡是马来西亚首都,全国政治、经济、文化、交通中心。位于马来半岛西海岸中段。面积 244 平方公里。吉隆坡地势独特，三面环山，一面靠水，风景优美。这里雨水充沛、终年如夏，椰树高耸、繁花似锦、绿草如茵。城市清新而洁净。城市建筑主要有穆斯林式建筑，中国式建筑和现代西洋式建筑。国家清真寺是市内最大的穆斯林建筑，占地 5.5 公顷，祈祷大厅可同时容纳 8000 人。

彭亨州的金马仑，位于吉隆坡东南部，是马来西亚的一座花城。它是建在海拔 1500 米高地上的城市。那里有充足的雨水、长时间的日照，年降水量可达 2700 毫米。白天气温约 24℃，夜间为 14℃，对温带花木尤为适宜。该市人口中，绝大部分是华裔，他们大都拥有各自的花园和菜园。花卉业是这个城市的支柱产业。1994 年的花卉出口额约有 1600 万美元，主要销往中国香港特区以及欧洲市场。大宗花卉产品有月季、香石竹、唐菖蒲、天竺葵和各种花木，鲜切花占马来西亚鲜花市场的 85%，因而有花城的美誉。金马仑高原也是马来西亚半岛的避暑和旅游胜地。

其他有名城市还有马六甲、槟城、太平等城市，都有自己的城市特色。

马来西亚旅游资源非常丰富，到马来西亚旅游，可以看热带雨林、美丽的海滩、橡胶林、椰树林等自然美景。特别是大汉山国家公园，面积 4343 平方公里，有各种珍奇动植物，其中，热带兰花多达 800 余种，鸟类 500 余种，淡水鱼 300 多种。另有北方难得一见的犀牛等珍稀动物。此外，到马来西亚旅游，还可到海边观海潮，到林中听森林鸟鸣，也可到乡村体验土著民风民俗等。

马来西亚的货币叫“林吉特”。主辅币制为 1 林吉特等于 100 仙。由马来西亚国家银行发行。纸币的面值主要有 1，2，5，10，20，50，100，500，1000 林吉特纸币；另有 1，5，10，20，50 仙和 1 林吉特的硬币。

ISO 货币符号是 MYR。

在 1，10 林吉特纸币的背面是扶桑。

扶桑

扶桑，又名朱槿，佛桑，锦葵科，落叶灌木。叶卵形，花生于上部叶腋。花冠

扶桑

大型,红色为主,也有白色、粉红色、黄色或重瓣品种,以红色最为珍贵。花冠直径10至15厘米,晨开暮落。单体雄蕊很长,伸出花外。多产于中国,主要在南方,全年开花。为著名观赏植物。

扶桑一般植株高达6米,温室栽培可控制在1米以内。叶宽卵形或狭卵形,长4至9厘米,基部近圆形,边缘有不整齐粗齿,两面无毛,或在背面沿侧脉疏生星状毛。花下垂,直径6至10厘米;花柄长3至5厘米,近顶端有节;小苞片6至7,线形或线状披针形,基部合生,疏生星状毛;花萼钟形,裂片卵状披针形,有星状毛;花冠漏斗形,淡红色或玫瑰红色。蒴果卵状球形,长约2.5厘米。花期一般为6到7月。

在中国古代就有关于扶桑的记载。《山海经·海外东经》:"汤谷上有扶桑,十日所浴,在黑齿北。"郭璞注:"扶桑,木也。"《海内十洲记·带洲》:"多生林木,叶如桑。又有椹,树长者二千丈,大二千余围。树两两同根偶生,更相依倚,是以名为扶桑也。"《淮南子》用文学的比兴方法描写了扶桑。日出于旸谷,浴于成池,拂于扶桑,是谓晨明。登于扶桑,爰始将行,是谓朏明。至于曲阿,是谓旦明。至于曾泉,是谓蚤食。至于桑野,是谓晏食。至于衡阳,是谓隅中。晋朝郭璞的《玄中记》写道:"天下之高者,扶桑无枝木焉,上至天,盘蜿而下屈,通三泉。”唐朝李白在《代寿山答孟少府移文书》形容道:“将欲倚剑天外,挂弓扶桑。”传说日出于扶桑之下,拂其树杪而升,因谓为日出处。亦代指太阳。《楚辞·九歌·东君》中记载:“暾将出兮东方,照吾槛兮扶桑。”王逸解释说:“日出,下浴於汤谷,上拂其扶桑,爰始而登,照曜四方。”晋朝陶潜的《闲情赋》描述到:“悲扶桑之舒光,奄灭景而藏明。”逯钦立校注:“扶桑,传说日出的地方。这里代指太阳。”明朝凌云翰在《关山雪霁图》作诗称:“扶桑飞上金毕逋,暗水流澌度空谷。”清朝颜光敏的《望华山》诗称:“天鸡晓彻扶桑涌,石马宵鸣翠辇过。”这些都是文人墨客对扶桑的描述。

李时珍在他的医学巨著中,认真记载了扶桑的特点和性能。《本草纲目·木三·扶桑》说:“扶桑产南方,乃木槿别种。其枝叶柔弱,叶深绿,微涩如桑。其花有红黄白三色,红者尤贵,呼为朱槿。”明朝徐渭在《闻里中有买得扶桑花者》作诗称:“忆别汤江五十霜,蛮花长忆烂扶桑。”清朝吴震方在《岭南杂记》卷中对扶桑的描述是:“扶桑花,粤中处处有之,叶似桑而略小,有大红、浅红、黄三色,大者开泛如芍药,落已复开,自三月至十月不绝。”

这些都说明,中国人民自古以来就喜欢扶桑。当然,扶桑不仅中国广为栽培,东南亚国家也有种植与栽培。

扶桑是适合于庭院或室内栽培的观赏植物。繁殖栽培方法是,以扦插繁殖为主。南方2至3月间可在温室内利用修剪整枝机会搞扦插。6至7月则可在室外直接扦插。插后宜遮挡阳光,并覆盖塑料薄膜,以保持湿度。在摄氏18至25度和70%至80%的相对湿度下,插下1个月左右即可生根。根据环境条件,成活率在30%至90%之间。也可用蘸生根粉后进行扦插,可使成活率明显提高。用芽接或枝接方法也可繁殖。

扶桑属喜欢阳光的花卉,喜温暖气候和湿润土壤,不耐寒霜。在黄河以北地区栽培,10月上、中旬就应移入光照充足温室内过冬,室温不能低于15摄氏度。温度过低会引起落叶,影响来年开花。进入温室后,浇水不宜过多,不能在枝干基部土面有积水。次年4月下旬至5月上旬移出室外。起初应放在背风向阳处,在移到室外时,进行一次修剪和换盆工作。去除老根、腐根、添加新土和基肥。生长季节需每周施一次稀薄液肥,促使叶色深绿、开花繁茂。北方用盆栽,南方则多地栽。

扶桑是马来西亚的国花,在马来西亚扶桑是和平与繁荣的象征。每逢节日,当地居民常用扶桑花做成花环或头饰装饰环境。也有的在葬礼上使用扶桑点缀。

经过近一个世纪的选育工作,形成了多种源杂交品种,在马来西亚庭园及城市广泛应用,多达200个以上园艺品种。马来西亚用扶桑花作为国徽的图案,象征人民对祖国的赤诚与热爱。马来西亚著名的花卉基地金马仑,是马来西亚的一座花城。建在海拔1500米高地上的城市。那里有充足的雨水、长时间的日照,年降水量可达2700毫米。白天气温约24℃,夜间为14℃,对温带花木尤为适宜。该地人绝大部分是华裔,并拥有各自的花园和菜园。花卉业是这个城市的重要产业。扶桑在这里栽种极为普遍。

蒙古国货币及货币上的植物

蒙古国,亚洲内陆国家,位于亚洲大陆的东部,南与中国接壤,北邻俄罗斯。边界线总长度达8150公里。是世界上第二大内陆国,领土面积为156.6万余平方公里。

蒙古国人口中,以蒙古族为主。蒙古族占全国总人口的90%。其他民族还有哈萨克人、杜尔伯特人和布里雅特人等。喀尔喀蒙古族主要分布在本国的中、东部地区。其他民族多在西部地区。

蒙古语属阿尔泰语系蒙古语族,喀尔喀蒙古语为官方语言。

喇嘛教是蒙古人信仰的主要宗教。喇嘛在蒙古人心中是神佛的代表,凡是迁移营地、结婚出嫁以及生老病死都要请喇嘛。

蒙古地势较高,远离海洋,深处内陆。境内群山环抱,地势高耸,平均海拔为1580米。海拔在1000米以上的地区约占全境的80%。其地形特点是自西北向东南倾斜,全境坐落在蒙古高原北部。国土西北和北部多高山,地势高峻。主要山脉有阿尔泰山、唐努山、抗爱山、肯特山等。其中以阿尔泰山为最高,海拔在4000米以上,延伸1500公里。最高峰乃拉姆达勒山,海拔4653米。蒙古东部地势较平坦,多为丘陵和平原,海拔高度一般在1000至1800米之间。南部是地势低平的戈壁滩,占全国总面积的1/3,其中沙漠面积占3%左右。在戈壁上有低缓的丘陵,也有火山岩堆积形成的孤山。主要湖泊有哈腊乌斯湖、吉尔吉斯湖、乌布苏诺尔湖和库苏布尔泊。主要河流有色楞格河及鄂尔浑河和克鲁伦河。

蒙古气温极端干燥,属大陆性荒漠草原气候。冬天长,夏天短;夏季炎热酷暑,冬季寒冷。寒暑变化剧烈,最低温度可到摄氏零下50℃,而最高气温可达摄氏40℃。降水稀少,年降水量平均只有200毫米。日照充足,无霜期短,全年只有90到110天的无霜时间。干旱和风暴是蒙古农牧业生产的两大自然灾害,是东亚寒潮和沙尘暴的发源地。

蒙古国有自己独特的风俗,其中最具特色的是抢亲。即成年男人选中对象之后,如对方愿意,就先入嫁为婿。成亲之后,新郎伺机乘马携带新娘逃回自己的毡房。在携带新娘逃跑时,如果被发觉,新郎应设法快马摆脱,不要被新娘家的人劫回去。

另一个有趣的风俗是,蒙古人对某些颜色赋予特定的含义,如"乌兰"——红色,象征着幸福、胜利和亲热;"呼和"——蓝色,象征着永恒、坚贞和忠诚;"夏尔"——黄色,是蒙古人崇敬的颜色,当作金子的颜色加以敬重;"察干"——白色,是高尚、纯洁、质朴的象征,是吉祥、美好的颜色。"哈尔"——黑色，是蒙古人最不喜欢的颜色，被视为不祥的象征，意味着不幸、贫穷、威胁、背叛、嫉妒、暴虐等。

蒙古民族有数千年的历史，原称外蒙古或喀尔喀蒙古。公元前3世纪，当地成为匈奴帝国的中心。公元13世纪，铁木真统一大漠南北各部落，建立了蒙古汗国。后来，又征服了中亚、波斯湾地区和女真金朝。17到18世纪期间被清朝政府征服，成为清王朝的一部分。1911年12月，蒙古王公在俄国支持下宣告独立。1917年沙皇灭亡后复归中国统治。1921年又从中国分裂出去，1924年11月26日废除了君主立宪制，成立了蒙古人民共和国。1945年2月英、美、苏三国首脑雅尔塔会议，规定"外蒙古的现状须予维持"，作为苏联参加对日作战的条件之一。

蒙古国是个以牧业为主的国家，它有辽阔的天然牧场，牧场占整个国土面积的83%以上，居世界第6位，人均草原面积列世界各国之首。也有大面积森林，其森林面积占全国土地面积的15%。木材蓄积量为12亿立方米。蒙古国地下矿产资源丰富，有煤、铜、钨、萤石、金、铁、铅、磷、盐等30多种矿物。已开采的主要是煤、萤石、钨、铜、金等矿。其中以煤分布最广，蕴藏量大约为165亿多吨，分布在肯特、东戈壁、科布多、乌布苏等省。

蒙古传统的经济部门是畜牧业，是国民经济的基础。全国有二分之一的人口从事农牧业生产。国内工业原料和人民生活必需的消费品大部分都来自畜牧业，养牛放羊是蒙古畜牧业的主体。农业不发达，但粮食已基本自给，并实现了机械化作业。主要作物有：小麦、燕麦、大麦、圆白菜、土豆和饲料。

蒙古的工业是20世纪50年代才开始发展的，到了80年代已成为国民经济的主要部门。采矿和燃料动力工业、轻工和食品工业是蒙古的支柱产业。轻工业中食品工业占优势地位，以加工畜产品为主。

首都是乌兰巴托。

蒙古国的货币叫"蒙古图格里克"，由蒙古国家银行发行。主辅币制为1图格里克等于100蒙戈。

货币面额主要有1,5,10,20,50,100,500,1000,5000,113000图格里克的纸币和面额为20,50,100,200图格里克的硬币。

ISO货币符号是MNT。

在50,100图克里克纸币的背面,一是松树和马。

松树

松树,松科植物的俗称。松科植物属裸子植物亚门。常绿或落叶乔木。叶子扁平线形或针形,螺旋内状互生。雌雄同株。球果卵形或圆柱形,鳞片木质。各有2个种子。松树以其枝干雄伟,长寿不殒,耐干、耐寒,不怕风吹雨打,不惧酷暑严寒而闻名。

世界上的松树品种有11属200多种。大部分分布于北半球。中国有11属,80余种,是松树资源丰富的国家。人们了解比较多的品种主要有,红松、白松(又称白皮松、龙松)、马尾松、赤松、油松、火炬松、雪松、黄山松等。松树是重要的木材资源,松树的经济价值很高。树中含丰富的松脂,是重要的工业原料。红松、白松等种类的松树高大、挺直,木质坚硬、耐腐,纹路直、易加工,是建筑业、家具制造业、传统农具的优良木材原料。松子炒食,有特殊的芳香。松塔、松枝可作燃料。松针能提制松针油,用于化工、食品、医药工业。树根及其他部分的废弃物,粉碎后可作培养蘑菇和茯苓的原料。

松树是美化环境的优良树种。公园、公共场所、公用庭院、宽阔街道、墓地等,大都选择松树作为美化环境的树种。特别是雪松,其适应性强,树干挺直,枝叶优美,塔状挺立,端庄整肃,生长较快,成为绿化城市的优选树种。

中国古代对松树有一种崇拜心理。比如,中国的夏朝,以松为社木,社木即神木。在古代,松树的神圣性、观赏性和经济性就已经被认识到。比如,白皮松,枝条扶疏斜展,老树皮呈鳞状剥落,闪闪发光,斑斓若龙,封建王朝只允许栽种于帝王陵寝及寺庙院内。平常百姓庭院或墓地是不让栽种的。马尾松亦称青松,姿态古奇,其叶二针一束,丛生短树之上,柔细滴翠。充分展现出自然物种的优美。油松也叫红皮松,高直挺拔,迎风而立。孤立老松分枝成层,树冠平展,足可以显示松树的高傲与坚韧,生于高山者虬曲多姿,极为美观。火炬松树冠呈小塔形,状如火炬,其形状犹如鬼斧神工。

松树在人类文化中的另一位相提并论者是柏树。也是一种裸子植物。柏科植物全球有22属150种,分布于南北半球。中国有9属44种7变种,最著名的有侧柏、台湾扁柏、福建柏、圆柏、刺柏等。柏为优良用材或园林绿化树种。柏木坚实平滑、耐腐蚀,且有芳香,是建筑、家具、造船、雕刻的良材。

松与柏是中国古代文化不可或缺的内容。古代学者对松柏寄托了无限的寓意,并给予了极高的赞美。比如,教育家孔子称:“岁寒然后知松柏之后凋也。”古代文人常把松与竹、梅合称“岁寒三友”,将松、柏、樟、楠、槐、榆称为“树中六君子”。古人认为松是坚忍、顽强、高风亮节精神的象征。赞美松树的诗文历代皆有。唐代白居易爱松,据说这个“居不易”的文人,到了40岁才买了一处属于自己的宅院。院里有10株松树,见后欣喜异常。他兴奋地说:“即此是益友,岂必交贤才”“爱君抱晚节,怜君含直文。”

孟加拉国国货币及货币上的植物

孟加拉,全称为孟加拉人民共和国,南亚国家。位于南亚次大陆东北部恒河、布拉马普特拉河下游三角洲。东、西、北三面与印度接壤,东南端与缅甸为邻,南临孟加拉湾。领土面积14.39万平方公里,是世界上人口密度最大的国家之一。

孟加拉国是沿海国家,海岸线长550公里。

孟加拉国首都是达卡。

孟加拉国的自然条件较好，全境85%的国土为低平冲积平原，东部和东北部是丘陵地带。境内大小河流230多条，是世界上河流最多的国家之一。其池塘更是星罗棋布，全国约有60万个大小池塘，河流湖泊面积占全国土地面积的近10%。因此，孟加拉国有“河塘之国”的戏称。该国的主要河流有恒河、梅格纳河和贾木纳河。贾木纳河在印度境内的河段叫布拉马普特拉河，它的上游就是中国西藏自治区的雅鲁藏布江。

孟加拉国大部分地区属亚热带季风气候，从5月到10月属雨季，11月到次年4月为旱季。雨季平均气温30℃左右，旱季平均气温20℃左右，80%的降雨集中在雨季，年降水量1300到2500毫米。这里的气候特点是每年都要出现多次大风暴，一种叫飓风，另一种叫“西北风暴”。

孟加拉国是资源贫乏国家，它的重要矿产是天然气，已探明天然气储量为2831亿立方米。其次是褐煤，储量7.5亿吨。森林面积约249万公顷，覆盖率约15%。盛产柚木和麻栗木等优质木材。

孟加拉国主要民族为孟加拉族，占人口总数的98%，该民族起源于中国西南部的蒙古人与印度土著达罗毗荼人混血的后裔，间有雅利安人血统。

孟加拉语为国语，通用英语。

孟加拉国是世界上穆斯林众多的国家，有86.6%的人信奉伊斯兰教，12.1%的人信印度教。

孟加拉族是一个有悠久历史文化的古老民族。公元4世纪前后，曾是笈多王朝的一部分。18世纪后半叶沦为英国殖民地，成为英属印度的一个省。1947年印、巴分治，孟加拉国被分为东、西两部分，西部归属印度，东部归属巴基斯坦。1971年3月26日，穆吉布·拉赫曼宣布东巴为自主、独立的孟加拉人民共和国。巴基斯坦当局进行军事镇压，穆吉布·拉赫曼被捕。同年11月印度出兵，12月占领达卡。1972年1月穆吉布·拉赫曼获释返回达卡，正式宣布成立孟加拉人民共和国。以后政局动荡，政权几经更迭。

孟加拉国是农业国,是世界上最不发达国家之一。有50%的人口生活在贫困线以下。近年来,孟加拉国已改变了经济体制上一度强调的国有化,允许国有制、集体所有制和私有制并存,实行市场经济,对外开放。同时制定了"以出口导向"取代"进口替代"的经济发展战略方针,把服装、冷冻鱼虾和皮鞋制品作为发展的重点。

孟加拉国工业不发达,制造业中以纺织工业为主,黄麻制品业是工业项目中的领先者。化学工业是孟加拉国的主要工业。

农业在国民经济中仍占主导地位,其比重占50%左右,农业人口占人口总数的90%左右。主要农作物有水稻、小麦和黄麻、甘蔗、茶叶等。黄麻年均产量在120万吨左右,是世界上最大的黄麻产地。

孟加拉国教育不发达。实行小学5年、中学7年,大学2至5年制教育。文盲率高达74%,其中男子文盲占男人的66.6%,妇女文盲占妇女人数的91.3%。现有大学6所,包括达卡大学、吉大港大学等。达卡大学是该国历史最久、规模最大的综合性大学。建于1921年,是为满足伊斯兰教育而设立。有文、理、商、法、医、教育、艺术、社会、生物等9个学院,有近2万名学生。

孟加拉国的重要城市有达卡、吉大港等。达卡是孟加拉国首都,是该国的政治、经济、文化中心。吉大港是孟加拉国东南部重镇,该国最大海港,也是孟加拉国第二大城市。吉大港地处卡尔纳富利河右岸,距离河口16公里,是天然良港,拥有29个码头和泊位,吞吐量为620万吨。

孟加拉国于1972年1月1日开始发行本国货币。货币叫"孟加拉国塔卡"。由孟加拉国银行发行。主辅币制为1塔卡等于100波依夏。

目前已经发行的货币主要有面额为1,2,5,10,20,50,100,500塔卡的纸币;另有1,5,10,25,50波依夏和1塔卡的硬币。

ISO货币符号是BDT。

在500塔卡纸币的正面是睡莲。

睡莲

睡莲又名子午莲,睡莲科。多年生水生草本植物。叶子浮于水面,叶片呈马蹄形,有长柄。花多为白色,也有黄、红、蓝等颜色。

睡莲

睡莲广泛分布于美洲、亚洲和澳大利亚。它的花朵大而艳丽,外貌像百合的鳞茎,所以,又名水百合。

中国是睡莲的故乡,在中国除有普通的白色以外,还有黄、红、蓝、洒金等色,其中以红和洒金为名贵的品种。其他国家也有栽培,如,美国园艺专家已培育出 10 多个睡莲的品种,有柔毛睡莲、白睡莲等。

睡莲是水生植物,喜欢水是大经地义的。可是,它同样喜欢阳光。在烈日炎炎的盛夏季节,几乎所有植物都被烈日烤灼得低下头,而睡莲却高昂起花蕾,绽开鲜艳的花朵。不仅给人带来鲜花的美丽,而且能够使人有凉爽快意的感觉。睡莲的开花很特别,往往是日开夜闭,夏季中午 12 至 14 时阳光照射最强烈之时,睡莲开花。到了傍晚,太阳下山,气温变得凉爽,睡莲花朵却渐渐地闭合,好像入睡一样。

并不是所有睡莲都是顶着烈日开花,待到夜幕降临时睡去。研究者发现,热带睡莲,有一些品种却是夜间开放,白天闭合。这类睡莲一般在晚上 8 时左右开花,10 时左右花瓣完全开放,次日上午 8 时,其花瓣开始回拢,到中午 12 时完全闭合。

睡莲是水生观赏花卉,适宜于公园、庭院的小浅池内栽培观赏,也可以栽于盆中,放置在书房、客厅中观赏。睡莲在水中有绿叶红花、白花、黄花漂浮在水上,翠绿嫩蕊,亭亭玉立,给人以幽静淡雅的美感。

睡莲的种植方式与荷花相近。可种植于水塘、池塘、沼泽中。也可栽植于花盆或水缸中。也有好事者,在碗钵中种植睡莲。栽植于水塘、沼泽中的睡莲,不仅可以观赏,而且具有经济价值。而栽植于盆碗中的睡莲,只有观赏价值。不同的环境,适合于不同的睡莲品种。栽植于碗中的睡莲,被叫作“碗莲”。其茎长度仅两三寸,径粗五六分,每枝分两三节。每年清明时节种植,选用隔年饱满茎节,种植于碗中,并在底面放土壤或泥沙,大约 1 寸厚,再把选出的茎枝种在土中,灌少许清水,待其湿润后,置阳光下晒到表面开裂,再续水加湿。一个月左右,就能长出新叶。碗莲小巧玲珑,在开花时节,绿叶与红花相映成趣,放置于客厅或书房,均能够增加气氛。特别是在北方冬日,室外北风呼啸、满眼枯黄,没有一丝生命的痕迹。而室内睡莲碧绿,或在人工的控制下,开出鲜艳的花朵,给生活增添难得的情趣。所以,碗莲种植广受欢迎。夏天的碗莲也有韵味,把碗莲栽植于长形浅水盆中,在叶茂之时,可放置笠帽人物或小船,构成微缩的夏日风光,给炎炎夏日增添一抹凉意。

热带睡莲,在孟加拉国的河川及沼泽地中都可见到。自古以来,深受人们的喜爱。那放射状排列的花瓣,以及朝开夕闭的开花习性,象征着国家富足并有新生的含义,因此作为国花而备受钟爱。

缅甸联邦货币及货币上的植物

缅甸联邦,亚洲国家,位于中南半岛西北部,是中南半岛最大的国家,占整个中南半岛总面积的1/3。该国的东北部与中国毗邻,西北边境与印度、孟加拉国相接,东南部分与老挝、泰国交界,西南濒临孟加拉湾和安达曼海。领土面积67.65万平方公里。

全国有50多个民族、120多个民族支系。其中,缅族人口最多,约占全国人口的65%左右,为国家的主体民族。缅甸有一些少数民族与中国、泰国、老挝、印度、孟加拉等国的少数民族有宗缘关系,常为同一民族跨国而居。

缅甸境内以山地、高原为主。地势为北高南低。喜马拉雅山脉从中国西藏东南延伸进入缅甸境内,在缅甸北部形成高山地区。属于喜马拉雅山余脉,海拔在3000米以上。萨拉马蒂峰海拔3840米。缅甸境内河流主要有,伊洛瓦底江、萨尔温江、锅唐河等。伊洛瓦底江是中国的大金沙江在缅甸境内的延伸,缅甸人称它是“天惠之河”,纵贯缅甸全境,是缅甸的主要河流。萨尔温江的上游是中国的怒江,在缅甸境内长约1660公里,是缅甸第二大河。

缅甸的大部分地区属热带气候,沿海属于季风型热带雨林气候,北部属季风型亚热带雨林气候。缅甸全年分为热、雨、凉3个季节,从3月到5月是热季;6月到10月属雨季;11月到次年2月是凉季。各地降雨量极不均匀,沿海和山地年降雨量高达3000到5000毫米,而伊洛瓦底中游却只有500到1000毫米。

雨量充沛使得缅甸的森林资源丰富,森林覆盖面积为全国总面积的57%左右。在广大林区中,有750多种树。其中柚木最多,柚木是缅甸的国树,缅甸人称它为“树木之王”,誉它为缅甸之宝。

缅甸国有较丰富的矿物资源,已勘探到的矿产资源有石油、钨、铅、锌,还出产世界闻名的红宝石、翡翠、琥珀、玉石等。缅甸北部曾经发现过一块重约30吨的粗玉。是世界上最大的玉石。

官方语言为缅语。英语在公务和商业上广泛应用。

缅甸人信仰佛教的小乘佛教。小乘教以个人修行为主。

缅甸每个村落都有佛寺。男人一生中要出家当和尚一次,男孩长到14至15岁时,都要入寺修行,攻读佛经。等到成年后再还俗,待到满头青丝时,就可婚娶了。

缅甸勃东族中流行着以长脖子为美的风俗。该部族认为妇女的脖子越长越美,因而也就越受人们重视。为此,勃东族女孩从5岁起,家长就把第一根直径约0.8厘米的铜环绕在她的脖子上,以后每隔3年增加一个新铜环,成年后,脖子上的铜环重达20磅。

缅甸南部那加族的风俗更独特,在这个民族,少女剃光头,而男子留发辫。女子结婚之后才留长发。而男人们却喜欢在脑后梳一条大辫子,谁的辫子长谁最有威信。

缅甸有悠久的历史,古代缅甸境内的掸国与中国的汉朝,骠国与中国的唐朝,都有密切的联系。公元1044年形成统一国家,此后800多年经历了蒲甘(1044至1287年)、东吁(1531至1752年)和贡榜(1752至1855年)三个封建王朝。17世纪开始遭受外国殖民势力入侵。1885年沦为英国殖民地,1886年被划归为英属印度的一个省。1937年脱离英属印度,直接受英国总督统治。1942年5月日本占领缅甸。1945年日本投降后,英国重新控制缅甸。1948年1月4日,缅甸脱离英联邦宣布独立,成立以吴努为首的联邦政府。

1962年吴奈温发动政变,推翻联邦政府,解散国会,废除缅甸联邦宪法,成立了以吴奈温为首的革命委员会和革命政府。1988年9月18日,以国防部长苏貌将军为首的"国家恢复法律和秩序委员会"接管了政权,于9月21日成立新政府,23日改国名为"缅甸联邦"。

缅甸自然条件优越,资源丰富,但由于长期的殖民统治,再加上政权频繁更迭,致使国民经济发展迟缓。1987年12月被联合国列为世界上最不发达的国家之一。1993年,缅甸政府开始不断调整经济政策,实行市场经济及对外开放政策。经济有所发展。

缅甸是个农业国，农业劳动力占劳动人口总数的 62.6%。盛产稻米，素有“世界米仓”之称。

工业较落后。大型工业企业很少，以碾米、木材加工、石油和采矿为主，还有纺织、印染、制糖、造纸、化肥、制造业等。其中石油工业居首位，采矿业次之。缅甸宝石、珍珠蜚声世界。出口商品主要有大米、玉米、各种豆类、橡胶、矿产、木材和宝石等。进口主要有工业原料、机械设备、五金产品和消费品等。

缅甸蒲甘佛教艺术闻名于国内外。佛塔、佛像、壁画，壮观瑰丽，内容极其丰富，达到了无所不包的程度。蒲甘位于伊洛瓦底江中游东岸，历史上曾有“四万宝塔城”的美称，如今蒲甘的大街小巷还保留有 2000 多座宝塔，宝塔大多用砖砌成，造型万千，风格各异。佛塔一般都是由塔基、坛台、钟座、复钵、莲座、蕉苍、宝伞、风标、钻球等 9 个部分组成。主塔四周有多座小塔环绕，塔尖悬有银铃，个个雄伟、生动。蒲甘塔内的壁画也是缅甸艺术之瑰宝，壁画内容多以早期佛教及释迦牟尼的生平故事为主，也有不少充满世俗真情的画面。

缅甸首都是仰光市。

缅甸原来的货币名称受印度影响，叫“缅甸卢比”。1953 年 7 月 1 日，开始发行新的货币，名称定为缅甸元，由缅甸联邦银行发行。主辅币制为 1 缅甸元等于 100 分。

已经发行的货币主要有面额为 1，5，10，20，50，100，200，500 的纸币和 1，5，10，25，50 分和 1 缅元的硬币。

ISO 货币符号是 BUK。

在 1 缅元和 5，10，25，50 缅分硬币的背面是稻子。

稻子

稻是世界主要粮食作物，禾本科，一年生草本植物。杆直立，中空有节，分蘖。叶子呈线形，叶稍有茸毛。圆锥状花序，开花结籽，籽粒成熟后，稻穗下垂弯曲。穗尖分有刺和无刺两种。

稻子源于野生，经过几千年的栽培，有了很多品种。按品种的亲缘关系可分为籼稻、粳稻；按生育期可分为早稻、中稻、晚稻；按土壤水分的适应性可分为水稻、旱稻；按米粒内淀粉的性质可分为站稻与糯稻。

稻子全身是宝。米粒主要作粮食外，可酿酒、制淀粉。秸秆和米糠可作饲料和工业原料。

稻米是世界上主要粮食作物之一。在东亚、南亚、欧洲、北美洲等地区，都

水稻

有以稻米为主食的国家和人群。缅甸人喜吃稻米，所以，他们把稻穗印在了本国货币上。

稻子从发现到栽培都源自中国。稻子在中国已经有了7000多年的栽种历史。中国水稻起源于长江流域或更南的地方。1974年，科学工作者在浙江省余姚市河姆渡发现了一个距今约7000年的新石器时代遗址，从遗址中发掘出大量的稻谷、稻壳、稻叶。其堆积物最厚处达50厘米。稻壳、稻叶不失原形。有的稻叶色泽如新，有的稻壳连稻毛也清晰可辨，稻谷均已炭化。这是目前所

知世界上现存最早的稻谷,比泰国早了1400多年。这一发现说明,中国栽培稻谷的历史,至少距今有7000余年。

中国是最早出现关于稻子文字的国家。在3000年前的殷商甲骨文中发现了“稻”字,比印度赞美诗中见到的“稻”字早几百年。中国古籍《诗经》和其他古代文献中也有许多关于稻的记载。

水稻生产的兴盛,饱含了劳动人民的血与泪。历史上水稻生产的发展,与战乱和灾荒有关。从东汉末年起,连年混战,黄河流域经济遭到严重破坏,中原人民背井离乡,大批向江南迁徙。江南气候条件优于北方,土地相当肥美。北方劳力的补充及他们带来的一些较为先进的生产工具和种植技术,有力地促进了南方水稻的生产。收割一季后,让稻根再萌发抽穗结实,又收一季再生稻。《宋书·列传第十四》附论中说,三吴地区(吴、吴兴、会稽)“一岁贰稔,则数郡忘饥”。唐朝韩愈也说,“赋出天下,而江南居十九。”两湖(湖南、湖北)、两广(广东、广西)的水稻生产更是发达兴旺。两广气候炎热,水稻可以种双季甚至三季,故有民谣说“湖广熟、天下足”。这些都反映了南方的水稻生产在全国粮食生产中,占据了首要地位。古代人们对“五谷”的解释,把稻排在了“五谷”之首。

水稻是中国产量高而稳定的粮食作物。它的栽培已在农业作物中居全国第一。在经济发展中,稻谷生产已经遍及全国。中国水稻品种达3万个以上。

中国水稻对亚洲及世界做出了巨大贡献。从2000多年前的周朝就开始向外传播。据记载,在周朝,中国已经和朝鲜、越南有了往来,稻谷等粮食作物随之传播过去。大约在2000年前,水稻东传至日本,于1000年前将栽培技术传至菲律宾。在公元5世纪,水稻经伊朗传至西亚,然后经非洲传到欧洲。新大陆发现后再由非洲传到美洲,以至全世界。

稻谷深受各国人民的欢迎,稻谷落地生根后,与当地风俗结合,产生出民族文化。在朝鲜,收获季节以米茶祭祖,结婚时必备米制糕饼,小孩出生百日,要以米酒待客,并向一百位宾客赠送米糕。在日本,稻米是不可缺少的食物。历史上曾经有过,谁家的稻谷单产量最高,谁就当村民首领的事情。日本人用稻米酿制清酒,是宴会不可缺少的饮料。在缅甸,举办婚礼时,要把黄澄澄的稻米撒向新人及亲友身上。印度人在婚礼和宗教仪式上都少不了稻谷。

世界上食用大米的国家、民族、人员众多。因此,大米的食用方法也很多。仅煮米饭一类做法,就产生出无数的独特方法。比如,埃及人煮米饭要加植物油和盐,食用时与糖渍水果一起混着吃;意大利人则把淘好的米和切碎的葱放入植物油在锅里炒一下,再加盐和水用文火煮,食用时还要加一勺黄油和擦碎的干酪;瑞士人在大米中加牛奶、水、盐、糖、蛋黄,拌匀后放进烤炉中烤熟了吃;在罗马尼亚,人们量化意识很强,做大米要根据米量多少,加相应的水、盐、醋和油,比如,1 杯大米要对 2 杯水,加适量盐、醋、植物油,要煮 1 小时。吃的时候,还要放一些切成片的西红柿。中国的吃法则丰富得多,把米与菜分开,米是米,菜是菜。闷白米饭,菜可多可少。少者一个菜配饭吃足亦,多者可以数个甚至数十个菜。总之,稻米不仅是缅甸人的主食,而且是中国和全人类永恒的主要粮食。

尼泊尔王国货币及货币上的植物

尼泊尔王国,南亚国家,地处亚洲南部,位于喜马拉雅山脉中段南麓。北邻中国,南、西、东三面与印度相连,东部与锡金接壤。东西长 885 公里,南北宽约 144 到 256 公里。国土面积 12 万多平方公里。

尼泊尔自然地理环境极其特殊,有"高山王国"之称。山地面积占国土面积的 70%左右。领土面积的一半在海拔 1000 米以上,有 50 多座山峰在 7600 多米以上。地势自北向南,可分为三个地形区,北部是高山,世界 10 大高峰中,有8座在尼泊尔境内或中尼边境上；中部河谷带，平均海拔在2000至5000米之间；南部是平原，平均海拔约120米。尼泊尔气候垂直变化很大。平原、河谷、高山，分属亚热带、温带和高山带三种气候。一年分为热、雨、冷三季。北部最低温度可达-40℃；南部最高气温能够达到45℃。不同地区年平均降水量差别非常大，北部500到600毫米，中部在1500毫米左右，南部高达2300毫米左右。由于许多地区雨量充沛，适合于树木生长，尽管气候寒冷，森林覆盖率仍较高。森林面积约占国土总面积的32%。

尼泊尔的主要矿物资源有云母、铜、铁、铅、锌、菱镁矿、石灰石、大理石、硫磷等。

尼泊尔是一个古老的国家，早在公元前6世纪就已经立国。公元前6世纪，尼泊尔人就已在加德满都河谷一带定居。公元前563年，释迦牟尼诞生在兰毗尼园（现在尼泊尔的洛明达）。公元12世纪以后，尼泊尔建立过戈帕尔、阿希尔、基拉底、索姆、李查维等王朝。到18世纪，廓尔喀国王普里特维·纳拉扬沙阿统一尼泊尔，建立了沙阿王朝。18世纪末，英国人侵入尼泊尔，英国强迫尼泊尔先后签订了掠夺性的条约，"通商条约"和"塞哥里条约"。1846年，在英国殖民者的支持下，廓尔喀军人忠格·巴哈杜尔·拉纳夺得尼泊尔军政要职，此后，其家族开始世袭首相职位，国王大权旁落。1923年，英国承认尼泊尔独立。1950年10月，在尼泊尔人民的斗争下，英国被迫同尼泊尔签订了"和平友好条约"，放弃了一些殖民统治权力。1951年2月，宣布实行君主立宪制。1959年2月，马亨德拉国王颁布了尼泊尔第一部宪法。马亨德拉1972年去世，由王子比兰德拉即位。1990年11月9日，尼泊尔国王比兰德拉颁布新宪法，将君主制改为多党制基础上的君主立宪制。

2001年6月1日，尼泊尔发生了震惊国内外的宫廷事变。在纳拉扬希蒂王宫，尼泊尔国王比兰德拉、王后艾什瓦尔雅等多名王室成员，被王储迪彭德拉开枪打死。随后，他本人自杀致重伤，抢救无效死去。官方声明，造成血案的主要原因是“王储喝了过多的威士忌”。2001 年 6 月 2 日,比兰德拉的弟弟贾南德拉被任命为摄政王。同年 6 月 4 日,贾南德拉继承王位。

尼泊尔的经济很不发达,农业和牧业在国民经济中占重要地位。主要生产水稻、玉米、小麦、马铃薯等农作物。尼泊尔 90%以上的劳动力从事农业生产。粮食自给有余,每年还有少量出口。尼泊尔在有计划地发展民族工业,已建立起以国有企业为主的 7 个工业区。1991 年以后实行自由、开放和出口型经济政策,实行私有化、改革物价和使卢比成为可换货币。

尼泊尔全国有 36 种语言和方言,尼泊尔语为国语,上层社会通用英语。

印度教为国教,教徒约占全国人口总数的 86.5%。

尼泊尔的庙会、节日都很多,民间节日有 100 多个。

尼泊尔民俗的最大特点是,在与人交谈中,如果点头,是表示不同意;摇头则表示同意。

尼泊尔的首都是加德满都。

尼泊尔原来使用印度卢比。1960 年 2 月才开始发行本国货币。货币名称叫尼泊尔卢比。主辅币制为 1 卢比等于 100 派沙。已经发行的货币面额为 2,5,10,20,25,50,100,250,500,1000 卢比的纸币;1,2,5,10 卢比和 1,100 派沙的硬币。

ISO 货币符号是 NPR。

尼泊尔是个热爱大自然的国家,有丰富的植物资源,被誉为“喜马拉雅的植物宝库”。

在面额为 2,5,25,50,250 卢比纸币的背面,山脚下有杜鹃花。

杜鹃花

杜鹃花又名红踯躅、山石榴、映山红,属杜鹃花科。杜鹃花种类繁多,形态各异。有高达数米的乔木,也有矮仅数寸的灌木。常绿、落叶均有之。常见的品种为常绿灌木,高 30 厘米。按它的花期以及来源而分,有春鹃、夏鹃、西鹃三类。春鹃,春季先开花后长叶,花色以红紫为主;夏鹃,夏季开花,除红紫外,又有黄白诸色;西鹃,开花于春夏之交,花期较长。杜鹃花花形喇叭状,簇生枝头,以红色最为常见,一丛千朵,艳如云霞。每年春到江南,杜鹃花开似火,映红万山,大地如锦,为人们的生活增添了无穷的乐趣。

杜鹃

全世界杜鹃花约有800多种,中国占了650种之多。杜鹃花喜生于空气洁净的山间和丘陵,特别是气温冷凉、空气潮湿、云雾缭绕、雨量充沛的深山和高原。中国除新疆和宁夏以外,各省区都有杜鹃花的分布,而以云南、西藏、四川、贵州、广西、广东一带分布最为集中。尤其是横断山脉地区,被称为"世界杜鹃花的天然花园"。云南省的杜鹃花品种最多,共有420多种。杜鹃花一般是灌木状态生长,但在2000米以上的高山上,它可以长成高达三四米甚至一二十米高的乔木。1919年,英国人傅礼士到云南采集植物标本,在高黎贡山的原始森林中发现了一株大树杜鹃,胸围有2.6米,高25米,树龄有280年。他雇人砍倒了这棵树,锯走一段树干运回国内,陈列于大英博物馆,成为轰动当时植物界的唯一大树杜鹃标本。1981年中国科学工作者在当年林区2400米的高处,又发现了数十株高达20米以上的大树杜鹃,其中一棵高20多米,胸围2米,为中国迄今发现的最高大的一株大树杜鹃活标本。

常绿山杜鹃,是喜马拉雅地区的代表品种,分布在海拔2000米左右的山地上。树高10到15米,花冠红色、带深色斑点,1个花序上生长15到20朵花,3到5月遍地盛开的山杜鹃如火如荼。常绿山杜鹃作为尼泊尔国花,被绘制在国徽的上端。把它作为美好的象征和吉祥的预兆。

日本国货币及货币上的植物

日本国是亚洲东部的一个岛国。位于中国和朝鲜东面。由4个大岛和数千个小岛组成。领土面积为37.78万平方公里。是世界上人口密度最大的国家。

岛国日本是个多山地、多地震、多温泉、多火山、多森林、多河流、多湖泊的国家。它的平原地区狭小,资源相对贫乏。日本的自然环境优美,森林覆盖率达到66%以上。雨量充沛,年降水量高达1000多毫米。这里属温和湿润的海洋性季风气候。冬季不严寒,夏季不炎热。

由于特殊的地质构造,日本成为地震频发的国家。常年小震不断,大地震也时有发生。

日本的自然地理环境独特,它地域狭长,四面临海,全国海岸线总长度约达3.4万公里,东部濒临太平洋一侧有许多天然港湾。日本山地面积约占全国总面积的75%,其中一般山地和丘陵占65%,火山地和火山麓占10%。主要山脉有奥羽山脉、木曾山脉、赤石山脉、越后山脉、飞弹山脉、日高山脉、四国山地、九州山地等。富士山为全国第一高峰,世界著名火山,被日本人誉为“圣岳”,是日本民族的象征。该山海拔3776米,山体呈圆锥体形,山顶终年积雪,四周有富士八峰。全国有大小火山200多座,约有45座活火山。地震十分频繁,每年地震平均多达1500次以上,日平均地震发生率在4次以上。平原较少,只占全国总面积的25%,耕地面积仅占12.9%,大都分布在河川下流和沿海地区,且狭小而零散。日本列岛河流密布,有河流上百条。

日本国有漫长的历史。大约在公元纪年前后的近百年间,日本列岛上产生了许多小国家。到公元3世纪前后,在日本列岛上,出现一个比较强盛的邪马台国。公元3世纪后半叶,在本州中部的大和地方兴起一个比邪马台国更为强盛的奴隶制国家,即大和国。大和国经过一系列战争,征服、吞并了列岛上的其他部落,于5世纪统一日本列岛。公元645年,依照中国唐朝政治经济制度实行变革,史称“大化革新”。此后,出现了一个所谓平安时代,到了平安时代中期以后,随着摄关政治的出现和延续,导致了以天皇为中心的中央统治权力日趋衰落。由于律令制的解体和朝廷统治力的大大削弱,地方豪强势力不断发展壮大,并纷纷组织起私人武装。在这种形势下,产生了封建社会的特有阶层——“武士”阶层。公元1185年,源赖朝在镰仓建立第一个武家政权,随后,日本进入了长达600多年的封建幕府统治时期。

美国军人培理于1853年率美国舰队打开了日本的大门,长期坚持闭关锁国的德川幕府被迫于1858年与美、荷、俄、英、法等西方列强签订了一系列不平等条约。1868年1月3日,天皇发布《王政复古大号令》,宣布废除幕府,建立新的天皇政府,史称“明治维新”。维新改革为日本资本主义发展创造了有利条件,使日本到19世纪90年代,初步实现了第一次产业革命,基本上完成了从封建社会向资本主义的过渡。

日本国在完成了封建主义向资本主义的过渡之后,很快就走向了帝国主义。其军事力量发展很快,并迅速向外扩张,试图到邻国抢夺财富和资源。1931年,日本侵略者发动“九一八”事变,侵占中国东北。1937年发动了全面侵华战争。1941年12月发动太平洋战争。战争给日本人带来了利益,却给亚洲人民,特别是中国和朝鲜带来了深重的灾难。

日本的侵略遭遇到各国人民的抵抗,在被侵略国家的抗击下,日本终于在1945年8月15日接受《波茨坦公告》,宣布无条件投降。

在近现代史上，日本给中国和许多亚洲国家带来了巨大的灾难。日本侵略军被称为“兽兵”，其残忍和疯狂都丧失了人性。所以，亚洲的许多国家，都不会忘记历史上曾经遭受过的屈辱和痛苦。而日本的许多政客和右翼分子，却从来不公开、坦率地承认历史上的罪行。所以，尽管日本经济发达、技术先进，但是，人们并不承认日本有多么文明和进步。因此，它不可能获得世界的尊敬和好感。

日本矿产资源极端贫乏，现代大工业生产所需主要原料、燃料，绝大部分依赖进口，但却发展成为一个经济大国，其工业体系完备，技术水平和劳动生产率均位居世界前列。国内生产总值到20世纪末，已达到3万多亿美元，居世界第2位；人均国内生产总值和人均国民收入均超过美国，仅次于瑞士，居世界第2位。自1985年起，日本已成为世界最大债权国，1991年对外纯资产达5136亿美元，居世界第1位。

20世纪80年代加速了产业结构调整，使产业结构逐步由劳动、资本密集型转向知识、技术密集型，并向着低耗能、高附加值的方向发展。日本最发达的工业有钢铁工业、汽车工业、机械工业、电子工业、化学工业、造船工业、电力工业等。据说，连美国的导弹、航天飞机和核潜艇，都离不开日本供应的高性能半导体原件。

日本的交通非常发达，铁路、公路、航空、海运等形成密集的交通网络，连接全国各地。全国铁路总长度达26620公里，电化率为52.8%。铁路客运里程居世界第2位。公路总长110万公里。

日本的信息产业排名世界前列。在20世纪末，日本就已进入高度信息化社会，信息产业现已具有相当规模。从事信息产业活动的企业已有6000多家。日本信息技术产品占世界信息技术市场的11%。

日本为世界上拥有外国证券最多的国家。世界前30家大商业银行中，日本占18家。排在前6位的均为日本银行。东京已经成为国际金融中心之一。

日本的海外纯资产约为 6108 亿美元,居世界第 1 位。

日本民族构成比较单纯,除有极少数阿伊努族(亦称“虾夷族”)人外,均为大和族人。属蒙古人种东亚类型。

日本通用的语言是日本语,以东京语音为基础确定的标准语音。

日本是多宗教国家。神道教和佛教是并立的两大宗教,为多数日本人所信奉,其次是基督教新教和天主教。

日本是亚洲国家中建立统一的新货币制度较早的国家。1871 年 5 月,日本政府就公布了《新货币条例》,建立了日元制。1882 年成立了日本银行,1885 年 5 月,日本银行发行了可兑换的日本银行券。第二次世界大战期间,日本政府发行了兑换银行券。1946 年换发新钞票。1963 年后,随着经济的发展,又增发了多种版的新货币。

日本货币叫“日元”。发行机构为日本银行。1 日元等于 100 钱。日元纸币的面额分别是:500,1000,2000,5000,10000 日元和面额为 1,5,10,50,100,500 日元的硬币。

ISO 货币符号是 JPY。

在 500 日元硬币的背面是丁香花。

(1)丁香花

丁香又名“百结”“情客”“鸡舌”等。木犀科,落叶灌木或小乔木。叶子与茉莉相像。顶生或侧生圆锥花序,花序长 8 至 20 厘米。花小芳香,多呈白色、紫色、紫红色或蓝色。以紫色为主。丁香适应性很强,潮湿和干旱都能够生长。长时间不下雨,照样也能存活。在肥沃的土地上,丁香生长旺盛,在贫瘠的土地上,也能够正常生长。

丁香原产于中国,已有 1000 多年的栽培历史,是中国的庭园花卉。春季丁香花盛开时,艳丽的花序布满全株,芳香四溢,观赏效果甚佳。丁香全属约 30 种,中国产 27 种,分布以秦岭为中心,北到黑龙江,南到云南和西藏均有。广泛栽培于温带的品种更多。比较常见的有喜马拉雅丁香、蓝丁香、四季丁香、紫丁香、北京丁香和欧洲丁香等。

丁香主要应用于园林观赏和城市美化。这种植物具有独特的芳香、硕大繁茂之花序、优雅和谐的花色,花与叶相映成趣的状态,使它成为建构园林和美化城市不可缺少的植物。丁香可丛植于路边、草坪或向阳坡地,或与其他花木搭配栽植在林苑,也可在庭前、窗外单独种植,或将各种丁香穿插栽植,布置成丁香专类园。也可以盆栽。丁香对二氧化硫及氟化氢等多种有毒气体,都有较强的抗性,因而是工矿区及工业园区绿化、美化的优选植物。

丁香花的独特美使得文人墨客欣喜、陶醉。中国历代诗人都有对丁香的赞

丁香

咏。杜甫曾作《丁香》五律颂丁香:"丁香体柔弱,乱结枝犹垫。细叶带浮毛,疏花披素艳。深栽小斋后,庶使幽人占。晚堕兰麝中,休怀粉身念。"李商隐《代赠》诗云:"芭蕉不展丁香结,同向春风各自愁"。陆龟蒙七绝咏《丁香》:"悠悠江上无人问,十年云外醉中身。殷勤解却丁香结,从放枝头散诞春。"元人元好问在《赋瓶中杂花》中也对丁香大加赞美:"香中人道睡香浓,谁信丁香嗅味同。一树百枝千万结,更应熏染费春工。"明人许邦才的《丁香花》颂道:"苏小西陵踏月回,香车白马引郎来。当年剩绾同心结,此日春风为剪开。"清人刘大櫆对

丁香赞美说;"君不见,此花含吐如瓶瓴,欲开不开殊有情。一夜东风起萍末,纷纷霰雪铺檐楹。"

丁香不仅可观赏,还可药用。丁香主治胃寒呕吐呃逆;或中焦虚寒、吐泻食少。还适用于肾阳不足、下元虚冷、男子阳痿尿频、女子寒湿带下等。

丁香很容易成活。其主要栽种方法是播种、扦插、嫁接、压条和分株等等。移栽方法是每年丁香落叶后萌动前裸根移植,选土壤肥沃、排水良好的向阳处栽种。移栽3至4年生的大苗,需强修剪,通常离地面30厘米处截干。及时灌水、施肥和修剪,春季可开出繁茂的花。

在100日元硬币的正面是日本国花樱花。

(2)樱花

樱花,蔷薇科,落叶乔木。树枝和树干均无毛。成年树高5至20米;叶有光泽,卵形,先端长渐尖,叶长6至12厘米,边缘有锯齿。春季花在叶子长出前开放或在叶子长出时开花。开花时,3至5朵花簇生成总状花序。颜色多为白色稍带有粉红或粉红色,直径约4厘米,无香味,花期较短。花开满树,花大而鲜艳,极为美丽、壮观。是园林中的观赏树种。宜植于山坡、庭院、建筑物前。樱花喜欢肥沃而排水良好的土壤,对光照环境和湿润度有一定要求。光照充足,气候湿润,更适合樱花生长。

樱花原产中国和日本。后流传到欧洲等地。中国长江流域、东北、华北分布较广。中国的野生樱花品种最多。日本的嫁接和人工栽培品种多。优良品种多用嫁接法繁殖。日本通过嫁接等方法,创造出许多新品种,如,山樱、大山樱、大岛樱、霞樱、江户彼岸樱、深山樱、丁字樱、高岭樱、豆樱等。最常见的一种叫"染井吉野"樱花,其数量多,面积广,据说占日本国樱花总数80%左右。

日本把樱花作为国花。日本政府把每年的3月15日至4月15日定为"樱花节"。樱花在日本已有1000多年的栽培历史。公元8到9世纪,日本人开始喜欢樱花。文人墨客赞美樱花的歌逐渐多起来。民间开始出现赏樱花的活动。

据说日本历史上的第一次赏樱大会是9世纪嵯峨天皇主持举行的。当初,赏樱只是在权贵间盛行,到江户时代(1603至1867年)才普及到平民百姓中,形成传统的民间风俗。日本的樱花种类已有300多种,是保存樱花品种最多的国家。

樱花的花季在4月,每年的4月一到,樱花从南往北逐片盛开。最早开的樱花在冲绳岛,最迟开花的在北海道。在日本岛的这两个地方,远比不上日本其他地区。樱花的花期很短,盛开的时间一般为7至10天。樱花绽放时,在公园及街道上,随处可欣赏到红色、粉红色和白色的樱花。每到这个季节,日本各地都会举行大大小小的"樱花祭"。节假日,亲朋好友集体出动,带上食物和旅游用品,到公园或有樱花的地方,围坐在樱花树下,取出各自准备的食物,边饮酒边赏花。

日本人喜爱樱花与他们的信仰和偏爱有关。日本人信仰佛教的比较多。佛教讲究超脱,樱花具有高雅和超凡脱俗的韵味。日本人在花文化中融进了宗教理念。在日语中,樱花表示稻谷的精灵、像神座般地聚集在一起。古代日本农民认为樱花开放就预示那一年稻子收成好坏。现代日本人说"一朵朵樱花是娇弱的,满树樱花就茂盛兴荣了"。所以,日本人不仅把樱花种植在公园和街道中,还把它植于神社、寺庙和庭院内。

文莱达鲁萨兰国货币及货币上的植物

文莱达鲁萨兰国,亚洲国家,位于加里曼丹岛北部,东、南、西三面与马来西亚的沙捞越毗邻,沙捞越州把国土分隔为两部分,北临中国南海,海岸线长193公里。沿海为平原;内地为山地,东部地势较高,巴干山为全国最高峰,海拔1808米。面积5765平方公里,分为文莱——穆阿拉、白拉奕、都东、淡布仑4个区。

文莱位于赤道沿线,属热带雨林气候,终年炎热多雨,年平均气温28℃,年降雨量为2500毫米。一年只有雨季和旱季两季。炎热的气候和多雨的天气,使这片土地适合于热带植物生长。这里植物种类繁多,其中橡胶资源最为丰富。在这片不大的国土上,有4万多亩橡胶园。森林资源也较丰富,森林面积46.9万余公顷,全国72%的土地被森林覆盖。

文莱是个多民族国家。主要有马来人、华人、文莱人、都东人等,其中马来人和华人分别占人口总数的62.5%和20.4%。

马来语是文莱的官方语言,通用华语和英语。

文莱是多宗教国家。伊斯兰教(逊尼派)为国教,马来人大多信仰伊斯兰教。华人多信仰佛教、基督教。达雅克等土著居民信仰原始宗教。政府严格执行伊斯兰教律,禁止开夜总会、舞厅、卡拉OK、歌剧院等娱乐场所,也禁酒、禁赌,可以看书、看报,看电视、电影。

文莱已有1400多年的历史,但到15世纪初伊斯兰教传入,才建立苏丹国。16世纪初达到极盛时期。在其强盛时期,曾远征加里曼丹岛的东海岸、爪哇、马六甲、吕宋岛等。16世纪中叶,葡萄牙、西班牙、荷兰、英国等殖民主义国家相继入侵。1888年沦为英国保护国。1941年被日本占领。日本投降后,再度沦为英国保护国。1959年与英国签订协定,规定国防、治安与外交由英国管理。1962年8月30日,首次举行大选,文莱走上议会民主道路。1971年11月重新签约,规定文莱除外交事务由英国管理外,均实行自治。1984年1月1日,文莱结束与英国的宗主国关系,宣布完全独立。1985年5月30日,苏丹宣布允许政党存在。

文莱是一个穆斯林君主国,宪法规定苏丹为国家元首兼宗教领袖,拥有立法、行政、司法全部权力。设枢密院及宗教、内阁、立法和世袭等4个理事会,协助苏丹理政。政府是全国最高行政机构。内阁成员包括首相和各部大臣,均由文莱苏丹任命。司法机构分为上诉法院、高级法院。此外还有伊斯兰教法院和地方法院。

文莱原来是一个贫穷落后的国家。1929 年发现大油田和天然气后，经济发展步伐加快。石油和天然气是文莱的两大经济支柱。石油和天然气出口收益占国民收入的 95%。农业和制造业是薄弱环节，粮食不能自给。依靠石油和天然气，文莱成为当今世界上最富裕的国家之一。全体国民不必交税，享受免费医疗、免费教育。每两个文莱人就有一部小汽车，政府推行“居者有其屋”计划，使国民人人有房住。

文莱政府高度重视教育。国民从幼儿园到高中实行 14 年义务教育。大学生的教育费用也由政府负担。大部分学生还可以申请公费留学。国家以高额奖学金资助留学生。学校绝大部分是国立的。按语种分马来语学校、华语学校和英语学校 3 种。马来语学校占多数。古兰经是教会学校的必修课，小学生从 6 岁起便开始背诵。

斯里巴加湾市，原名文莱市，是文莱首都，全国政治、经济、文化、交通中心、重要海港，坐落在文莱河口。市内的赛福鼎大清真寺，是东南亚规模最大的一个伊斯兰教寺院。市内一座古墓，相传是文莱全盛时代布尔卡国王的寝陵。在斯里巴加湾市，有一座新王宫，即位于首都东路的奴鲁伊曼皇宫。占地 12 平方公里，由 2800 个房间组成，还有能容纳 4000 多人的大宴会厅和容纳 3000 辆汽车的大停车场。它是世界上最大的王宫之一。此外还有占地 28 公顷的遮鲁东公园，500 年历史的水上村庄为文莱传统居住文化的缩影。

文莱自 1967 年 6 月开始发行自己的货币。货币叫“文莱元”。由文莱国家银行发行。主辅币制为 1 文莱元等于 100 仙。货币面额有 1，5，10，50，100，500，1000，10000 元的纸币和 1，5，10，20，50 仙的硬币。

ISO 货币符号是 BND。

1，5，10 文莱元纸币的背面分别是热带雨林和热带雨林植被。

热带雨林

热带雨林是指热带高温高湿地区高大茂密而常绿的森林群落。其植物种类繁多,且具有多层结构。上层多为乔木,高达60余米,树干挺直,多是热带常绿树种和落叶、阔叶树种。中层由许多中、小型乔木组成;低层由木质藤本植物组成,这些依附于高大乔木的藤本植物,有的粗达20至30厘米,长可达300米。热带雨林是热带地区的森林植被,其气候土壤特点是,常年温度在25℃至30℃之间,潮湿闷热。年降水量最低在2000毫米以上,雨水充沛,空气湿度很高,几乎天天下雨,土壤水分非常充足,基本上不会干旱。

热带雨林是现存森林中生物种类最多的一种森林群落,是植物资源的宝库。热带雨林中有许多名贵的木材、药材、果树、油料及橡胶等经济植物。热带雨林的种类组成极端丰富,尽管热带雨林仅占世界陆地面积的7%,但它所包含的植物数量却占了世界植物总数的50%。

热带雨林不仅是植物资源宝库,而且具有气候调解功能,是地球的空气调节器。它具有调节热量及水分的功能,且在氧气及二氧化碳循环中,扮演吸收二氧化碳释出氧气的角色。

热带雨林还可细分为湿润雨林、季风雨林、山地雨林等。主要分布在南美洲的亚马孙盆地、非洲的刚果盆地以及亚洲的斯里兰卡,印度尼西亚、菲律宾、马来西亚、印度、文莱以及中国的部分地区。其中以亚马孙盆地热带雨林的面积最大,植物的种类以亚洲的热带雨林为最多。中国的云南、台湾及广东、海南也有局部分布。

南美亚马孙河流域堪称热带雨林的代表。亚马孙河流域横跨赤道南北,是世界最大的河流,虽然表面覆盖林木,大部分地区是贫瘠的,只有4%经常为水淹没的沼泽区域土地较肥沃。亚马孙河不仅是一条河流,它其实是集合了1100条支流交织而成的一片森林。赤道正好经过亚马孙河口。赤道以北地区,雨季在3月至7月,赤道以南则在10月至翌年1月。因此河水会此涨彼落，先北后南。河水广及河岸两侧，浸没离岸 80 到 100 公里内的植物，形成淹没森林。淹没森林的部分树木因根部缺氧而暂时窒息，宛如干枯枝丫一般，水退之后，又长出嫩叶而复苏。亚马孙平原的热带常绿雨林不仅面积最广，而且发育最为充分，植物种类极其丰富。相互杂生，很少形成纯林。其中 1/3 种是南美特有种。它们生长连续无间，植物终年葱绿繁茂。乔木、灌木以及草本、藤本、附生植物组成多层次的郁闭丛林。一般有 4 至 5 层，多者可达 11 至 12 层，树冠成锯齿状，参差不齐。许多乔木为争取日照，力图往上生长，树干很少分枝，有的可高达 80 至 100 米。

中国西双版纳的热带雨林，是一个名副其实的植物王国。参天古树高耸入云，错落有致，最高的有 80 多米，一般都能长到 50 至 60 米，比其他乔木要高出 20 至 30 米。遍地丛生的香科植物，层层叠叠的互生树木，遮天蔽日高大树冠，数以百计的植物物种，高温、多雨、潮湿的天然环境，等等。是这片原始热带雨林的特色。

近现代以来，热带雨林大面积遭受破坏。许多地区的热带雨林已经消失。热带雨林遭受破坏的原因，主要包括过度砍伐，无知地向森林要地，商业用材的不当砍伐及森林火灾等，造成这种状况的原因，不仅有资本主义的唯利是图，而且有人类自身的无知与愚蠢，还有人口增加、粮食紧缺方面的压力。

热带雨林的减少和遭受严重破坏，给地球带来了灾难性后果。温室效应的出现，全球气候异常，灾害天气的增多，等等。都与热带雨林骤减有关。此外，热带雨林中蕴藏着大量的尚未被充分认识的生物基因和自然规律，这些也将随着热带雨林的毁灭而消失。所以，对于人类来说，首要的任务是保护热带雨林。在保护中逐步揭示热带雨林之谜。

新加坡共和国货币及货币上的植物

新加坡,亚洲国家。位于马来半岛南面,北隔柔佛海峡与马来西亚为邻,南隔新加坡海峡与印度尼西亚相望,地处交通要冲马六甲海峡的出入口。全境由新加坡岛及附近50多个小岛组成。新加坡岛面积占全国总面积的91.6%。岛上地势较平坦,最高海拔170米。岛上最长的河流6公里多。另外50多个小岛,有的建设成为旅游胜地,有的建设为重要的工业园区。

新加坡属热带雨林气候,年平均气温24℃到27℃,年降雨量约2400毫米。

新加坡领土面积为647.5平方公里。有28个民族,马来人是本土人。现在以华人、马来人、印度人、巴基斯坦人、孟加拉国人为主,其中华人占77%,马来人占14%,还有为数不多的阿拉伯人、苏格兰人、荷兰人、阿富汗人、菲律宾人、缅甸人以及欧亚混血种人。新加坡没有土著人,只有一种阿朗罗越人,是未皈依伊斯兰教的马来人。新加坡人全部居住在城市,是城市人口比率最高的国家,也是人口密度最大的国家之一。

马来语为国语,行政机关用英语。官方语言有:华语、马来语、泰米尔语和英语4种。

新加坡是一个多宗教信仰的国家。其中,中国血统的人大都信奉佛教或道教,马来血统和巴基斯坦血统的人信奉伊斯兰教,印度血统的人信奉印度教。

新加坡人的风俗以自己本来的民族决定,不同民族保留自己的风俗。比如,华人除夕过年、大年初一拜神,元宵节迎神、演戏、赶庙会,端午节吃粽子,中秋节吃月饼,见面互相作揖,商店、银行字号均用鸿发、茂源之类的招牌,贺年片上印蝙蝠,等等。马来人过禁食节。在禁食期间,除了老人、儿童和病人外,白天不能进食。开斋节晚上登山望月,如果当晚没有月亮,第二天还是不准进食,一直到看到月亮才允许吃饭。印度血统的妇女额头上点着檀香红点，男人扎白色腰带，见面合十致意，进门脱鞋。社交活动和饮食只用左手，以牛为圣，不吃牛肉。过屠妖节，屠妖节期间，家家户户在房屋周围要点上蜡烛、油灯，迎接守护神和幸运女神。

不同民族有不同的婚礼。华人结婚要选黄道吉日；马来人的婚礼几乎邀请全村人前来参加，来宾们酒足饭饱离去时，手上都握着一个煮熟的蛋，表示多子多孙的意思；印度人的婚礼在庙里伴着宗教的圣歌和祷告举行，显得十分肃穆。新娘身上包裹着一件挂满珠宝的丝绸，丈夫则跪在她面前悄悄地在她的脚趾上套一枚戒指。

新加坡岛古称单马锡，公元 8 世纪建国，归属印尼室利佛逝王朝。从 18 到 19 世纪初，成为马来西亚柔佛王国的一部分。1824 年沦为英国殖民地，并作为英国在远东的贸易商埠和军事基地长期存在。1942 年遭日本入侵，日本侵略者把新加城改名为“昭南市”。日本投降后，英国恢复其在新加坡的殖民统治。在新加坡人民的斗争下，1959 年 6 月成立自治邦，实行内部自治，英国仍保留国防、外交、修宪和颁布紧急法令权。1963 年 9 月 16 日新加坡成为马来西亚联邦的一部分。1965 年 8 月 9 日脱离马来西亚，成立共和国。

新加坡实行一院制。议员由公民投票选举产生，任期 5 年。宪法规定，总统为国家元首，由议会选举产生，任期 4 年。总统委任议会中多数党的领袖任总理，总统和议会共同行使立法权。

新加坡经济发达，被称作亚洲“四小龙”之一。工业主要为制造业。电子电器、炼油、船舶修造是制造业的三大支柱。新加坡是世界第三大炼油中心。电子工业占主导地位。航海运输业发达，新加坡是亚太地区最大的转口港。

新加坡农业主要是园艺种植、家禽饲养、水产。拥有可耕种土地面积 9500 公顷，占国土面积的 9.5%。粮食全部靠进口。新加坡国土面积虽小，但植物资源丰富。已发现的物种多达 2000 余种，其中橡胶、椰子是经济价值较高的作物，著名的胡姬花（兰花）种植很普遍，兰花（卓绵、万代兰）是新加坡国花。

新加坡教育发展很快，有完备的教育制度。学校分为政府辅助学校、公立学校和私立学校3种。小学免费，为6年制；中学4年；大学预科2年，本科2至4年。主要大学有，新加坡国立大学、南洋理工大学、新加坡工艺学院、义安工艺学院和新加坡师范学院。

新加坡已经发展成为一个美丽的旅游城市。著名的景点有新加坡动物园、植物园、狮头鱼尾公园、伊丽莎白公园和裕廊鸟类公园，还有圣陶沙岛、龟渔岛、皇家山、世界贸易中心大厦、纪念塔等。圣陶沙岛是亚洲大陆最南端的小岛，已建成为赤道下的世界公园。耸立于岛屿最高处的鱼尾狮塔，高37米，上半部为巨大凶猛的狮头，下半部为鱼身、鱼尾，鱼尾浸入一湾碧水之中。圣陶沙公园有火焰山、亚洲村、梦幻岛、海底世界、先人博物馆、蝴蝶国、昆虫宫、龙道、新加坡节庆厅等景点。还有“海底世界”。圣陶沙岛四周有长32公里的洁白沙滩。

新加坡于1967年开始发行第一套货币。货币上的主要图案是胡姬花；1976年发行第二套钞票，主要以各类鸟为题材；1984年发行第三套钞票，以各类船只为图案；1999年发行第四套钞票，以总统尤索夫肖像为主题。

新加坡货币叫“新加坡元”。发行机构为新加坡货币局。主辅币制为1元等于100分。

ISO货币符号是SGD。

在1新加坡元硬币的背面是长春花。

（1）长春花

长春花，又有日日春、天天开、雁来红等别名。夹竹桃科，一年生直立草本。花株高30至60厘米，叶子对生，长椭圆形，深绿色，有光泽。花生于叶腋下，长春花的嫩枝顶端，每长出一片叶子，叶腋间即冒出两朵花。花冠高脚碟状，裂片5，呈轮状排列，花径3至4厘米。花色以白色、粉红色、紫红色为主。花朵多，花期长，花势繁茂。从春到秋连续开花，很少间断，所以有“日日春”之美名，给

长春花

人带来生机盎然的感染。

长春花原产于非洲东部,后传入亚洲。中国广东、广西、湖南、湖北、云南等长江以南地区均有种植。

长春花既可作为观赏植物,也有很高的药用价值。长春花姿态美、花期长,是城市绿化、美化工程的优选植物。只要适合该城市所在地区的气候,长春花就被栽植于公园和街道旁。

长春花的药用价值很高。从叶到根均可入药,具有治疗高血压的药效。近年来研究发现,长春花还是一种防治癌症的中草药。据现代科学研究,长春花中含55种生物碱。其中长春碱和长春新碱对治疗绒癌等恶性瘤、淋巴肉瘤及儿童急性白血病等都有一定疗效,是目前国际上应用最多的抗癌植物药源。

长春花的生长特点是喜高温、高湿土地环境。适合于热带、亚热带地区种植。种植方法一般有三种。即播种、扦插和组培繁殖。

长春花种子很小,每克有750粒。其播种方法是,用播种盘盛消毒腐叶土、培养土和细沙的混合土壤,把种子均匀撒入其中。温度掌握在18至24℃。播种后约14至21天发芽。出苗后适当控制光线。在光线强、温度高的中午,要对阳光进行遮挡。幼苗长到5厘米高,且有3对真叶出现时可栽入花盆中。每盆3株。苗高7至8厘米时摘心1次,以后再摘心2次,以促使多萌发分枝,多开花。播种是大面积栽培的主要方法。

扦插是促使长春花快速生长的繁殖方法。一般在春季或初夏扦插。方法是,剪取长8至10厘米的嫩枝,除去枝条下部的叶子,只保留顶端2至3对嫩叶。选好枝条之后,插入沙床或腐叶土中。扦插后,一定要保持土壤湿润度,室温控制在20至24℃。插后15至20天即可生根,生根后表明扦插成活。

组培繁殖比以上方法复杂。它是采用茎尖作外植体,经消毒的茎尖,剪成数段,每段0.4至0.6厘米,接种在培养基中。经过1个月培养,长出不定芽。半个月后开始长出白根,成为完整植株。

不管哪种方法,在幼苗生长期,需要每半月应施肥1次,不同环境选用不同的肥料,如盆栽应选用盆花专用肥。花坛栽种,则选用地栽肥料。温度控制适当或自然气温适宜,5月下旬即可开花,花期可延至11月上旬,长达5个多月。管理方法是,在花期随时摘除残花,以免残花发霉影响植株生长和观赏价值。8至10月为长春花采种期,应随熟随采,以免种子散失。

在50分硬币的背面是黄蝉花。

(2)黄蝉花

黄蝉花,又名软枝黄蝉、黄莺,夹竹桃科落叶灌木。株高约2米,枝条柔软

黄蝉花

下垂，叶片轮生、倒卵形。花冠橙黄色，花径可达 10 余厘米，聚伞花序，生于枝顶或叶腋。花期从初夏至仲冬，连绵不断，颇具观赏价值。

黄蝉花原产巴西，中国华南各省及台湾常见栽培，长江以北多为盆栽。其生长习性是，喜光，喜温暖湿润气候，适于在肥沃、排水良好的沙质土壤中栽培。花期较长。作为园林用途的黄蝉花，其花和叶均可供观赏。在园林种植中，因花朵大而艳丽，枝条柔软，常被种植为花廊。黄蝉花的植株有一定的毒性，应注意防止观赏者触摸中毒。

黄蝉花的繁殖培育比较简单，每年 4 月清明节前后，春雨绵绵，花木的树液开始流动。当新芽萌发之时，适时剪下一年生的黄蝉花枝条，插入沙土中，在 20℃气温条件下，经 20 天左右即可生根，吐出嫩绿的叶芽。长到 20 厘米左右时，即可带根掘起移栽。如果盆栽，每株一盆。盆土要求不严，以富含有机质的沙质土壤最为合适。黄蝉花生长期间，每周浇一次稀薄肥水。放置阳光下。长至一尺左右高时，将其顶枝剪断，而后将侧枝剪去一部分，一般促使黄蝉花的主枝生长。到了夏季，黄蝉花的叶梢慢慢鼓起长卵形的黄色花苞。花苞依次绽开。黄蝉花的生命力极强，随处可种，即使土壤或气候条件不好，到了花期，依然开花，只是花蕾少，花朵小而已。

黄蝉花是热带地区优良的城市和庭院美化植物，在闲置的土地上，可广泛栽种，为人们的生活创造美丽的环境。

在 1 分硬币的背面是万代兰。

(3)万代兰

万代兰是热带兰中的一大类。兰科，属单子叶植物纲，草本，附生。万代兰的拉丁文名称是 Vanda，它来自印度乌尔都语，意思就是附生于树上，也有人认为这个词在印度本身就是“兰花”的意思。植株直立向上，无假球茎，叶片互生于单茎的两边，有如人体前胸的一副排骨。气生根又粗又长，有的好像筷子，从茎上的叶间抽出，凡是生长壮旺的植株，其白根都很多，就像圣诞老人的胡子，

万代兰

一把一把地垂吊下来。白根越多,花就越为繁盛。在泰国、新加坡种植的万代兰,几乎每个叶腋都可抽出一个花梗,每株可开 15 至 20 枝花。而日本所产的万代兰一般只能开 3 至 4 枝花。

万代兰的花瓣有圆形,长形和三角形等。唇瓣与花柱相愈合,侧片与中片各抒张,花形硕壮,花姿奔放。花色繁多,从黄、红、紫到蓝色都有,其花萼发达,尤其是两片侧萼更大,是整朵花最惹眼的部分,但其花瓣较小,唇瓣更小。万代兰的花型多种多样,有的反曲扭转,也有的圆而扁平,其花期很长,常常一朵花可以连续开放几个星期,而且只要条件合适,可以常年开花。万代兰是观赏花卉,而不是芳香植物,但是,也有部分品种,开花时有香味。在花序上,万代兰的花朵至少有十几朵,从下而上顺序开放。

除了花以外,万代兰的叶片和根都很有特色,叶片是棒状的,肉厚而多汁,生长在直立的茎两旁,美丽的花序从叶腋中长出。还有一类叶片是皮带状的。万代兰是典型的附生兰,其圆柱状的气根,不断从茎干上长出,而且一定要和空气有直接接触。

万代兰原产于泰国、菲律宾和夏威夷等地。在亚洲、大洋洲和南美洲都有广泛的分布。至今发现的原生种共有70多个,杂交种更为丰富。从20世纪60年代以来,新加坡对万代兰的拓展最为迅速,万代兰与其他洋兰一起,被称之为"胡姬花"。1981年4月15日,新加坡文化部宣布"卓锦"万代兰为国花。

万代兰喜欢光照,植株成熟后,如果光照充足,一年可以开2至3次花。光照不足,开花少,甚至不开花。具有较强的抗旱能力,生性较粗放,在热带地区比较容易栽培。

万代兰怕冷不怕热,怕涝不怕旱。夏天35℃的高温条件下,万代兰照常生长。在栽培时不必添加过多植料。泰国许多花场对种植万代兰都非常粗放,常用木条钉成一个个四方形的小框,里面放入几粒木炭、碎砖或椰衣,就可以延续生长。甚至有的只用一条尼龙绳子把它的植株吊缚起来,挂在兰棚或树下,经常给它洒水和喷肥亦能长叶开花。

万代兰在北方适宜于盆栽。盆栽技术有一定要求。首先是施肥,万代兰所需的肥料较其他洋兰更高。在生长旺盛期间,每7至10天施用稀释的肥料一次。最佳的肥料是氮、磷、钾肥,其比例是10:10:5。万代兰对土壤的要求是,排水良好,通风适度。木屑、碎砖块、木炭、粗砾沙、细沙等,无论是单独或混合使用都可作为盆土使用。种植万代兰除了介质外,盆钵也有讲究。在各种材质的盆钵中,木条盆及陶盆最适合。栽培万代兰的花盆上应该有孔洞,这样更有利于排水及空气流通。万代兰也能在蛇木板或树干上生长。

万代兰不宜经常换盆,除非受病虫害侵扰,否则至少3年才能换盆1次。春天的万代兰正进入旺盛的生长期,是换盆的好时机。生长多年的万代兰,其根系会紧紧地附在盆钵的内壁,如果是用陶盆种植,在换盆时,最好把旧盆打破,再换新盆,以免在取出植株时,伤及根系。

万代兰可以组织培养或高芽繁殖,组织培养需要一定的专业技术和适当的工具,不适合在家庭实施。家庭盆栽万代兰,适合于高芽繁殖。万代兰在叶腋处会长出高芽，当高芽长至5至7.5厘米时，应用锋利及已消毒的刀子，自母株切下高芽，并种植在装有木屑的盆子中。在生根并发出新芽后，可移植至较大的盆子。高芽繁殖要在切口上涂药，以免受病菌感染。当多年栽培的植株长到1米以上时，可将长约30至46厘米的顶芽切下，并涂药消毒两边切口，然后种植在盆中，这样的扦插生长更快，开花更早。

伊朗伊斯兰共和国货币及货币上的植物

伊朗伊斯兰共和国，西亚国家。位于亚洲西南部，北邻土库曼斯坦、亚美尼亚，西与土耳其和伊拉克接壤，南濒波斯湾和阿曼湾，东与巴基斯坦和阿富汗交界。是亚洲和欧洲陆路交通的必经之路，有“欧亚路桥”之称。领土面积约为164万平方公里，全国划分为27个省、195个县、500个区、1581个乡。

主要民族有波斯人、阿塞拜疆人、库尔德人、卢尔人等。其中波斯人约占全国人口的66%，阿塞拜疆人占25%。

居民绝大多数信奉伊斯兰教，伊斯兰教是该国国教。

官方语言为波斯语。

伊朗国土大部分位于伊朗高原上，海拔一般在900至1500米之间。中央为平坦的高原，占全部领土的一半。北部有厄尔布尔士山脉，主峰德马万德山海拔5670米，是西亚第一高峰。西北部是亚美尼亚高原的一部分，多山间盆地，西南部和南部有许多平行的山岭，西南部的九格罗斯山脉是伊朗最大的山脉。东部是干燥的盆地。伊朗临海，有1830公里的海岸线。里海的南部归伊朗所有。乌尔米湖是伊朗最大的湖泊。伊朗最大的河流是卡伦河，长约850公里。伊朗虽然靠海，但属于大陆气候，夏季干旱炎热，冬季阴冷潮湿。降水量很低，一般年降水量为100到700毫米。

伊朗石油储备相当丰富,海底石油蕴藏总量在1400亿桶以上,占世界总储量的10.4%,居世界第4位。加奇萨兰油田和马龙油田,属世界级大油田。已探明的天然气储量为21亿万立方米,占世界总储量的17%,居世界第2位。

其他矿藏也非常丰富,铁矿石储量为10亿吨,煤约为10亿吨,铜8亿吨,铅200万吨,锌500万吨,高岭土2200万吨。

伊朗虽然干旱,但是,却有丰富的水资源,水资源储量为4000亿立方米,可利用水源1200亿立方米,森林面积1247万公顷。

伊朗工业以石油工业为主,是世界第四大产油国,第二大石油输出国。石油是伊朗经济支柱,有炼油厂6座,每年天然气和石油的出口收入占外汇收入的80%。

伊朗是一个农业国家,农业人口占全国总人口的45%。主要农业产品有麦类、棉花、椰枣等。

伊朗是个很古老的国家。具有四五千年的历史。曾被称为"波斯",也被称作"安息国"。公元前6世纪,居鲁士大帝国建立的波斯帝国盛极一时。随后,进入衰落期。从公元7世纪到18世纪这1000多年中,先后被阿拉伯人、蒙古人、阿富汗人、土耳其人入侵。18世纪又遭英国人入侵。

1905年到1911年,伊朗发生革命,建立了君主立宪制度。随后,英国和俄国开始干预伊朗事务。他们划分势力范围,强行规定将伊朗北部划为俄国势力范围;伊朗南部划为英国势力范围。

1921年2月,近卫军团长礼萨·汗·巴列维,在英国支持下发动军事政变,夺取政权后,建立了巴列维王朝。第二次世界大战期间,礼萨·汗与德国勾结,企图以德国取代英国在伊朗的势力。1941年,反法西斯联盟进入伊朗,把礼萨·汗驱逐出境,由其子穆罕默德·礼萨·巴列维即位。后来,伊朗发生革命运动,推翻了巴列维王朝的统治,建立了伊朗伊斯兰共和国政权。

伊朗重视文化教育,中、小学实施免费教育,文盲人数仅占人口总数的14.

5%。伊朗重视高等教育。该国最著名的大学是德黑兰大学。

伊朗主要城市有,德黑兰、库姆、马什哈德、伊斯法罕、大不里士等。德黑兰是伊朗首都,全国政治、经济、文化和交通中心。

伊朗货币叫“伊朗里亚尔”。由伊朗国家银行发行,其主辅币制为1里亚尔等于100第纳尔。货币面额主要有100,200,500,1000,2000,5000,10000里亚尔的纸币;另有1,2,5,10,20,50,100,250里亚尔和50第纳尔的硬币。

ISO货币符号是LRR。

在5000里亚尔纸币背面是玫瑰花。

玫瑰花

玫瑰花,蔷薇科,落叶灌木。栽种多年的玫瑰,高可达2米以上。茎枝有皮刺、腺毛,并密被绒毛。羽状复叶,小叶5到9片。叶柄、叶轴有绒毛、刺毛和皮刺;托叶大部附着于叶柄,边缘有腺点;叶柄基部的刺常成对着生。椭圆形或椭圆状倒卵形,上面有皱纹。夏季开花,花单生。有紫红色、红色、白色等花色。雄蕊多数生于花托边缘的花盘上;雌蕊多数,包于花托内。玫瑰的果实呈扁球形,砖红色,直径2至2.5厘米,花期5至8月,果期6至9月。

玫瑰花不仅具有观赏价值,而且具有一定的经济价值。玫瑰花含有苯乙醇、香茅醇、龙牛儿醇、橙花醇、丁香酚等。可以提炼玫瑰油、香精等芬芳类产品。花还可食用,制作玫瑰茶、玫瑰酱等。玫瑰花性温、味甘、微苦。可以入药,具有和血止痛等疗效。可用于治疗肝胃气痛、食少呕恶、月经不调、跌扑伤痛等疾病。

玫瑰原本野生,多生于山坡、沟谷。中国的野玫瑰分布于东北及陕西、甘肃、山东、江苏、浙江。后来经过人工栽培,成为观赏花卉和经济作物。现在,包括伊朗在内的中东地区,以及欧洲等地,均有玫瑰栽种。

以色列国货币及货币上的植物

以色列国,亚洲国家,位于地中海东岸,是亚、非、欧三大洲的会合点。北邻黎巴嫩,南接亚喀巴湾,西濒地中海,东与叙利亚、约旦接壤。以色列沿海地区为狭长平原;东部有山地和高原,海拔一般在 600 至 1000 米之间。典型地中海气候,夏季炎热干燥,冬季温和多雨。气候由南至北渐变。夏季气温在 23℃至 34℃之间,冬季气温在 10℃至 17℃之间。年降雨量由南至北从 220 毫米到 920 毫米不等。

根据 1947 年联合国关于巴勒斯坦分治决议的规定,以色列国的面积为 1.49 万平方公里。划分为 6 个区,30 个分区,31 个市,115 个地方委员会,49 个地区委员会。

以色列国民中犹太人占 79.2%,阿拉伯人占 14.2%,德鲁兹人和其他人占 4.2%。其中半数犹太人是世界各地的移民。

希伯来语为国语,希伯来语和阿拉伯语均为官方语言,通用英语。

犹太教是以色列国教,多数居民信奉犹太教,少数人信奉伊斯兰教、基督教、德鲁兹教等。

以色列主要节日有独立纪念日、安息日、逾越节等。全部犹太人都必须行“割礼”。只有行过割礼的人,才可以参加“逾越节”庆典。

以色列作为国家的历史很短。但其民族发展时间却很长。犹太人远祖是古代闪族的支脉希伯来人。大约在公元前 13 世纪末迁居巴勒斯坦,至公元前 11 世纪建立希伯来王国。公元前 10 世纪中叶是希伯来王国的鼎盛期。公元前 968 至前 928 年发生分裂。分成南北两个国家,北部称以色列王国,南部称犹太王国。公元前 722 年亚述人征服了以色列王国。公元前 586 年犹太王国被巴比伦人灭亡。公元前63年罗马人入侵该地区，大部分犹太人被驱逐出巴勒斯坦，流亡世界各地。公元7世纪，阿拉伯帝国占领巴勒斯坦地区。经过了近千年的漫长岁月，到16世纪，巴勒斯坦又被奥斯曼帝国吞并。

19世纪末，欧洲犹太资产阶级发起“犹太复国主义运动”。1897年成立了“世界犹太复国主义组织”。1917年英国侵占巴勒斯坦，同年11月2日发表宣言，“赞成在巴勒斯坦为犹太人建立一个民族之家”。1922年7月24日，国际联盟通过了英国的“委任统治训令”，规定在巴勒斯坦建立“犹太民族之家”。随后，犹太人陆续从世界各地移居巴勒斯坦。1947年11月29日，联合国大会通过了巴勒斯坦“分治”决议，决定在巴勒斯坦分别建立阿拉伯国和犹太国。耶路撒冷实行国际化，由联合国管理。1948年5月14日，以色列国宣告成立。

以色列的权力机构分别是，议会、政府、司法机构。国家设总统，总统为国家元首，由议会选举产生。有赦免权和指定某人组织政府的特权，但并不负责治理国家。任期5年。议会是国家最高权力机构。负责制定和修改国家法律，指定最大党的领袖组建政府。从议员中选举产生10个常设委员会，各负责一个方面的事务。议员120人，由“全国统一的、直接平等的、秘密和按比例的选票选举产生”。政府是国家最高行政首脑机关，设总理和部长。总理统率政府各部门，对议会负责。总理由选民直接选举产生，一位总理候选人只要得到半数以上的有效票即可当选。司法机构分别是，最高法院、中央法院和调解法院，此外还有专项法庭、军事法庭、宗教法院和劳资法院。

以色列是多党并存的国家，主要政党有利库德集团、工党、沙斯党和共产党。

以色列经济比较发达。农业、工业、军工等均处于世界领先地位。尤其是高科技，更是异军突起，对以色列国民经济发展具有先导作用。

以色列小块抛光宝石产量和人均太阳能利用率等方面均居世界首位。其农业劳动生产率非常高，每个农业劳动人口的年均产值在4.2万美元以上。另外在电子、化工、纺织、电机、运输设备、机械、建筑、计算机软件等方面，也处于世界领先水平。

以色列教育发达。实行小学6年、初中3年、高中3年的“六三三制”；学校分为公立学校、公立宗教学校、阿拉伯及德鲁兹学校和私立学校。5到15岁儿童享受免费教育。大学毕业生占全国人口的10.5%，著名高等院校有以色列科学和人文学院、耶路撒冷希伯来大学、特拉维夫大学、海法大学、本·古里安大学和以色列技术学院。全国有140所各具特色的博物馆。还有藏书数量较多的图书馆，人均拥有图书数量占世界首位。

以色列的主要城市有特拉维夫-雅法、海法等市。特拉维夫是1909年移居到阿拉伯人城镇雅法市郊的犹太人所建。1948年以色列独立后，特拉维夫与雅法合并。雅法是一座具有3000年历史的港口，它盛产蜜橘，城周围被无数柑橘园环抱。1892年雅法铺设了通往耶路撒冷的铁路，这是以色列的第一条铁路。特拉维夫原是雅法郊外的菜园区，合并雅法后，成为以色列经济中心。是以色列最大的古老而又新型的城市，全国经济、文化和交通中心。海法市是以色列第二大城市，是以色列北部交通、工业中心，重要港口。

以色列的主要工业有炼油、铸造、汽车装配、军火、造船等。

以色列从1948年8月开始发行本国货币。货币叫“以色列磅”，与英镑等值。1980年2月发行新货币，货币名称改为谢克尔。1985年9月4日，再次发行货币后改为新谢克尔。主辅币制为1新谢克尔等于100新阿高洛。

已经发行的主要有面额为1，5，10，20，50，100，200，500，1000，5000，10000新谢克尔的纸币；另有面额为1/2，1，5，10新谢克尔和1，5，10新阿高洛的硬币。

ISO货币符号是ILS。

在500谢克尔纸币的背面是葡萄（略）。

印度共和国货币及货币上的植物

印度共和国，南亚国家，位于南亚次大陆南部的印度半岛上，南亚次大陆中心，西北与巴基斯坦接壤，东北与中国、尼泊尔、锡金和不丹为邻，东与缅甸和孟加拉国毗连，东南濒临孟加拉湾，西南面向阿拉伯海，南连印度洋，北倚喜马拉雅山。地处亚、非、欧和大洋洲海上交通枢纽。领土面积约297万多平方公里。

印度共和国是多民族国家，主要有印度斯坦族、孟加拉族、泰鲁固族等数十个民族。其中，印度斯坦族人口占总人口的46%。

绝大多数居民信仰印度教。

印度不仅民族多，而且部落多，至今印度还有300多个土著部落。他们是次大陆上最原始的居民，主要聚居在东北地区、喜马拉雅山地区、中部地区、西部地区、南部地区和岛屿地区。

印度的种姓制度根深蒂固，这是一种严格的等级制度，已有3000多年历史。这种根深蒂固的制度并没有因现代文明的冲击而削弱。

印度地形特征明显，全国大致可以分为五大各具特色的部分，北部是喜马拉雅山区、南部是德干高原区、中部是恒河平原区、西部是塔尔沙漠区，另外还有东西海域岛屿区。喜马拉雅山蒂里奇米尔峰高7690米，为印度最高峰。

印度河流众多，按地势分成三大水系，即喜马拉雅山水系；半岛高原区水系；沿海岸地区水系。主要河流有，恒河、布拉马普特拉河等。恒河是次大陆最大河流，发源于喜马拉雅山南麓，全长2700公里，有支流10余条。布拉马普特拉河是印度第二大河流，全长1130公里，总流域面积为58万平方公里，在印度境内段落为720公里。

印度属典型的热带季风气候，全年四季分别为冷季、热季、雨季、季风退缩季。

印度土地辽阔，资源丰富。主要矿产资源有云母、煤炭、石油、天然气、铜、铁、矾土、铬、锰、镍、铝土、石灰等等。

印度的动植物资源极为丰富，植物资源约有3万种。森林面积占全国领土总面积的19.5%，约7400万公顷，原始林约占森林总面积的70%到80%。

印度是世界四大文明古国之一。它的早期历史，可分为史前时期和印度河文明时期。哈拉巴文化衰亡后，雅利安人移入，在恒河谷地建立城市。进入吠陀时代，印度才有了正式文字记载，时间大约在公元前1500至前。1000年左右。前吠陀时代，雅利安人集中在印度西北部，实行军事民主体制，部落的军事首领为秋王，史称"王政时期"。后吠陀时代，雅利安人进入恒河中下游地区。这一时期，出现4个社会地位不同的瓦尔那，即婆罗门、刹帝利、吠舍和首陀罗四大种姓。

从公元前6世纪到前5世纪，印度东北部出现了16个国家，历史上称之为"列国时代"。在列国争霸中，摩揭陀国逐渐统一恒河流域，并一度成为北印度的政治、文化中心。到了公元前324年，出身于孔雀族的旃陀罗笈多，建立了孔雀王朝，定都华氏都，统一了北印度大部分地区，形成了印度历史上第一个统一的奴隶制国家。在随后的历史上，这一带经历了巽伽王朝、贵霜王朝、笈多王朝。从公元567年开始，北印度小国林立，相互争雄。这种状态持续了600多年。公元8世纪，阿拉伯人侵入印度地区，并把伊斯兰文化带入印度。1206年，以德里为中心的广大地区建立了伊斯兰王朝的统治，史称"德里苏丹国"。

1526年，帖木儿六世孙巴卑儿，征服北印度大部分地区，开创了莫卧儿帝国。这一时期，不同的民族和教派得到了统一。

1600年英国在印度建立东印度公司，荷兰殖民主义者紧随其后，于1602年也打入印度，法国则在60年后也挤进来分一杯羹。印度在这一时期成为各帝国主义瓜分的对象。

进入20世纪，印度人民行动起来，开始了反殖民主义、反侵略运动。甘地领导了几次大规模的非暴力不合作运动。1947年8月14日和15日，巴基斯坦和印度两个自治领地诞生。1950年1月26日，印度宣布成立共和国。从此，成为独立的民主国家。

印度是传统的农业国，农业在国民经济发展中举足轻重。农业人口占人口总数的70%。其农业发展的最大成就，是实现了粮食自给，并可以出口。农业生产以粮食作物为主，主要粮食作物有水稻、小麦、豆类、玉米等。主要经济作物有棉花、茶叶、黄麻、烟草、橡胶、咖啡。油料作物有花生、芝麻等。水果类植物主要有，香蕉、芒果等。经济作物播种面积约占全部播种面积的20%。其中，棉花产量约占世界总产量的10%。花生产量约占世界总产量的30%。是世界上最大花生生产国。茶叶年产量约占世界总产量的30%。此外，烟草、甘蔗、芒果、腰果、椰子、香蕉、核桃、柑橘、咖啡、大麻、蚕丝和橡胶等经济作物的产量均居世界前10名。

印度的现代工业具有一定规模。特别是20世纪80年代以来，高新技术产业发展很快，被称为新崛起的软件大国。是目前世界上五大软件供应国之一，也是仅次于美国的第2大软件出口国。软件出口规模、质量和成本三项综合指数居世界首位。印度的软件产品已销往世界90多个国家。

印度风俗独特。在婚嫁方面，印度教提倡早婚，并实行种族姓内通婚，主张寡妇殉夫和禁止寡妇再嫁。多数婚姻由父母做主。通常，婚姻不仅是男女双方的结合，更是家族、集团和财富的结合。昂贵的嫁妆是印度人婚姻中的一种传统习俗，也是一种沉重的经济负担。

在礼仪与习俗方面，印度人与友人见面，通常是双手合掌，表示致意。

印度殡葬中有水葬习俗，其方式是把尸体推入水中，任其随波逐流漂走。其天葬或野葬习俗更加独特，把尸体丢在野外或林中，让秃鹰和野兽吃掉。认为这样就能死后升天了。

印度是世界上使用语言最多的国家之一,仅宪法使用的语言就有14种之多。印地语和英语同为该国的官方语言。

首都是新德里。

印度的货币叫“印度卢比”。发行机构为印度储备银行。主辅币制是1卢比等于100派士。

已经发行的货币主要有面额为1,2,5,10,20,50,100,500卢比的纸币;另有面额为1,2,5卢比和1,2,4,10,25派士的硬币。

ISO货币符号是INR。

在10卢比纸币的背面是菩提树。

菩提树

菩提树为桑科植物,常绿乔木。成年树高10至20米,各部均无毛。叶子呈三角状、卵形。先端有细毛,长尾状尖头。边缘微呈波状。每年11月份开

菩提树

花。隐花果1至2个,生于叶腋之下。果实类似于球状,无果柄。树干富含乳浆,可以提炼硬性橡胶。印度是菩提树的原产地,菩提之名是佛教梵文Bodhi的音译,佛教用语指豁然开悟或达到如日开朗的彻悟境界。释迦牟尼(约公元前565~前486年)是佛教的创始者,相传他29岁时痛感人世生、老、病、死的各

种苦恼，后舍弃王族生活，出家修道。经过6年苦行，在菩提树下“成道”。其后45年间，在印度各地游说教化，信徒们便尊他为菩提（Buddha，觉悟者）。印度根据释迦牟尼的经历和佛教在印度的地位，把菩提树尊为国树。

中国华南广大地区都有菩提树种植与栽培。有的作为经济树种种植，有的地区则把菩提树作为绿化美化环境的行道树种植于城市、公园甚至庭院。

印度尼西亚共和国货币及货币上的植物

印度尼西亚共和国，亚洲国家，地处亚洲东南部，领土面积190万余平方公里。

主要民族有爪哇、马都拉、米囊加保等族。

通用语言为印度尼西亚语，是在马来语的基础上发展起来的。另外还有爪哇语、巽他语等民族语言200多种。

印尼是世界上最大的伊斯兰教国家之一。89%的居民信奉伊斯兰教，全国有清真寺和大小礼拜寺30多万座。

岛国的民俗独特，如爪哇人在接受或赠送礼物时必须用右手，而不能用左手。对长辈要用双手。米囊加保族则实行男人嫁给女人。印尼人敬蛇如神。人们把蛇看成是“善良、智慧、本领和德行”的象征。在巴厘岛，专门建造一座庙宇，里面养着一条大蛇。庙舍前设有香案，作为供奉香、祭品及叩头、礼拜、祈祷之用。

印尼自然地理环境独特。有35000公里的海岸线。岛屿多，有“千岛之国”的称谓。是世界上最大的群岛国家。地跨赤道。东西延伸5000公里，南北宽约1800公里。由太平洋和印度洋之间13000多个大小岛屿组成，其中约6000个岛屿有人居住。主要岛屿有爪哇岛、苏门答腊岛、加里曼丹岛南部、伊里安岛西部、苏拉威西岛等。各岛以山地和高原为主,在沿海地域有少量平原。火山山脉贯穿于苏门答腊、爪哇、努沙登加拉群岛和马鲁古群岛,形成一条火山带,是世界火山活动最多的地区。其中有120座是活火山。印度尼西亚各岛之间的海域,除爪哇海及伊里安查亚与澳大利亚之间的阿拉弗拉海为浅海外,其余多为深海。

独特的地貌,使印度尼西亚成为亚洲的资源大国。它的石油和锡的蕴藏量排在世界前列。天然气、煤、铝矾土、镍、铜、铀、锰、铬、金刚石储量也较丰富。已探明的石油资源储量为11.26亿吨,是目前东南亚石油储量最多的国家。石油储量主要分布在沿海海底。天然气约73万亿立方米,煤363.4亿吨。锡储量80余万吨。镍矿储量562万吨,金刚石储量约150万克拉,都位居亚洲前列。

印度尼西亚多数地区属热带雨林气候,具有高温、多雨、风小、潮湿的特点,无寒暑季节变化。因此,植物资源极其丰富,有“热带宝岛”之称。已知有3.5万余种植物,其中胡椒、金鸡纳霜、木棉和藤条的产量均占世界首位,天然橡胶和椰子占世界第二位。印度尼西亚拥有森林面积1.15亿公顷。覆盖面积为65%。优越的自然环境,使印度尼西亚的农业生产条件非常有利,在古代就有“生下一个孩子,种上3颗香蕉就饿不死”的说法。岛国的农业作物主要有木棉、胡椒、奎宁、藤类、橡胶等。工业项目主要有采矿、原材料加工、装配制造业、纺织业等。

印度尼西亚有漫长的历史。早在公元3至7世纪,就建立了一些分散的封建王国。14世纪初,在东爪哇建立了印尼历史上最强大的封建帝国——麻喏巴歇国。从15世纪开始,富饶的印尼诸岛开始遭受帝国主义的侵略,先后有葡萄牙、西班牙和英国等国入侵。1596年,荷兰入侵印度尼西亚并于1602年在印尼成立了荷兰“东印度公司”,荷兰殖民统治者主宰了印尼的政治和经济。1899年改设荷兰殖民政府。1942年3月,日本侵略者占领了印尼。1945年8月,日本战败投降后,印尼爆发了8月革命,随之于8月17日宣告独立,成立印度尼西亚共和国,颁布了第一部宪法。1963 年 5 月,收复了被荷兰殖民者占领的西伊里安。

印度尼西亚的经济不发达,工业发展的方向是加强外向型的制造业。石油是国民经济的重要支柱。天然气是印尼第二大出口商品。石油是国家外汇收入和财政收入的重要来源。印尼是世界第三大煤炭出口国。印尼的胶合板制造业很有名,是世界最大的胶合板生产国和出口国,其出口量占世界胶合板供应量的 58%。

农业是该国的主要经济部门。农业人口占全国人口总数的 50%以上。粮食已能自给。茶叶是主要的经济作物。胡椒、木棉、金鸡纳霜的产量均居世界第一位;橡胶、棕桐油和椰子产量均居世界第二位;藤条、竹类、天然树脂和龙脑香脂的产量都居于世界前列。

印度尼西亚独立后才发行本国货币。货币叫“印尼卢比”。由印度尼西亚银行发行。

主辅币制为 1 卢比等于 100 仙。现在使用的货币主要有面额 100,500,1000,5000,10000,20000,50000 的纸币和面额 25,50,100,500,1000 卢比的硬币。

ISO 货币符号是 IDR。

在 1000 卢比纸币的背面是凤凰树。

(1)凤凰树

凤凰树,也称红楹。豆科植物,落叶乔木。成树高 20 余米。树冠宽广。二回羽状复叶。羽片 10 至 20 对。小叶长椭圆形。夏季开花,花多为红色。凤凰树木质细,有弹性,耐腐,不怕潮湿。可制作家具。也可作为绿化和观赏树种。

在 500 卢比硬币的背面是茉莉花。

(2)茉莉花

茉莉花，木犀科，常绿直立或藤本灌木。叶子对生，椭圆形或广卵形。多为夏季开花，也有秋季开花，花朵玲珑小巧，犹如玉雕。花色为白色，有浓郁的香味。属芳香花卉。夜晚开花，开花过程是渐渐地舒开花蕾，从纯静的花蕊里飘溢出一缕缕浓醇馥郁的芳香。娴静幽雅，花香在夜晚悄然而至。茉莉在民间有“抹丽”“末利”等称呼，意为掩没群芳。

茉莉花

茉莉原产于印度、波斯等地，后传入中国。《本草纲目》称：“原出波斯（即今伊朗），移植南海。”宋代王十朋在《茉莉》诗中说“茉莉名佳花亦佳，运从佛国到中华”。茉莉一经传入中国，就广泛传播。在江南大面积栽培，并成为芳香工业的主要原料。在北方广受欢迎的花茶，就是茉莉花与茶叶的混合加工产品。

茉莉花不仅是香料，而且是很好的观赏植物。盆栽茉莉花，在中国许多地区很受欢迎。盆栽茉莉技术，成为人们普遍喜欢的养花技术。

盆栽茉莉对土、肥、水、光照、温度等都有一定要求。首先是土壤，须选择疏松、肥沃、微带酸性的土壤，以深厚沙质土为最好，不能过干，也不能过湿。过干，叶子会发黄；过湿叶片会枯萎、脱落。其次是水，茉莉对土壤水分和空气湿度要求较高,但在不同的生长阶段具有不同的需水要求。夏季气温高,日照强,是茉莉茎叶旺盛的生长期及孕蕾开花期,需要大量的水分,每天在浇足水的同时,还应向叶面喷水。浇水要勤但不能过多,排水要通畅。第三是施肥,肥料要足,但却不能过,缺少肥料,支干萎缩,花苞不开;肥料过多,会把花蕾催掉。茉莉十分喜肥,故有“清兰花,浊茉莉”之说。在茉莉生长期间,每3天应施肥一次。现以施花卉营养液为主体,有条件也可施适量骨粉。入秋后,施肥应减少,以免延长枝叶生长。霜降后放入室内光线充足处,不需施肥。茉莉盆底要用碎石砖填起,以利排水。第四是光照,茉莉平日喜光,怕阴不怕晒。光照不足,茉莉的叶片就会变大而薄,叶色变淡,花的数量、质量都受影响。第五是温度,茉莉十分怕冷,耐寒性较差,在霜降前后应将茉莉移入室内向阳处越冬,室温最好在8℃以上。茉莉喜欢东南风,害怕西北风。因为,东南风暖和湿润,吹了东南风茉莉花生长旺盛;而吹了西北风会造成开花不足,部分花朵会变成“细粒”花。

盆栽茉莉应及时换盆,1到2年换盆一次。在早春换盆时要修剪老根。新栽茉莉每盆3到4株为宜。换盆时间应选择在4月下旬,新梢尚未萌生以前。刚换盆的茉莉要注意遮阴,不宜阳光直射。盆栽茉莉在每年的6月上旬陆续开花,但花较小,需及时摘掉,否则会消耗养分,影响花的质量、数量和以后的花期。2到3年的茉莉,每年春节发芽前可将上年生的枝条适当剪短,保留茎部10到15厘米,使其发生粗壮新枝。剪枝应选择在晴天。施肥应选择盆土渐干时比较合适。在花盛期,需加强肥水管理,施肥要勤,浓度要低,以薄肥多施为主。

茉莉是大众花卉。开花时节,在绿叶丛中,透出点点花蕾,犹如绿宝石中的珍珠。在茉莉群花开放时,阵阵芳香浓郁袭人,给盛夏的夜晚带来心旷神怡的感觉。

在20000卢比纸币的背面,是美丽的丁香花。(略)

二、非洲国家

阿尔及利亚民主人民共和国货币及货币上的植物

阿尔及利亚民主人民共和国，非洲国家，位于非洲西北部，南接毛里塔尼亚、马里和尼日尔，西邻摩洛哥和西撒哈拉，东部与突尼斯和利比亚毗连，北濒地中海，海岸线长1200公里，隔海与西班牙、法国相望。领土面积238.17万平方公里，全国划分为48个省，下设1541个市镇。全境地广人稀，平均人口密度每平方公里10.7人。全国人口的96%集中在北部沿海地区。

伊斯兰教为国教，有99.1%的人信奉伊斯兰教。只有少数人信奉天主教和犹太教。

官方语言为阿拉伯语，通用法语。

阿拉伯人占绝对多数，所以，阿拉伯风俗影响较大。阿拉伯风俗中又以婚礼风俗最具特点。年轻姑娘和小伙子一般选择秋季举行婚礼。先在清真寺举行传统的宗教婚礼。宗教婚礼只有男女双方家里的男人参加，新郎新娘都不出席，由教长宣读《古兰经》并举行仪式。之后，新郎新娘在证婚人、父兄陪同下到当地政府登记，接着进行各种庆祝活动。庆祝活动要延续一两个月，在此期间新郎新娘各住在自己家里。结婚的彩礼大多是手镯、脚镯、金腰带、金丝珠宝礼服以及配有金银珠宝的“沙西耶”帽等金银饰品。

阿尔及利亚地形以山地、高原和沙漠为主。自北而南分为三个地形区。地中海沿岸是东西长1000公里的狭窄滨海平原，中部是海拔800至1100米的高原，南部是沙漠。沙漠占全境面积的80%左右。最高峰是塔哈特山，海拔2918米。境内最长河流是谢利夫河，全长700公里。

该国以大陆性气候为主。北湿南干。北部沿海地区属地中海气候，冬季温和多雨，夏季干燥炎热，7月份平均气温25%，1月份为12℃，年降水量500至1000毫米。中部大高原地区和撒哈拉阿特拉斯山脉一带，属热带草原气候，年平均气温为26℃至27℃，年降水量200至350毫米；南部撒哈拉沙漠地区，炎热干燥，夏季最高温度达45%，年平均降水量在150毫米以下，有过5年不下雨的记录。

阿尔及利亚矿产资源较为丰富，主要有石油、天然气、铁、磷酸盐、汞、铅、锌、铜、铀等。其中石油、天然气和磷酸盐最为重要。天然气储量居世界第5位，油气田主要分布在撒哈拉沙漠偏北地区。

早在公元前3世纪，柏柏尔人就在阿尔及利亚北部建起自己的王国。公元前146年被合并为罗马帝国的一个行省。公元5至6世纪，汪达尔人和拜占庭人又先后统治了阿尔及利亚。公元647年，阿拉伯人侵入马格里布，并在这里长期定居下来。15世纪后，西班牙、葡萄牙、法国等国先后入侵，并长期占据这片土地。1871年，这里被划为法国的三个省，由法国派总督统治。1905年，阿全境沦为法国殖民地。1954年11月，阿尔及利亚民族解放军开始为国家独立而斗争。1958年9月19日，阿尔及利亚共和国临时政府成立。1962年3月18日，法国政府被迫同临时政府达成埃维昂协议，承认阿自决和独立的权利。1962年7月3日正式宣布独立。9月25日制宪国民议会把国名定为“阿尔及利亚民主人民共和国”。

阿尔及利亚的经济以石油和天然气生产为主。石油输出占国家外汇收入的90%以上。

阿尔及利亚是西方文化同伊斯兰文化并存的国家。在这里可以看到完全不同的文化风情。在海滨浴场，身着五颜六色比基尼泳装的年轻妇女成群结伙，男男女女在一起追逐嬉戏。而在南方，常见的则是遮面孔、穿长衫的装束。到处是传统建筑和用具的情景。在这里，人们严格遵循着伊斯兰教规。

阿尔及利亚主要城市有阿尔及尔、奥兰、君士坦丁等。阿尔及尔是阿尔及利亚首都。是该国重要海港。古时曾为腓尼基人的聚居地，公元10世纪，阿拉伯人建立古城，现为全国政治、经济、文化和交通中心。

该国1964年4月发行新货币，货币叫"第纳尔"。由阿尔及利亚中央银行发行。主辅币制为1第钠尔等于100分。

已经发行的货币有面额为10，20，50，100，200，500，1000第纳尔的纸币和1/4，1/2，1，2，5，10，20，50，100第纳尔的硬币。

ISO货币符号是DZD。

在50第纳尔纸币的背面是麦子和西瓜。

(1)麦子

麦子，禾科，一或二年生草本植物。秸秆中空，有分蘖。叶片长披针形。复穗状花序，麦穗分有芒和无芒两种。籽粒卵形或椭圆形。腹面有纵深沟。麦子的种类很多，有小麦、大麦、燕麦、黑麦、荞麦、莜麦，等等。其中以小麦栽培最为普遍。小麦是人类的主要粮食作物。小麦的种子含淀粉高达53%到70%，蛋白质11%，糖2%到7%，糊精2%到10%，脂肪1.6%，粗纤维2%。另外还富含维生素B、E、卵磷脂淀粉酶、蛋白酶和锌、镁、硒等多种微量元素。麦粒主要用作人类的粮食，也可用来制作精饲料、酿酒、制饴糖。秸秆可作编织工艺品、造纸，也可作燃料。

小麦有冬小麦和春播小麦。冬小麦一般在秋后播种，春小麦主要在温带地区播种，当年播种，当年收获。

中国是小麦原产地之一。据考古发现，河南省陕县东关庙底沟原始社会遗址的红烧土上，有麦类的印痕，距今约有7000年。在安徽省亳县钓鱼台新石器时代的遗址中,发现了小麦碳化籽粒,经测定,距今约5000年。中国的甲骨文、金文中,都有“麦”字。春秋时期,开始有了关于小麦的记载。《管子》书中说:“麦者,五谷之始也。”小麦起初在“五谷”中。在战国时期冬小麦有了广泛栽培。汉代的经学大师郑玄(公元127至200年)说,冬麦有“接绝续乏”的功劳。董仲舒则说:“五谷中最重麦。”《史记》记载,箕子朝周,过故殷墟,见原来的宫室中长着庄稼,感物怀古欲哭则不可,欲泣则像妇人一样,感到不好意思。乃作《麦秀》“麦秀渐渐兮,禾黍油油。彼狡童兮,不与我好兮”。唐代诗人白居易在《观刈麦》中描写了农人割麦“足蒸暑土气,背灼炎天光”的辛劳和“家田输税尽”的贫妇抱子捡遗麦来“拾此充肌肠”的悲惨生活后,从内心发出深深的感叹:“今我何功德,曾不事农桑,吏禄三百石,岁晏有余粮,念此私自愧,尽日不能忘。”

古人以麦为食,主要是用麦粒做饭,故不易消化。后来发明了磨面技术,把小麦碾成面粉。自从小麦碾成面粉后,做出来的食品花样越来越多。先是发明了做馒头,后来发展出包子、饺子、馄饨等。北方地区还发明了大饼、油饼、发糕、油条、锅盔等面食品制作方法。

由于古代生产工具落后,将麦粒碾为面粉并不是件容易的事。所以人们经常还是吃麦饭。《后汉书·冯异传》写道,公元24年,农民起义推翻了王莽的残暴统治。刘秀巡视河北,突遭叛军偷袭,仓皇渡过滹沱河到达南宫县,一时风雨大作,饥寒交迫,幸得大将军冯异搞到一点麦饭吃,才使刘秀恢复了体力,脱离了危险。也为他重整旗鼓创造了条件。第二年,刘秀建立了东汉王朝。刘秀做了皇帝后,还念念不忘饥饿时吃的那顿麦饭。

直到宋朝,麦饭仍经常出现在人们的饭桌上。北宋大诗人苏轼的《和子由送梁左藏》诗,有这样的记述:“城西忽报故人来,急扫风轩炊麦饭。”最有意思的是南宋大理学家朱熹一次到女婿家做客,不料女婿不在家,女儿来不及准备,只能用葱汤麦饭招待他。朱熹见女儿一副过意不去的样子,顺口吟诗安慰道:

"葱汤麦饭两相宜,葱补丹田麦疗饥。莫谓此中滋味薄,前村还有未炊时。"

大麦是麦子的另一个主要品种。大麦也属禾科,一年生或二年生草本。植株与小麦相似。秆较软,叶片略厚且短。颜色较淡。叶舌、叶耳较大无毛。种子扁平。大麦是制作麦芽糖和酿啤酒的好原料。大麦除具有小麦的营养成分外,还含有可防止感染,促进溃疡愈合的尿囊素。大麦芽含多种酶类,是治疗儿童积食的良药。大麦芽中含有蛋白质、卵磷脂,是营养大脑的佳品。

黑麦是麦子的特殊品种。禾科,一年或二年生草本。根系发达,分蘖力很强。穗呈四棱状,比大麦、小麦长。抗寒力极强,耐干旱。黑麦粒是很好的保健食品。植株可作牧草,秸秆作粗饲料、褥草,也是造纸的好原料。穗上有麦角菌寄生,可供药用,治偏头痛等症。据调查,在云南高寒地区和四川西昌安宁河谷栽培的黑麦,原始性状十分明显。科学研究发现,四川高原地区长有野生黑麦。这对研究和培育黑麦良种是非常有利的。

荞麦是麦子的另一个独特品种。荞麦属蓼科、蓼属。和上述禾本科的麦类毫无亲缘关系。仅因其果实可磨成面粉类的东西供食用,所以,把它与麦类联系起来。荞麦含有丰富的蛋白质、脂肪、淀粉,还有磷、铁、钙以及柠檬酸和维生素 B_1、B_2 等多种营养成分。在中国古代是食疗的重要原料。常食荞麦,可降低血压,顺气宽胸,帮助消化。荞麦嫩叶可治痢疾、咳嗽。苦荞麦能清热祛湿。荞麦皮壳棕黑黝亮,气味芳香、松软清凉,用作枕芯可以醒脑、明目。荞麦花是良好的蜜源,所酿蜂蜜为蜜中佳品,荞秆是家畜最好的饲料。

在 200 第纳尔纸币的背面是阿尔及利亚国花鸢尾。

(2)鸢尾

鸢尾,别名蓝蝴蝶。属鸢尾科,具根状茎,多年生花卉。根状茎匍匐多节,节间短。高约 80 厘米。叶剑形,质薄,淡绿色。花梗着花数朵,总状花序。花 1 至 3 朵,蝶形,蓝紫色,外列花被的中央面,有一行鸡冠状白色带紫纹突起。花冠紫白色。外 3 枚较大,圆形下垂;内 3 枚较小,倒圆形。雄蕊与外轮花被对生;花柱3裂,扁平如花瓣状,覆盖着雄蕊。花在4至5月开放,花出叶丛,有蓝、紫、黄、白、淡红等色,花型大而美丽。硕果具6棱。果期6至8月。其花苦、平、有毒;根茎可药用。

鸢尾花较有名的品种是,中国浙江的白鸢尾。花白色,外花被片基部有浅黄色斑纹。自然生长于向阳坡地、林缘及水边湿地。耐寒性强,露地栽培时,地上茎叶在冬季不完全枯萎。喜欢生长于排水良好、适度湿润、微酸性的土壤上。也能在沙质土、黏土上生长。耐干燥。用分株或播种繁殖。分株,可于春、秋季和开花后进行。一般2至5年分割1次。根茎粗壮的种类,分割后切口宜蘸草木灰、硫磺粉,也可放置稍干后再种,以防病菌感染。播种易发生变异,仅用于培育新品种。种子采收后宜立即播种,不宜干藏。

德国鸢尾,花色鲜艳,有纯白、白黄、姜黄、桃红、淡紫、深紫等。常用于花坛、花径、花圃,也是重要的切花材料。根茎可撮凝脂或浸膏,是名贵的天然香料。香根鸢尾,花大,有蓝紫、淡紫或紫红色,有微香。根茎可提取香料。

阿拉伯埃及共和国货币及货币上的植物

阿拉伯埃及共和国,非洲大国。地处非洲东北部,小部分领土位于亚洲西南角的西奈半岛,是跨亚非两大洲的国家。埃及北临地中海,东隔红海与巴勒斯坦相望,西与利比亚交界,南邻苏丹。沿海国家,海岸线长约2700公里。领土面积100.2万平方公里,全国共分26个省,省以下设县、市、区和村。

埃及是沙漠国家,沙漠占国土面积的95%。西奈半岛面积约6万平方公里,大部分为沙漠,南部山地有埃及最高峰凯琳山,海拔2637米;北部地势平缓,地中海沿岸多沙丘。著名的尼罗河纵贯埃及南北,在埃及境内长1350公里。尼罗河谷地及三角洲地区地表平坦。苏伊士运河是国际重要航道。苏伊土地峡区有大苦湖和提姆萨赫湖等湖泊。

埃及大部分地区属热带沙漠气候，年温差在12℃至16℃之间，变化较小。日温差很大。

埃及是阿拉伯大国，人口总数中，阿拉伯人占87%以上，约占世界阿拉伯人口总数的1/3。科普特人约占11.8%，其他还有少数的贝都因人和努比亚人等。

伊斯兰教为国教。伊斯兰教徒占全国人口的91%。

阿拉伯语为官方语言。

埃及施行宗教礼仪。星期五是“主麻日聚礼”，当清真寺内传出悠扬的唤礼声，伊斯兰教徒就自觉到附近的清真寺做集体礼拜。众多教徒信守每日5次礼拜的教规：即晨礼、晌礼、晡礼、昏礼、宵礼。埃及人喜吃甜食，正式宴会或富有家庭正餐的最后一道菜都是上甜食。在埃及西部沙漠的锡瓦绿洲，婚俗独特。姑娘8岁就定亲，14岁完婚。在这6年中，小伙子要不断地给女方送礼。姑娘的嫁妆是100件袍裙。

埃及是世界四大文明古国之一，早在公元前3200年就形成了统一的奴隶制国家，国王称法老。后来衰落，到公元前525年，成为波斯帝国的一个行省。公元前332年，希腊马其顿国王亚历山大在埃及建立起希腊—马其顿人的统治。公元前30年，又被置于罗马帝国的统治之下。公元639年，阿拉伯人入侵，并使埃及成为一个伊斯兰教国家。1517年，埃及受奥斯曼土耳其帝国统治，成为奥斯曼帝国的一个行省。1798至1801年，拿破仑入侵埃及，并在这里统治了3年。1805年，穆罕默德·阿里自立为埃及总督，得到奥斯曼帝国的承认。1882年，英军占领埃及。1914年12月，英国乘向土耳其宣战之机，宣布埃及为英国的正式保护国。1922年2月28日，英被迫宣布埃及为独立国家。1952年7月23日，以纳吉布为首的“自由军官组织”推翻法鲁克王朝，成立“革命指导委员会”，掌握国家政权。1953年6月18日，宣布成立埃及共和国，纳吉布出任第一任总统兼总理。1954年11月，纳赛尔取代纳吉布任总统。1956

年，纳赛尔宣布把苏伊士运河收归国有。1958年2月，同叙利亚合并成立阿拉伯联合共和国。1970年纳赛尔病逝，萨达特继任总统。1971年9月1日，埃及改名为阿拉伯埃及共和国。1981年10月6日，萨达特总统遇刺身亡，穆巴拉克经公民投票当选总统。

埃及的权力机构为，总统、议会、政府、司法机构。宪法规定，总统是国家元首、武装部队的最高统帅；总统由人民议会提名，公民投票选举，任期6年，可连选连任。人民议会是埃及最高立法机关。议员由普选产生，任期5年，议长、副议长每年选举一次。政府内阁成员由总统任命。由最高法院、高级法院、中级法院和初级法院构成了埃及的司法机关。开罗还设有最高宪法法院。检察机构包括检察总院和各省、县检察分院。

埃及资源非常丰富。铁矿储藏量约有6000万亿吨；磷酸盐储量约70亿吨；锰和锰铁矿储量约为1000余万吨；石油储量约为11.87亿吨，天然气40万亿立方米，铀矿储量超过美国和俄罗斯铀矿储量的总和。其他还有铅、锌、金、铝、铬、镍、银、铜、滑石和石棉等矿藏。

埃及是以农业为主的国家。埃及是非洲最大产棉国，并以其绒长光洁闻名世界。棉花年产值约占农业生产总值的20%，是重要的农产品出口物资。埃及的工业水平，在非洲地区属较发达的国家。工业经济以石油为主，为非洲第4产油大国。

埃及政府重视文化教育，实行“普及义务6年制小学教育”制度。国家不仅向公立学校提供经费，也向私立学校发放补助金。该国文盲率较高，文盲人数占总人口的40%以上。

埃及的著名城市有开罗、卢克索、亚历山大等。开罗是埃及首都。位于尼罗河三角洲顶点以南14公里处，是全国政治、经济、文化中心和交通枢纽，非洲最大城市。

埃及的著名旅游景点是圣卡特琳修道院、埃及博物馆、亚历山大重建图书馆、阿布·西姆贝尔神殿、法老村等。

埃及货币叫“埃及磅”，由埃及中央银行发行。主辅币制为1埃及磅等于100皮阿斯特等于1000米利姆。主要有面额为25，50皮阿斯特和5，10，20，50，100磅的纸币；另有1，5，10米利姆和1，2，5，10，20，25皮阿斯特硬币。

ISO货币符号是EGP。

在25皮阿斯特纸币的背面是衬托国徽的玉米、棉花和小麦。

(1)玉米

玉米学名叫“玉蜀黍”，为禾本科玉蜀黍属，一年生草本植物。玉米在中国

玉米

有许多别名，如玉高粱、玉麦、苞谷、包芦、珍珠米、六谷米、棒子等等。玉米根系发达，有支柱根，杆粗壮，叶子宽大，线状披针形。花为单性，雌雄同株，雄花为圆锥形花序，顶生；雌花为肉穗花序，生于叶腋。玉米喜欢阳光和温暖，适宜于在土地肥沃，水分充足，又不积水的土地生长。

玉米的经济价值很高，玉米粒含胶蛋白约30%，其维生素B_1、B_2的含量达0.34毫克，居谷类之首，比蛋黄的维生素B_1含量还高。维生素B_1能促进生长发育，保证末梢神经兴奋传导的正常进行，并能增进食欲，是健脑饮食必不可少的成分。黄玉米中的维生素A有助于视力保护。

中国黄河以北地区，在很长的时间里，都以玉米面为主食。美洲许多国家，

也长期以玉米为主食。据说,1620年,100名英国人为了逃避国内的宗教迫害,搭乘“五月花号”海船远渡重洋,在现在美国的马萨诸塞州的普利茅斯上岸。由于到了冬天,人地生疏,半数人死于饥寒。土著印第安人救了他们,给他们做玉米食物吃,还送给他们玉米种子,教给种植技术,第二年他们种植的玉米获得了丰收。这些被流放的英国人在新大陆生活了下来。为了感谢造物主,他们把印第安人给他们玉米吃的这一天定为感恩节。1863年由林肯总统认定这一天为美国的国家节庆日。

玉米不仅可以食用,还有药用价值。《本草纲目》说,嫩玉米蒸食能“调中开胃”。《金峨山房药录》说,玉米可“益智宁心”,功“不亚参苓”。还有的医书说玉米可治愈儿童烦躁、健忘、注意力分散、多梦、多疑、腿重麻木等症。玉米雌花的须状物,有利尿、降糖、利胆、止血等功效。用玉米须煎汤代茶,可治疗泌尿系统结石、肾病浮肿、慢性胆囊炎、糖尿病等症。中国古代,还选育出了“药玉米”,名叫薏苡,种仁又叫薏仁米,可作食粮,也可做酿酒原料。药用有消热利湿、健脾功效,主治水肿脚气、风湿痹痛、泄泻、肠痈。炒用治关节炎、扁平疣。根清热利尿,可用于治肝炎、肾炎等症。

19世纪末,人类又发现玉米中含有油,首先是美国人,从玉米胚中提取出玉米油。玉米油可作为食用油,可用于制皂、油漆。后来又把玉米油逐步应用于制造能够降低血脂的人造奶油。玉米油含亚油酸60%,并有卵磷脂,维生素A、E及矿物质镁等成分。如今,人们又从玉米中提取葡萄糖,制味精、酒、酱油、卵磷脂。玉米秆芯可以制造纤维板、人造丝、电木,也是高级饲料。

中国从宋代就有了关于玉米的记载。有资料称,宋徽宗(1101~1125)在位时,国外有人向他进贡过玉蜀黍,因为是当皇帝的品尝过,故被取名为“御麦”。公元1573年,明代田艺蘅在《留青日札》里曾记载说:“御麦出于西番,旧名番麦,以其曾经进御,故名御麦……”至今,上海郊区农民仍称玉米为“番麦”。中国除从国外引进的玉米之外,也有野生玉米。有专家认为,中国西南、华南山区生长着一种土产玉米，苗族人称为“包谷”，彝族人称为“红须麦”。品种有“巴地黄”“雪玉米”“七皮叶”“四行糯”等等。说明在外国玉米传入中国以前，中国就有了玉米，可能是由于产量低，后来被引进品种替代。国外也有学者认为，糯玉米起源于中国。中国还生长着栽培玉米的野生种——有稃型玉米，其玉米粒是带壳的。这些材料证明，中国是某些玉米类型的原产地之一。

一般认为，广泛传播与栽种的玉米，原产地在南美洲。当地的印第安人把玉蜀黍当作自然神崇拜。供祭祀用的果穗，必须经过严格选种，并在隔离的地区种植，以免被杂交，造成品种混乱。这样经过长期的定向培育，获得了优良品种。考古发掘资料显示，在早于“印加”王朝的坟墓中，发现了玉蜀黍的籽粒。在墨西哥，发现了 7000 年前遗留下来的古老玉蜀黍植物，并发掘出大量用黄金和陶土制成的玉蜀黍女神像。

美洲玉米的传播路线，一般认为，先由南美洲逐渐扩展到中、北美洲。自从哥伦布侵扰新大陆后，西班牙人把玉米带回国，并逐渐传遍欧洲。15 世纪末，由葡萄牙人把玉米种子带到爪哇，并在爪哇繁殖成功。16 世纪初，又从岛国传入中国。也有人说，玉米是阿拉伯人经西班牙、麦加、中亚传入中国的。17 世纪传到马来群岛，18 世纪传到印度。各种资料都显示，历史上美洲印第安人所培育出来的具有丰富营养价值的高产栽培植物，在不太长的时间内，传遍了整个世界。

玉米在中国传播广泛，用处极大。特别是近现代历史上，由于玉米种植方便，产量较高，是中国人不可缺少的粮食作物。玉米种子既可在大田沃土中种植，也可在贫瘠窄小寸土上播撒。既可等籽熟粒满后磨面而食，也可“乘青半熟”，采嫩玉米鲜食。

玉米产量高、发展快。现在有 70 多个国家栽种，成为一种世界性的粮食作物。经过培育的玉米品种也越来越多，仅供鲜食的玉米就有白糯、黄糯、紫糯、五彩玉米等。

(2)棉花

棉,俗称"棉花"。锦葵科,一年或多年生草本或灌木。茎有毛或光滑,青紫色,分枝有营养枝和果枝。叶互生,掌状分裂。花生于叶腋下,乳白色、黄色、带紫色或粉红色均有。果实 3 至 5 裂。种子密生长纤维或绒毛。纤维可纺纱或做棉絮。棉子榨油供食用或工业用,油粕可作饲料或肥料。棉子绒是制造火药和塑料的重要原料。茎的韧皮纤维可制绳索和造纸。

棉花

当今世界上种植的棉花有两种类型:一种是美洲棉,一种是亚洲棉。美洲棉包括海岛棉及陆地棉。亚洲棉主要包括草棉和树棉。草棉是一年生草本。它的果铃小、产量低,而且铃壳绽开不大,不好采摘,但是它成熟早,适宜栽种在生长期短的地区。树棉为一年生或多年生灌木,它其实是草棉长期在热带气候条件下产生的变异。树棉原产于印度,以后渐渐由东南亚传入中国。树棉与作为观赏的木棉树不是同一物种。

中国是亚洲棉的故乡。根据考古发现,福建武夷山的一个殷商时期遗址的船棺中,发现了一块棉布,这是迄今为止中国发现的年代最早的棉织物。在新疆罗布泊西汉末年至东汉的楼兰遗址中,也曾发现过棉布的残片。1959 年,在新疆民丰县北大沙漠的东汉古墓中,发掘出保存完整的蓝白印花布、白布裤和手帕,都是以棉花为原料制作的,这是中国首次发现的最完整的棉织衣物。后来,在新疆各地陆续发掘出许多棉织品及碳化的棉籽,说明中国新疆一带很早就种植了棉花。此外,汉代文献也记述了海南岛的黎族祖先和云南西部的傣族祖先种棉织布的情况。至迟到西晋(265~316),棉花种植已推进至四川。有“布有橦华”的文字记载。“橦华”就是一年生的草棉。南北朝及隋朝期间,今广东、云南、广西、福建等地的植棉生产已有了一定规模,当时以广东地区为最发达。唐朝时,人们穿棉布的似乎多了起来,诗人白居易穿上用棉花织成的“挂布”,十分高兴,并把它与丝织品“吴绵”相提并论,写了一首《新制衣裘》:挂布白似雪,吴绵软于云。布重绵且厚,为裘有余温。

唐宋以前,中国边远地区种植棉花,内地并不产棉。棉花在传入中原以后,相当长一段时间内,是将它作为花卉种植在宫廷里供观赏的。因为它叶似梧桐,开花先为白色,到中午完成授粉后变成了红色,结出棉桃开裂后,吐出白色的花絮,又似开了一次花,煞是好看。到了宋朝末年,棉花在中国内地有了规模较大的发展。特别是元代开国前后,北方历经了数十年的大规模战乱,农业更加凋敝。养蚕业由于桑树遭受大量砍伐,差不多成了“年年育蚕苦无叶”的衰退局面。南方水旱连年,衣被原料十分缺乏。人们通过艰辛的努力,将岭南一带的棉花,大力向北推移,将新疆的棉花向东推进,致使在很短时间内,安徽、江苏、湖北、湖南、浙江等地成了元初的产棉地区。同时,劳动人民在生产实践中进行了比较,丝绸织品虽然光泽鲜艳,“附体轻暖”,可是,从栽桑养蚕到缫丝、染织,工序十分复杂,麻的栽种虽然比较简单,但也要经过沤麻剥皮、纺织等过程,麻织品质地粗糙。相比之下,棉花生产比较容易,棉织品质量也很好,无论是穿戴铺盖都很适宜,所以受到人们的青睐,逐步取代了桑麻的地位,成了人们日常生活的必用品。

在棉花广泛种植的基础上,纺织也有了创造性发展。上海松江乌泥泾的黄道婆,年少时受封建家庭压迫,流落到海南岛崖州生活了一段时间,跟当地的黎族人学会了棉织技术。元贞年间(1295~1296)回到了家乡,热心向人们传授纺织技术,还教人们制造出新式的纺织工具,对长江流域的棉布生产发展做出了重大贡献。

美洲棉一般认为是在19世纪末由美洲引入中国的。进入20世纪五六十年代,化纤品一度占领了消费市场,但是,经过一段时间的检验,人们发现,还是棉织品透气性好,对皮肤没有什么副作用。因此,一度受冷落的棉织品成了最受欢迎的日用纺织品。

埃塞俄比亚联邦民主共和国货币及货币上的植物

埃塞俄比亚联邦民主共和国,非洲国家,位于非洲东部,东接吉布提和索马里,南邻肯尼亚苏丹,北临红海,领土面积110.36万平方公里。埃塞俄比亚是沿海国家,海岸线长1013公里。

埃塞俄比亚领土以山地为主体,大部分在埃塞俄比亚高原上,平均海拔在2500至3000米之间。在非洲各国地势最高,有"非洲屋脊"之称。沙漠占全国总面积的25%,沙漠地区主要在高原的南部和东北部。著名的东非大裂谷从东北向西南纵贯全境,将埃塞俄比亚高原分成东、西两部分。按地貌特征,全国分为西部低地、西部高原和东部高原及裂谷带。

埃塞俄比亚的河流较多,主要河流有,阿巴伊河、塔卡泽河、巴罗河、谢贝利河、朱巴河以及阿瓦什河、巴腊卡河。

该国的大部分地区气候温和。一年分为两季,即雨季和旱季。6月至9月为雨季;10月至次年5月为旱季。各地降雨量不均衡,高原区年降雨量为1000至1500毫米,而低地和谷地却仅有250至500毫米。

地下资源丰富,已经探明的主要矿藏有金、铂、铁、铅、锰、钨、铜、银、钾盐、褐煤、碱、石油、天然气等矿产资源和地热资源。水力资源蕴藏量年可发电560

亿度,由于经济不发达,现在还没有充分开发利用。

埃塞俄比亚是部族众多的国家,共有80多个部族,几乎每个民族都有自己的语言和习俗。据统计,该国有86种独立语言,几百种方言。通用英语,比较流行的还有奥罗莫语和提格利亚语。国语为阿姆哈拉语。

该国的阿姆哈拉族、提格雷族习俗独特。婚事由父母决定。婚后,夫妻并不住在一起而是分开生活。

埃塞俄比亚人有吃生牛肉的习惯。活牛被宰杀后,要吃鲜血淋淋的生肉。具体吃法是要么绞成碎末拌上调料吃;要么切成像豆腐块一样大小的方块,蘸着佐料吃。

在埃塞俄比亚,各家庭每周都隆重地饮一次咖啡,在这种场合要焚香。

埃塞俄比亚人把黄色看作是死亡的象征,正常情况下,出门不能穿淡黄色服装,只有办丧事时才穿这种颜色服装。

埃塞俄比亚有自己的历法,这种历法把一年分为13个月,前12个月每月30天,最后的第13个月又分两种情况,即平年和闰年,平年5天,闰年6天。这个国家的人民把太阳升起作为一天的开始,零点从早晨开始,6点是中午。傍晚为12点,是白天的结束,也是夜间零点的开始。无论计年方法还是计时方法,如今在民间仍沿用。

埃塞俄比亚历史比较悠久,早在公元13世纪后期,耶库诺、阿姆拉克建立新王朝阿比西尼亚。3个世纪之后,即16世纪,奥斯曼帝国和葡萄牙殖民主义者相继侵入。1632年,法西利德斯继位,迁都贡德尔,出现了短暂的文明,形成了与西方文艺复兴时期相媲美的"贡德尔时期"。可是,这个王朝存在的时间不长,贡德尔后期,埃塞俄比亚进入了"王子纷争时代",逐渐走向衰落。随后,埃及、英国、意大利相继入侵。进入持续一百多年的帝国主义侵略与争夺时期。1890年,意大利宣布埃塞俄比亚为其保护国。1896年3月,埃及军队大败意大利军队,迫使其赔款并承认埃塞俄比亚独立。

1935年10月3日，意大利再次大举入侵埃塞俄比亚。1936年5月9日，意大利宣布合并埃塞俄比亚、厄立特里亚和意属索马里为“意属东非帝国”。1941年，英国军队打败了意大利军队，控制了整个埃塞俄比亚。同年5月5日，受英国控制的埃塞俄比亚人塞拉西一世，重返亚的斯亚贝巴，并恢复了其统治地位。

1974年2月，发生了武装政变。同年9月12日宣布废除帝制。年底，宣布埃塞俄比亚为社会主义国家。1977年2月，门格斯图执政。1987年2月全民投票通过新宪法，9月10日宣布成立埃塞俄比亚人民民主共和国。

1995年5月7日，全国举行首次多党制选举，执政党“埃革阵”取得压倒多数的胜利。同年8月22日，新宪法生效，这是历史上的第四部宪法。同一天，通过3项宣言，宣告埃塞俄比亚联邦民主共和国正式成立。

埃塞俄比亚经济落后，被联合国列为世界上最不发达国家之一。数十年内战、天灾和以前当政者政策的失当，致使经济几近崩溃。

埃塞俄比亚是一个农业国家，属于自然经济型，生产力水平低下。私营经济在国民经济中占主导地位，其产值占国内生产总值的65%。粮食作物主要有大麦、高粱、玉米、小麦、薯类和豆类等。经济作物主要有咖啡、甘蔗、棉花、亚麻、剑麻、蓖麻、向日葵、胡椒、烟草、香蕉、椰枣、柑橘等。畜牧业居非洲各国之首，占世界第十位。养牛业是畜牧业中的主要部门，所养牛主要用于耕作。养羊业以绵羊为主，主要用于肉食和出口皮张。灵猫饲养业是埃塞俄比亚的特有产业。

埃塞俄比亚现代化工业还处于萌芽状态，工业项目主要以农产品加工为主。即使这种落后的工业，也由于连年战乱，开工率严重不足。

埃塞俄比亚的货币叫“比尔”，由埃塞俄比亚国家银行发行。

主辅币制为1比尔等于100分。

已经发行的货币，主要有面额为1，5，10，50，100比尔的纸币和1，5，10，25，50分的硬币。

ISO 货币符号是 ETB。

埃塞俄比亚是咖啡豆生产国，在 5 比尔纸币的正面是农民采摘咖啡豆的图案。

咖啡

咖啡是茜草科，咖啡属，多年生常绿灌木或小乔木。叶子对生，革质，有光泽，长卵形带尖。花单生或腋生花束。圆伞花序，白色芳香，为虫媒花。每年开花 2 至 3 次。花色为白色。萼 4 至 5 齿裂，花冠 4 至 8 裂。大、小粒种白花授粉，中粒种为异花授粉。果为浆果，外果皮是薄薄的一层革质，未成熟时绿色或淡绿色，成熟后为红色、深红色、紫红色和朱红色。中果皮即果肉，是一层带有甜味和间杂有纤维的浆质物。内果皮是种衣，里面包含着种子，一般为两粒。种子的形状椭圆形或卵形，俗称“咖啡豆”。除含水分外，还含有蛋白质、咖啡碱、葫芦巴碱、油、糖类、糊精、戊糖酸、纤维素、咖啡鞣酸、矿物质、绿原酸等。

咖啡

咖啡作为饮料有 90 多个品种。世界栽培较多的有小粒种、中粒种和大粒种。咖啡饮料是用它的种子，经烘炒磨碎而成。世界市场上出售的各种不同口味的咖啡饮料，都是按饮用者的习惯，采用不同品种不同比例的配方制成的。

咖啡饮料味道芳香，有兴奋神经、提神醒脑的作用，在医学上可作为兴奋剂、麻醉剂、利尿剂和强心剂。咖啡果肉富含糖分，可制酒，也可酿醋。花含有香精油，可提取高级香料。

咖啡原产于热带非洲。小粒种又称“阿拉伯种咖啡”，原产于埃塞俄比亚热带高原地区，品质香醇，为各类咖啡中最优者，豆粒加工后味浓而香。大粒种又称利比里亚种，原产于非洲利比里亚，树干粗壮，可达10米高，果实大，但产量低。品质浓烈，味较苦。

人类利用咖啡是偶然的杰作。据史料记载，公元前500年，阿拉伯牧民放羊时经常发现，羊群在吃了一种植物的种子后兴奋不已，通宵无眠，且欢腾跳跃。为了破解这个谜，他们观察发现，是羊吃了咖啡树的叶子之后，才出现这种状况。于是，有阿拉伯牧民也学山羊的样子，吞食咖啡的种子，果然也感到精神爽快。食得多一些的人甚至也出现了“山羊跳舞”症状。从此，人们开始注意如何利用这种植物了。

人类究竟是从什么时候开始饮用咖啡，是一个争论的问题。有确切记载的时间是13世纪，在这一时期，人们开始饮用经过加工和焙炒的咖啡饮料。到了17世纪，咖啡传入法国，法国人开始饮用咖啡，随后，饮用咖啡渐渐在欧洲各国流行。1727年，殖民主义者又把咖啡带到巴西。当时巴西是葡属殖民地，由于巴西的气候和雨量适宜咖啡生长，种植面积日渐扩大，并以产量高、质量优称誉全球。现在，巴西的咖啡豆产量约占世界总产量的1/3，咖啡已经成为巴西最重要的经济支柱。

咖啡作为饮料，具有解渴、提神、助消化等多种作用。咖啡在许多国家不仅是饮料，而且成为交往的工具。在不同国家，咖啡衍生出不同的文化现象。其表现是，不仅饮用咖啡的方式有差异，甚至加工咖啡的过程，也成为很讲究的内容。比如，英国人是用布袋装入咖啡粉，放在瓦煲内加水煮沸饮用，以表现他们的绅士风度。法国人则以蒸馏方式处理咖啡，且喜欢在咖啡馆里消磨时光，因此，巴黎的咖啡馆之多举世闻名，这足以表现这个民族的浪漫情调。奥地利的维也纳是在杯中先放进白糖和奶油，再冲入浓热咖啡，等到奶油浮起泡沫再喝。美国人最实际，是将咖啡粉用开水冲或煲后，等渣滓沉淀后，用吸管饮用。大众饮用咖啡的方式，是用速溶咖啡加糖冲泡，再放入牛奶后饮用。

贝宁共和国货币及货币上的植物

贝宁共和国，非洲国家。位于西非中南部的几内亚湾沿岸，东邻尼日利亚，东北与尼日尔交界，西北与布基纳法索相接，西与多哥接壤，南濒大西洋，海岸线长125公里。领土面积11.26万平方公里，全国划分为6个省。

贝宁共和国国土呈狭长状态，南窄北宽，北高南低，南部沿海平原宽约100多公里，地势低平；中部与北部为高原，约占全国面积的65%以上。高原西北是山岭。

贝宁属热带气候，大部分地区盛行西南风，雨量较充沛。南北分为两个气候区。在距海岸200公里左右的沿海平原，属热带雨林气候，年降水量1300毫米，气温在22℃至34℃之间。中北部属热带草原气候，年降水量1000毫米左右，气温26℃至27℃，最高气温可达42℃。

贝宁属部族国家。全国有60多个部族，其中有南部的芳族、东南部的约鲁巴族、西南部的阿贾族、北部的巴利巴族，以及颇尔族、松巴族、艾佐族、索姆卫族、富拉尼族等。在各部族中，芳族人数最多，约占全国入口的32%。芳族在历史上是贝宁王国的建设者，所以又称他们为“贝宁族”。

法语为官方语言。全国通用的语言有芳语、约鲁巴语和巴利巴语。

居民中有65%的人信奉拜物教，15%的人信奉伊斯兰教，12%的人信奉天主教。

不同部族有不同的民俗。南部地区实行大家族制。族长通常由最年长的人担任。他的话就是法律，族长负责召开家庭会议，讨论整个家族的大事，主持仪式，分配遗产，处理结婚或离婚之事，处罚犯有重大罪行的族人。女人不能担任族长。族长有权在死前指定继承人。如果没有指定继承人就去世了，便由族人推选族中贤能之人出任族长。

贝宁南部地区的居民崇拜蟒蛇，视蟒蛇为神灵。为蟒蛇建立了庙宇。有蟒蛇节，蟒蛇节为每年9月15日。蟒蛇节由一位王国大臣主持仪式，参加者多为妇女。仪式开始后进行祭典，之后取出蟒蛇，相互传递。许多妇女接到蟒蛇，一会儿将它贴在前额，一会儿将它贴在肚皮上。节日期间，还要搞蛇展和颂扬蟒蛇的歌舞比赛等活动。

贝宁的历史不太久远。12至13世纪建立王国。1580年葡萄牙殖民者侵入该地区。1670年法国侵入，后占领全境。1958年9月，达荷美成为法兰西共同体的"自治共和国"，1958年12月4日，在波多诺伏宣布达荷美共和国成立。1960年8月1日宣告独立。1975年11月30日，改国名为贝宁人民共和国。1990年3月改国名为贝宁共和国。

贝宁政权实行总统制，总统为国家元首、政府首脑，并行使武装部队最高指挥权，经选举产生，任期5年，可连选连任一次。设置国民议会，为国家最高权力机关和唯一立法机关，有权通过或修改根本法。议员任期4年，由全国选举产生。政府为最高行政机构，由总统任命总理、各部部长。设宪法法院、最高法院和其他法院。法庭行使司法权。另设最高法院检察长。省设上诉法庭，县以下设调解法庭以及各级人民检察院。

贝宁属世界上最不发达的国家之一。资源贫乏，主要矿产有铁、磷酸盐、大理石、陶土、黄金。近海发现有石油，探明储量55亿桶。农业和转口贸易是国民经济的两大支柱。农业产值占国内生产总值的38%。粮食作物有薯类、玉米、谷子、高粱等，经济作物有油棕、棉花、可可、咖啡、花生等。棕榈油产量居非洲前列。

贝宁重视文化教育，在西非属教育比较发达的国家。学制分初等、中等、高等。初等教育为非宗教的免费义务教育，学制6年。有一所国立大学，下设16个分院。

主要城市有波多诺伏、科托努。波多诺伏为贝宁首都，位于国家东南端，濒临几内亚湾，曾为波多诺王国都城。

贝宁使用的货币为非洲金融共同体“法郎”。由西非国家中央银行发行。主辅币制为1法郎等于100分。已经发行并使用的货币有面额50,100,500,1000,5000,10000法郎纸币和面额为1,2,5,10,25,50,100法郎的硬币。

ISO货币符号是XOF。

在2500法郎纸币的背面是可可树。

可可

可可属梧桐科，常绿乔木。叶子椭圆形，顶端骤尖，全缘革质。开花，花为

可可树

聚伞花序，白色或粉红色，无香味。花簇生于树干和主枝上。果状似苦瓜，外果皮有纵沟，坚硬厚实；中果皮较薄，由木质纤维组织组成；内果皮柔软而薄，内有

排列成五列的种子20至40粒,每粒种子均为果肉所包围。种子扁平,呈圆形,颜色多为红、黄、褐色。种子被称为可可豆,可加工成可可脂(可可黄油)和可可粉。可可树高达4至7米。

可可营养丰富,烘焙之后,味道醇香,饮用或食用,对人体具有兴奋与滋补作用。主要用作饮料。也是制作高级巧克力糖果、糕点和冰激凌等食品的主要原料。

可可原产于美洲。在新大陆发现之前,旧大陆的人们对可可一无所知。据说,在中美、南美及西印度群岛上有野生的可可树。早期的美洲土人,因可可味美而富有营养,曾把它当作货币使用。16世纪,西班牙开始栽培可可,其人工栽培历史只有500多年。现在世界上种植可可面积最大的是非洲,占75%,其次是拉丁美洲,为21%,澳洲和亚洲共占4%。用可可为原料制成的巧克力又称为朱古力,古人称它为"神的食物",现今则称它为"能源食品"。中国在近现代才开始引种可可树,主要集中于台湾和海南岛等地。

可可在世界上的影响力远不及用可可做成的巧克力。巧克力在世界各国几乎是尽人皆知。巧克力不仅内容,即使是名字也与可可无法分开。据说,巧克力的名称起源于古代的墨西哥。当地阿斯特克人,经常在丛林中围着一种名叫卡卡乌阿特的树举行祭礼,并献上祭品。祈求一尊名叫"巧克力"的善神来保佑风调雨顺,果实丰收。他们崇拜这种树,并把这种树上的果实——可可豆摘下来,提取一种奇特的饮料,这种饮料就以神的名字"巧克力"来命名。他们还将可可豆粉加入玉米粉或辣椒粉煮糊食用,这种苦味的食物能增强体力,预防疾病。1519年,西班牙人到达墨西哥,将这种巧克力的原始配方引进西班牙,从而使巧克力开始走向世界。

从可可到巧克力的变化,包含着人类文明与进步,也包含着近代文化。可可豆或可可粉并不像巧克力那样香甜可口。可可豆不能直接吃,可可粉味苦而辣,无法食用。是欧洲人最先创造了可可的现代食用方法。在可可粉中加入适量的蔗糖，就可以饮用；加入糖和面粉等，即可食用。后来，欧洲人按照自己的口味，创造出现代巧克力等高级食物，并把可可和巧克力进行工业化生产。随着近现代经济和文化的发展，巧克力传遍世界各国。

欧洲各国在近代巧克力的生产过程中，都创造出自己的方法，并且互相保密。比如，西班牙人对自己发明的巧克力制作方法一直守口如瓶，据说，这个秘密保守了近百年。法国国王路易十四娶了个西班牙公主，这位公主有喝巧克力饮料的习惯，她嫁到法国，把喝巧克力的习惯带到法国，从而也把巧克力制作方法泄露出去。巧克力一经传入法国，很快流行开来，并在名人与上流社会成为一种时尚。据说，拿破仑出征时不仅要带武器弹药，还要带上巧克力。法国启蒙思想家、哲学家、作家伏尔泰每天要喝 12 杯巧克力饮料，否则，就没有思路，写不出东西。随后，伦敦、阿姆斯特丹等欧洲城市有了巧克力饮料馆。

英国人不仅学习了西班牙的巧克力制作方法，还根据自己的口味和生活习惯，对这种糊状饮料加以改进，放入牛奶，制造出了香草巧克力、蛋白巧克力等饮料，还制作出巧克力小面包等，使巧克力在英国大为流行。

在可可的食用创作中，瑞士人也不甘落后。1876 年，一名叫丹尼乐·彼得的瑞士商人突发奇想，在甜巧克力中加入炼乳，这一创造，把可可豆从苦涩的坚果，经过巧克力饮品，飞跃发展为现代巧克力糖。

博茨瓦纳共和国货币及货币上的植物

博茨瓦纳共和国，非洲国家。位于非洲南部，内陆国家。东接津巴布韦，西连纳米比亚，北邻赞比亚，南界南非。领土面积 58.173 万平方公里，全境分为 10 个行政区和 4 个市。

博茨瓦纳的领土面积不大，但是地理环境却很复杂。整个国家处于南非高原卡拉哈里盆地上,地势东高西低,平均海拔在1000米左右。中部和南部是卡拉哈里沙漠,西北部则是奥卡万戈三角洲沼泽地。东南部大多是丘陵。地面水源缺乏,境内多间歇性内陆河流。奥卡万戈河由西北部边界流入安哥拉,北部边界有乔贝河,南境有林波波河。国家的大部分地区属热带干草原气候,西部为沙漠半沙漠气候。年平均气温21℃,分湿热和干凉两个季节,每年的5月至10月是干凉季节;10月至次年4月属湿热季节。

博茨瓦纳的矿产资源很丰富,金刚石储量和产量均居世界前列。已探明的铜、镍储量为4600万吨,煤藏量170亿吨。森林面积96万公顷,占国土面积的1.7%。野生动物也很丰富,主要有河马、狮子、大象、羚羊、鸵鸟等。

该国居民主要是班图语系茨瓦纳人,主要部族有8个。

官方语为英语,通用茨瓦纳语。

多数居民信奉基督教新教和天主教,农村部分居民信奉原始宗教。

这个国家的多数部族仍保留了部落制残余,以畜牧业为主,傍水而居,形成大的村落。有些部族保存母系时代痕迹,夫从妻居;也有的实行一夫多妻制。衡量财富多少的标准是牛的数量。牛多者为富裕,牛少则为穷者。全国80%的人从事养牛业,高级官员也购牛作为财富储存的方式。

博茨瓦纳有些民俗很独特,比如,在博茨瓦纳的卡拉哈里丛林中,布须曼人的求爱方式别具一格。布须曼青年男人,如果爱上哪个姑娘,就用兽骨制成的箭去射姑娘的后背。箭头上蘸有粘胶。如果箭粘在了姑娘的后背,就意味着两人有缘,姑娘就会嫁给小伙子;如果箭头未粘住衣服,小伙子就必须放弃求爱。

博茨瓦纳的历史可追溯到公元13至14世纪,那时,茨瓦纳人由北方迁居此地,并在这里生活与繁衍。当时叫贝专纳。19世纪初,英国殖民者侵入,博茨瓦纳成为英国的殖民地。1836年,这里又被南非荷兰人占领。1885年,英国将北部贝专纳划为英国“保护地”;南部为英属殖民地,称英属贝专纳。1895年,英将“英属贝专纳”并入开普殖民地,1910年又将其并入南非联邦。1960年

12月,英国殖民者颁布命令,实行种族隔离的"新宪法"。1965年,北部贝专纳实行"内部自治",1966年9月30日宣告独立,定国名博茨瓦纳共和国,仍留在英联邦内。

博茨瓦纳在现代数十年的历史上,经历了由穷国变为富国的过程。在独立前是世界上20个最贫穷的国家之一。独立后,国民经济获得了迅速发展。首先是钻石业的开发,使该国大受其益。博茨瓦纳钻石业发达,被誉为"钻石王国"。到20世纪末,已经达到人均国内生产总值2600美元,被誉为"非洲小康之国"。

在博茨瓦纳的国民经济中,农牧业占重要地位。全国83%的人从事农牧业。农牧土地面积约占国土面积的68%。畜牧业多半以养牛为主。畜产品主要供出口。

工业经济以矿业为支柱,矿业又以钻石为主。从20世纪90年代起,采矿业成为国民经济的主要部门。钻石为主要矿产品,是世界上最大的钻石生产国。弗朗西斯敦西北的奥拉帕地区,是世界上最大的金刚石矿床,储量居世界第二位。每年可创汇10多亿美元。加工和制造业产值占国内总产值的6.2%,超过畜牧业产值,居全国第二位。

国内轻工业主要有畜产品加工、饮料、皮革、纺织、建材等中小型企业。畜产品加工规模较大,占国内生产总值5%,为非洲最大的畜产品加工中心之一。

博茨瓦纳已初步建立起交通网。目前已有一条铁路干线与津巴布韦和南非相连,全长900公里。公路总长1.94万公里,其中沥青路面1200公里。国内建起了小型机场,开通了飞往非洲各国及英国的航班。

博茨瓦纳的文盲率较高,达到26%以上。全国仅有一所大学,即博茨瓦纳大学,4所学院。另有中等技术学校70多所。

博茨瓦纳从1976年8月才开始发行本国货币,叫"博茨瓦纳普拉"。由博茨瓦纳银行发行。

主辅币制为1普拉等于100瑟比。

目前已经发行的货币，主要有面额为5,10,20,50,500普拉的纸币；另有1,2,5,10,25,50瑟比和1,2普拉的硬币。

ISO货币符号是BWP。

在2分硬币背面的是重要的农产品高粱。

高粱

高粱别名很多，如蜀黍、茭子、芦粟、甜秫秸、木稷、粱秫、荻粱、芦檫等。禾本科，高粱属，一年生植物。杆直立，有节，杆中心有髓。叶片与玉米相近，窄而厚实，表面有蜡粉，平滑，中脉白色。穗呈扫帚状。果实有白、褐、橙、淡黄等颜色。

高粱

高粱的营养价值很高。高粱籽蛋白质含量达8.2%，脂肪2.2%，糖7.8%，还含有维生素B_1、B_2。高粱籽除食用外，还是酿酒、制醋的好原料。许多著名白酒，如，中国的茅台酒、五粮液酒等，都以上等高粱做原料。高粱还是喂养食草动物的好饲料，如牛、马、驴等都以高粱为食。有些品种的高粱茎秆含糖量高达19%，可用于鲜食或制糖。含糖量低的秸秆可织席、做炊篱、制扫帚、做青饲料或燃料。

高粱原为野生植物，野生品种在古代和现在遍布亚洲、非洲许多国家。中国至今仍有野高粱广泛分布于河南、山东、河北、山西等地。

非洲也有高粱野生品种。如，在埃及，野生高粱被称作“苏丹草”。

人类培育高粱的历史比较悠久，考古发掘证明，5000年前在中国的黄河流域，就已经培育出高粱品种。公元前2000年，有了大面积的高粱种植。公元前2000年前，古埃及也开始栽培高粱，相传“法老王”从非洲中部把高粱引进埃及，以后埃及高粱又传到阿拉伯其他国家以及马来群岛和印度等地。

在种植高粱的国家中，中国的高粱品种多，质量好。因为，中国许多地区，在历史上曾经以高粱为主食，如中国东北地区，到20世纪80年代，仍以高粱米为主食。更多的地区，用高粱制作白酒和酱油、醋等调味品以及饲料等。在中国栽培的高粱中，从黄河流域到东北大平原，越往北走，品质越好。这是由于北方气候比较凉爽，生长季节长，日照和辐射强度高，昼夜温差大，土壤肥沃所至。这些条件，有利于植株营养物质的积累和改善，使高粱籽粒减少了苦涩味，增加了香醇味道。中国黄河流域产的高粱一般不能做饭吃，而东北的高粱米做的饭则松软可口，有的品种可与稻米媲美。

近年来，中国科学工作者培育出的杂交高粱，使高粱的品质和产量都大有提高。在中国黄河以南广大地区的高粱虽然不好吃，但是，却酿造出了享誉世界的名酒和著名调味品。现代农业技术继承和发展了历史上对高粱的培育经验，根据不同的需要，培养出许多经济价值更高的高粱品种，比如，为了酿酒需要，培育出适合于酒业生产的高粱；为了好吃，培养出口感好的高粱，有白高粱、黏高粱等；为了满足喜食甜秸秆的人们的需要，培育出了秸秆含糖量很高的高粱；为了给扫帚制造业提供原料，培育出穗松散坚挺的高粱；还有专用于青饲料的高粱，用于酿造调味品的高粱等等。

冈比亚共和国货币及货币上的植物

冈比亚共和国,位于非洲西端,东、北、南三面与塞内加尔接壤,西临大西洋,海岸线长约 50 公里,是西非国土面积最小的国家。全境是一块平坦狭长的冲积平原,东部略高,西部略低。全国最高点仅为海拔 46.4 米。领土面积 1.038 万平方公里,全国分 5 个区、两个市、35 个县,村为基层单位。

国内最大的水系为冈比亚河,该河横贯冈比亚共和国东西,在冈比亚境内流经 472 公里,最后流入大西洋。

冈比亚属热带气候,全年分为雨季和旱季。6 月至 10 月是雨季,11 月到次年 5 月是旱季。年平均降水量为 1150 毫米,几乎全部集中在雨季。内陆地区年均气温为 27℃,沿海地区为 24℃。

冈比亚属矿藏资源贫乏国,已探明的主要矿物有钛、锆、金红石、高岭土等,均未开发利用。冈比亚河和西部大西洋渔业资源丰富。

该国是个多部族的国家,部族构成较复杂。主要有 5 个大的部族,曼丁哥族,占全国总人口的 42%,分布在全国各地;富拉族占全国人口的 16%,主要分布在东部;沃洛夫族占人口总数的 13%,主要在首都和冈比亚河北岸;塞拉胡里族占人口总数的 9%,分布在东部。此外,还有朱拉族和撒里族等。近 30 年来,由于出生率明显提高和死亡率的下降,冈比亚人口增长速度很快。人口大部分集中于靠近冈比亚河两岸一些城镇及附近地区。

各部族都有自己的语言。英语为官方语言。

全国 90%,的居民信奉伊斯兰教,10%的人口信奉基督教新教、天主教和拜物教。

该国的穆斯林每天祈祷 5 次,祈祷时要触到地面,非常虔诚。跪拜时,额头和鼻子要触及地面，每一次祈祷要跪拜10次以上。每次跪下之前，口中要说赞美真主的话，求真主赐给平安等。

冈比亚经历了漫长的殖民地历史。从15世纪到16世纪，葡萄牙人入侵冈比亚，并把冈比亚变为葡萄牙的殖民地。1618年，英国殖民者在冈比亚河口詹姆斯岛上建立据点，开始与葡萄牙人争夺殖民地。1659至1660年，荷兰殖民者侵入冈比亚，并一度在这里占了上风。17世纪末，法国强盛起来，它们也到这里强占一块地盘，法国人一度侵占了冈比亚河北岸地区。在此后100多年间，英国与法国，为了争夺塞内加尔和冈比亚，在这里进行过多次战争，在战争中遭殃的是冈比亚人民，而获得利益的却是英国和法国人。直到1783年美国独立战争后，凡尔赛和约把冈比亚河两岸划归英国，把塞内加尔划归法国，才平息了这场旷日持久的战争。1888年，冈比亚与其他殖民地分离，成为英国旗帜下的独立殖民地。1889年，英、法达成协议，划定当今冈比亚边界。1959年，英国召开冈比亚制宪会议，同意冈比亚成立“半自治政府”。1963年10月4日，冈比亚实施自治。1964年12月，英国同意冈比亚于1965年2月18日独立。1970年4月24日冈比亚宣布成立共和国。

冈比亚经济落后，在联合国开列的世界最不发达的国家中，冈比亚名列其中。全国没有一条铁路。农业是该国的主要经济支柱。农业人口占全国人口的75%以上。已耕土地面积占39%，半数种植花生。

工业基础薄弱，发展缓慢。主要有花生加工、肥皂砖、电子表装配、啤酒、制革和糖果业等。

转口贸易、花卉种植、旅游业是冈比亚重要经济支柱。

在冈比亚各民族中，曼丁哥族虽是传统的农耕民族，但擅长经营商业，工匠的地位很高，他们的编织物富有民族特色，在国际上享有盛名。

在班珠尔东南的马肯巴亚，同英国合资建起了大型鲜花种植场，投资3000万达拉西，每年可向欧洲出口21吨鲜花。

冈比亚的对外贸易以转口贸易为主。以欧洲共同体为主要市场，主要出口花生及其制品。进口冈比亚所需的食品和工业品。

文盲约占全国人口的75%，全国设有270个扫盲中心。教育以中等教育为主。小学实行免费教育。最高学府是冈比亚学院。

班珠尔是冈比亚首都。位于冈比亚河河口的圣玛丽岛上，是全国最大城市和海港，也是全国政治、经济、交通、文化中心。

冈比亚于1971年成立中央银行。开始发行本国货币，叫“达拉西”。主辅币制为1达拉西等于100布图。

已经发行的货币主要有面额为5，10，25，50达拉西的纸币，另有面额为1，5，10，25，50布图和1达拉西的硬币。

ISO货币符号是GMD。

在1布图硬币的背面是花生。

花生

花生，也叫“落花生”，俗称“长生果”，豆科，一年生草本植物。根部多根

花生

瘤。茎匍匐或直立。有丛生，也有蔓生。羽状复叶，小叶4片。开花，花单生或簇生。花色为黄色。花授粉后，子房柄迅速延伸并钻入土中。子房发育成茧状

荚果。种子呈长圆或卵形。外皮淡红或粉红色。

花生仁的脂肪含量在50%左右,仅次于芝麻,高于油菜。蛋白质25%至30%,仅次于大豆,高于芝麻和油菜。花生蛋白的营养价值与动物蛋白相近,基本不含胆固醇。花生蛋白中还含有较多的谷氨酸和天门冬氨酸,对促进脑细胞发育和增强记忆力有良好作用。花生还含维生素E、B_1、B_2、B_6及钾、磷、镁、硫、钙、铁等元素。花生是世界性油料作物。

世界上的花生可分为大花生和小花生。大花生原产地在南美洲。古代印第安人把花生叫作“安胡克”。南美洲的花生颗粒较大,又叫大花生。大约在16至17世纪,中国东南沿海开始引进种花生。成功后,逐渐向大江南北传播。

中国也有自己的花生品种。是一种壳薄粒小,早熟油多的花生,一般称为“中国小花生”。古代曾称为“长生果”“千岁子”。根据考古中发现的炭化花生籽粒,人们推测,大约在4000年前,中国南方已经种植花生了,因此,中国是花生的原产地之一。

公元15世纪,哥伦布侵入南美大陆,发现了南美花生的价值,并将花生带回了西班牙。西班牙引种成功后,在侵略菲律宾时,又把南美花生带到亚洲。葡萄牙人则将花生移植到西非。非洲的奴隶贩子用花生给被贩卖的奴隶当食物。于是花生又随奴隶们乘船漂洋过海,登陆到西印度群岛和北美洲。

花生被发现其油料作物价值之前,在农业上的地位并不突出。据1875年出版的《护教史》称:“基督教徒是不吃它的,除非未婚的男人和小孩。奴隶们和老百姓吃它,但也不多吃,没什么吃头。”是法国人较早发现了花生的油料价值,并开始工业化生产。19世纪上半叶,法国马赛的油坊开始用西非进口的花生榨油。开始,花生油主要用于工业,后来人们发现,花生油烤焙面包香味更浓,口感更好。于是,花生油的食用价值逐渐被接受。此时,人们才认识到花生的真正价值,并开始大面积种植。法国的油坊成了促进花生种植业发展的工具。

花生油除食用之外，还可做中药。食用花生油可以滑肠下积，治疗蛔虫性肠梗阻及大便秘结。有专家说，花生油是植物油中品质最佳的食用油。

花生除作食用油外，还可炒食、煮食、制糖果糕点，药用润肺化痰、悦脾和胃、清咽止虐。花生红衣可制血宁片、止血宁注射液和糖浆。对治疗血友病、血小板减少性紫癜有效率达80%以上，对障碍性贫血，消化道出血，各种原因引起的牙龈出血、肾炎、放疗化疗并发症都有不同程度的疗效。花生壳可做燃料、饲料，制酱油、食用纤维，制胶粘剂、人造板，做食用菌的培养料，还可以制成“脉通灵”，降低血清胆固醇。

目前，花生已经成为世界重要油料作物。在许多国家大面积生产。据说，印度是世界上生产花生最多的国家，总产730多万吨。中国排在第二位，年产量为395万吨。

几内亚共和国货币及货币上的植物

几内亚共和国，非洲国家，位于西非，北邻几内亚比绍、塞内加尔、马里，东接科特迪瓦，南与塞拉利昂、利比里亚接壤，西濒大西洋，海岸线约600公里。领土面积24.5857万平方公里，全国划分为7个行政区，33个专区和若干个分区。

几内亚国土地形复杂，境内西部为狭长的沿海平原，中部为高原地带，东北部为台地；东南部为几内亚高原或森林。几内亚最高峰宁巴山耸立于该地区，海拔1752米，成为与利比里亚、科特迪瓦的自然分界线。

几内亚沿海地带属于热带季风气候，内地为热带草原气候。年平均气温24℃至32℃。年平均降水量3000毫米左右。

几内亚属部族国家，全国有20多个部族，其中富尔贝族是最大部族，约占全国人口的40%。另有马林凯、苏苏、基西、克佩勒等部族。

法语为官方语言,通用语主要有布拉尔语、马宁加语及苏苏奎伊语等。

伊斯兰教为国教。全国85%的居民信奉伊斯兰教。

几内亚实行一夫多妻制。上层社会和富裕之家的男人有的娶10多个妻子。在同一丈夫的妻子之间,遵循"以老管小"的原则。第一个妻子称作"第一夫人",可与丈夫出席一些重要场合,并对家庭财产有支配权和管理权,是丈夫唯一的合法代表。他们的结婚礼物很特别,岳父赠送给女婿的第一件礼物是一根赶牛的鞭子,意思是说,既然我同意把女儿嫁给你,你就要把她管教好。如果她不服从管教,就用这根鞭子代我抽打她。女婿接过鞭子先吻几下,以示顺从岳父的旨意,然后将鞭子挂在屋子中央,表明丈夫在家中至高无上的权力。在几内亚可以试婚。年轻人谈恋爱,征得父母的同意后可以同居。同居期间生了孩子,则选良辰吉日,新娘抱着娃娃举行正式婚礼。有的新娘在正式婚礼之前甚至生有两三个孩子。同居期间不生育,或者感情不好,随时可以分手。

几内亚在9至15世纪的几百年中,是加纳、马里帝国的一部分。15世纪后,葡萄牙、西班牙、法国、荷兰、英国等殖民者相继入侵。1842至1897年,法国殖民者同各部落酋长签订了30多个"保护"条约。1870至1875年,萨摩利·杜尔统一境内各部族,并开始组织抗法斗争,建立了乌阿苏鲁王国。1885年,柏林会议划几内亚为法国势力范围,称法属几内亚。经过漫长的斗争,1957年,几内亚获得"半自治共和国"地位。1958年10月2日,正式宣告独立,成立几内亚人民共和国。1984年3月改国名为几内亚共和国。

国家机构为议会、政府和司法机构。议会名称为国民议会。为国家最高立法机构。议员根据多数制和比例制相结合选举产生,任期4年。政府是国家最高行政首脑机关。全国设立普通法院和特别法院。普通法院包括最高法院、上诉法院、初审法院和治安法院。最高法院下设诉讼法庭、行政法庭、财政法庭和立法法庭。特别法院下设特别最高法庭、军事法庭和劳动法庭等。

几内亚属于农业国家,农业人口占全国人口的2/3。被列为世界上最不发达的国家之一。企业多为轻工业和农产品加工工业。采矿业在国民经济中占重要地位,主要为铝土矿、金矿、金刚石等。矿产品出口约占出口总额的90%。粮食不能自给。

几内亚的森林覆盖率很高,森林面积约占国土面积的43%。盛产红木、黑檀木、花梨木等珍贵木材。恩泽科里的现代化木材加工厂,已成为几内亚重要的木材加工中心。工农业出口产品有铝矾土、氧化铝、钻石、黄金和咖啡等。

几内亚教育不发达,全国文盲率高达75%。

主要城市有科纳克里、康康、金迪亚等。科纳克里是几内亚首都和最大港口。始建于1895年,地跨卡卢姆半岛和通博岛。它三面环海,一面背依绿色的山冈。是几内亚政治、经济、文化中心和交通枢纽。

几内亚使用的货币叫"几内亚法郎"。由几内亚中央银行发行。主辅币制为1法郎等于100分。

已经发行并使用的货币主要有面额为25,50,100,500,1000,5000法郎的纸币和1,5,10,25,50法郎的硬币。

ISO货币符号是GNF。

在50,100法郎纸币的背面是香蕉林。

香蕉

香蕉属芭蕉科,多年生草本常绿树。也可称为"被子植物"。香蕉是一种独特的植物。它没有主根,只有地下茎抽生的不定根。没有茎,只有层层紧压的覆瓦状叶鞘重叠而成的"假干",起支撑和输导作用。香蕉开花,它的花是完全花,排列在复穗状花序上。由于花穗很长,花轴基部的花已发育结果,而先端还在陆续开花。香蕉的果穗分为6至12个果段,每段有5至20个果。一大串香蕉约有200只单果,成熟后重达四五十公斤。现代种植蕉一般没有种子,栽培香蕉多数是单性结实,用吸芽和地下球茎繁殖。

香蕉种类繁多。全世界有50多个种系,300多个栽培品种。可分三大类:观赏类香蕉,如美人蕉、红花蕉和琉球芭蕉等,这些蕉类只能看,不能吃。其次

香蕉树

为果蔬类香蕉,分香蕉和甘蕉两种。这类蕉好吃,叶子也好看,但是,花并不好看。世界上有很多国家把果蔬蕉当作粮食或水果食用。第三种是纤维类香蕉,茎干高细,纤维柔韧,可作麻织品原料,所以又称麻蕉,这类蕉不能吃,不好看,只能用。

人们接触最多的是果蔬类蕉,也称香蕉。是大众水果中的上品。它不仅产量高,而且营养成分丰富。香味可口,含有丰富的营养物质。每100克香蕉果肉中含有碳水化合物20克、蛋白质1.2克、脂肪0.6克、粗纤维0.4克,磷0.28克、钙0.18克、铁0.5克,还含有多种维生素及矿物质。由于果实中含有大量的淀粉,当果实成熟时,淀粉转变成葡萄糖、果糖和蔗糖,十分有利鲜食。

香蕉是保健食品,香蕉可当早餐、减肥食品。香蕉含有多种维生素、矿物质。从香蕉中可以摄取各式各样的营养素。香蕉含有相当多的钾和镁。钾元素能防止血压上升,肌肉痉挛;镁元素具有消除疲劳的效果。

香蕉好消化,容易被吸收。从小孩到老年人,都可安心地食用。不吃早餐的人可吃香蕉来补充营养。香蕉是含热量较低的食品,即使是减肥的人,也可放心食用。

挑选香蕉主要看果型和颜色。一般果型太大的香蕉并不一定好吃,适中的单果较合适。颜色发黄的香蕉比较可口,绿色香蕉还不能吃或不好吃。黄色表皮有黑色斑点的香蕉,适合当日吃。而且营养价值高。据日本人研究证明,香蕉愈成熟表皮上黑斑愈多,免疫活性愈高。在黄色表皮上出现黑色斑点的香蕉,其增加白血球的能力要比表皮发青的香蕉强。

香蕉有多种食疗价值。据英国科学家研究,香蕉特别是青香蕉中的促使胃黏膜细胞生长的物质,有防止胃溃疡的功效。香蕉有辅助降血糖、降血压、清热解毒、润肠缓泻等作用。香蕉可治高血压,香蕉中含丰富的钾元素,可平衡钠的不良作用,并促进细胞及组织生长。用香蕉可治疗便秘,因它能促进肠胃蠕动。胃肠道溃疡的患者,吃些香蕉就可以保护胃粘膜,减少胃溃疡的发作。香蕉中含有一种能预防胃溃疡的化学物质,它能刺激胃粘膜细胞的生长繁殖。

除了香蕉的果实可做食疗佳品外,香蕉的其他部位也有药用价值。香蕉皮中含有蕉皮素,它可抑制真菌和细菌。用香蕉皮治疗由真菌或细菌引起的皮肤瘙痒及脚气病,效果良好。患者可精选新鲜香蕉皮,在皮肤瘙痒处反复摩擦,或用香蕉皮煎水洗涤,连续数日,即可奏效。

香蕉具有的免疫激活作用比较温和,在人体健康时,并不会使免疫力异常升高,对病人、老人和抵抗力差的体弱者很有效果。香蕉内含有丰富的糖和纤维物质,有利于消化和通便。

香蕉也有副作用。空腹吃香蕉不利于健康,因为空腹时,胃肠内几乎没有可供消化的食物,此时若是吃香蕉,将会加快肠胃的运动,促进血液循环,增加心脏负荷,易导致心肌梗塞。专家提醒,不要空腹吃香蕉,一般应选择在饭后或不饥饿状态时吃香蕉比较安全。

香蕉速生快长、投产年限短、产量高,可全年结果实。据联合国粮农组织生产年鉴资料记载:1960 年在香蕉、柑橘、葡萄、苹果和芒果等 5 种主要水果总产量中,香蕉的产量占 14.2%,排第三位;1970 年在总产量 16500 万吨水果中,香蕉占18.8%,排名第三位;1980年在总产量23100万吨水果中,香蕉总产量占26.4%,排名第二位;1990年香蕉的总产量为7100万吨,1995年香蕉总产量高达7600万吨。香蕉是国内外市场上经济效益最显著的水果产品。各香蕉生产国均把香蕉的鲜果作为创汇商品。1990年全世界香蕉出口贸易的总量为945万吨,其中厄瓜多尔221万吨、哥斯达黎加144万吨、哥伦比亚115万吨、洪都拉斯84万吨、巴拿马75万吨。亚洲的菲律宾香蕉出口量占的比重较大,约占该国出口值的2.3%,在农产品出口中占居首位。

香蕉的经济效益好,深受各香蕉生产国及蕉农的重视。在过去是热带地区农民的粮食,现代则是发展经济的良好项目。

中国很重视香蕉的种植。目前中国华南地区栽培香蕉的面积正不断增加,产量正逐步提高,已成为中国华南地区各省大宗栽培的经济作物。

科摩罗伊斯兰联邦共和国货币及货币上的植物

科摩罗伊斯兰联邦共和国,非洲国家。位于非洲东南莫桑比克海峡北端的一群火山岛上。东、西距马达加斯加岛和莫桑比克各约500公里。全国有4个大岛(大科摩罗、昂儒昂、莫埃利、马约特)及诸多小岛和珊瑚礁。领土面积2235平方公里,全国分为3个省(不含被法国占领的马约特岛),省下分15个县,区下有镇。

居民中科摩罗人占95%,是欧亚非三洲居民混血后裔,也称安塔洛亚特拉人。此外还有马夸人,及少数班图人、马达加斯加人、阿拉伯人、法国人等。

法语和阿拉伯语为官方语,通用科摩罗语。

95%的居民信奉伊斯兰教。法国人和马达加斯加人信奉天主教,马夸人信奉原始宗教。

遵循阿拉伯人的习俗,过古尔邦节和圣纪节。

最早到科摩罗群岛生活的是阿拉伯人和马达加斯加人。10 至 11 世纪科摩罗成为斯瓦希里文化区的组成部分。13 世纪以后,班图人、马达加斯加人相继入侵。后来又受阿拉伯人控制,伊斯兰教文化广为传播。16 世纪初,葡萄牙殖民者进入科摩罗岛。17 至 18 世纪,为英、荷、法各国争夺印度洋制海权的中间站。1804 年,法国将罪犯流放于此。1912 年划为法属殖民地。1946 年将其编为法国“海外省”。科摩罗人经过长期斗争,1961 年取得“内部自治”。1975 年 7 月 6 日宣布独立,成立科摩罗共和国。1992 年 6 月 7 日,经全民公决通过了联邦共和国宪法。

1996 年 10 月 20 日,经全民投票通过了国家宪法。宪法规定实行联邦制,各岛自治。共和国机构由总统、总理、政府、联邦议会和最高法院组成。总统是国家元首和武装部队最高统帅,直接选举产生,任期 6 年,可连任。1999 年 4 月发生政变,1999 年 5 月 6 日,政变当局以军政府名义颁布了过渡时期宪章,声称把它作为临时宪法。

联邦议会是共和国最高立法机构。议员直接选举产生,任期 5 年,议会议员 50 名,其中为马约特岛保留 8 名。议会设常设局及国防、财政、立法、社会事务和总务 5 个委员会。总理是政府首脑,总统任命总理,并根据总理提议任命内阁部长,任何政党都不能单独组阁,政府的组成必须是多党联合。政府对议会负责。

科摩罗经济落后,被联合国宣布为“世界最不发达国家”。经济以农业为主,85%的人口在农村。主要粮食作物有水稻、玉米和薯类,经济作物为丁香、鹰爪兰和华尼拉香草。主要特产是香料,有“香料之国”的美称。是世界上主要香料生产国和出口国。香料出口额占全国出口总额的 95%,是科外汇的主要来源和国民经济的重要支柱。

科摩罗的工业仅有小型加工业,以香料、食品加工为主。

科摩罗教育比较落后，文盲率高达50%。其学制为小学6年，初中3年，高中4年。

科摩罗货币叫“科摩罗法郎”，由科摩罗中央银行发行。主辅币制为1法郎等于100分。

已经发行的货币主要有面额为500，1000，2500，5000，10000法郎的纸币和5，10，25，50，100法郎硬币。

在5000法郎纸币的背面是热带水果香蕉、菠萝等。

菠萝

菠萝学名凤梨，也叫黄梨、番梨、露兜子、婆那娑等。单子叶多年生草本植物。菠萝单株高约1米，茎肉质单生，叶剑状草质，簇生于茎上，根为纤维质须根系，头状花序，顶生，完全花，肉质复果由许多子房聚合在花轴上而成。每株只在中心结一个果实，是一种复合果。长成的菠萝椭圆形，和木瓜一样大小。

菠萝有70多个品种。属于热带植物，原产于南美洲，后经殖民者传入西印度群岛、中南美洲和世界各地。约16世纪传入印度、马来、非洲及东方各地。中国最早于1605年引种菠萝。是由葡萄牙人传入澳门，又从澳门传到广东、海南岛，再由海南岛传入福建、台湾。

把菠萝作为工业品的，首先是美国人。19世纪70年代，美国的菠萝鲜果和果汁供应量占世界市场的70%以上。

泰国是亚洲菠萝的主要生产国。中国广东的黄登菠萝最为著名，是具有岭南特色的新品种。有人形容广东菠萝果肉厚，个头大，甜如蜜，香如花。

菠萝营养成分非常丰富。主要含有维生素C、果糖、葡萄糖、氨基酸、有机酸、蛋白质、脂肪、粗纤维、钙、磷、铁、胡萝卜素、多种维生素等营养物质。

菠萝是大众水果中的佳品。但吃菠萝要讲究方法。吃菠萝时，可先把果皮削去，然后切开，放盐水里浸泡一下，使一部分有机酸分解在盐水里，以减少中

菠萝

毒。菠萝生食时最好在饭后食用,不要空腹暴吃,以避免引起腹痛。

挑选菠萝很有讲究,首先看表皮颜色,青黑有光泽的菠萝,浑圆饱满者最新鲜。如果叶片呈深绿色,表示日照良好,甜度和汁液都很足。其次是闻,泛出香味,用手按压有柔软感的菠萝最为可口。应选择香且较重者,用食指弹其皮,以声音清脆坚实为宜。成熟度好的菠萝,外皮上能闻到香味,果肉香气馥郁,生菠萝无香气或香气极为淡薄。第三是看形状,呈圆柱形或两头稍尖的卵圆形,果实大小均匀适中,果形端正,芽眼(果目)数量少者为较好果实。

菠萝是很好的经济作物。可以说,菠萝全身是宝。菠萝果实可加工罐头、原汁、浓缩汁、果酱、蜜饯等。菠萝果皮、果心、头尾则用于制原汁、酒、醋,也可提取乳酸、柠檬酸、酒精、菠萝酶等。剩下的残渣可制作纤维板。菠萝叶片制作缆绳。菠萝从果肉到果皮、从叶片到老茎,都有用途,因此,综合利用和深加工可大大提高其附加值。

菠萝可用于食疗保健。现代医学研究证明,菠萝汁中所含的菠萝酶在医疗上用处甚广,对消化蛋白质、治疗支气管炎均有明显的效果。它能溶解导致心脏病发作的血栓,还能防止血栓的形成。菠萝中所含的糖、盐、酶,有利尿、消肿的功效,常服新鲜菠萝汁,对缓解高血压症有益,也可用于治疗肾炎水肿、咳嗽多痰等症。菠萝所含的维生素 B_1,促进人体新陈代谢,消除疲劳。菠萝中含有的大量食物纤维,可促进排便。

中国民间摸索了许多菠萝食疗方法,比如,用菠萝治疗支气管炎,方法是:选择菠萝肉 120 克,蜂蜜 30 克,水煎后服用,每日 2 次。用菠萝治疗痢疾。

菠萝具有一定的副作用,有些人吃菠萝过敏,医学称之为“菠萝病”。菠萝中含有甙类,对人的皮肤、口腔黏膜有一定的刺激性,有人吃了未经处理的生菠萝就会感觉到口腔发痒。菠萝中含有菠萝蛋白酶,这种蛋白质水解酶,有很强的分解纤维蛋白的作用。有人对这种酶过敏,在吃菠萝后 15 至 60 分钟发病,临床主要表现是恶心、呕吐、腹泻、腹痛,同时,还会出现头昏、头痛、皮肤潮红、奇痒、四肢及口舌发麻等全身过敏症状,严重者出现呼吸困难、休克。有过敏体制的人,吃菠萝一定要小心。患有溃疡病、肾脏病、凝血功能障碍的人最好不要吃菠萝。

菠萝植株适应性强,易栽培,产量高,还可间作。在肥沃的土地上,菠萝的产量很高。在贫瘠、干旱的土壤上也可生长。菠萝的病虫害较少,是新垦山地的先锋作物。菠萝根系分布浅,90%集中在 10 至 25 厘米的土层。菠萝性喜温暖,以年均气温 24 至 27℃生长最好。15℃以下生长缓慢,5℃是受冻的临界温度,43℃高温即停止生长。菠萝虽耐旱,但仍需一定水分,以 1000 至 1500 毫米的年雨量,且分布均匀为宜。菠萝较耐阴,但充足的阳光生长良好、糖含量高、品质佳。过强的光照加高温,叶片变成红黄色,果实也易灼伤。菠萝对土壤适应性广,喜疏松、排水良好、富含有机质,PH 值 5 至 5.5 的沙质壤土或山地红壤较好。菠萝每亩可栽 3800 至 4000 株,需要菠萝苗的数量大,常用整形素催芽繁殖、营养体繁殖和组织培养 3 种方法。危害菠萝较严重的浸染性病害主要有心腐病、黑腐病、小果褐腐病;非侵染性病害有日灼病、缺素症。害虫有菠萝粉蚧、中华蟋蟀和蛴螬等。菠萝生产通常有 4 个采收季节:春果,4 至 5 月成熟;夏果 6 至 7 月成熟;秋果 10 至 11 月成熟;冬果 12 月至翌年 1 月成熟。

大阿拉伯利比亚人民社会主义民众国货币及货币上的植物

大阿拉伯利比亚人民社会主义民众国,非洲国家。位于非洲北部,东接埃及、苏丹,西与阿尔及利亚和突尼斯为邻,南与尼日尔、乍得等国接壤,北临地中海,隔海与欧洲相望。海岸线长约1900公里。沙漠国家,其国土面积的98%,在撒哈拉大沙漠中。领土面积175.954万平方公里,全国划分为1500个公社。

领土面积大部分地区地势较平坦,北部沿海和东北部内陆区是海拔200米以下的平原。其他大部分地区基本上被沙砾覆盖,由北向南逐渐升高形成宽阔的利比亚高原,以及内陆盆地。邻近乍得边境的贝泰峰,海拔2286米,为境内最高峰。气候非常炎热,日温差很大。北部沿海地区属亚热带地中海型气候,冬暖多雨,1月平均气温12℃;夏热干燥,8月平均气温26℃,最高温可达50℃。内陆地区属热带沙漠气候,干热少雨,有时连续几年不下雨,年平均气温27℃。

阿拉伯人占全国人口总数的80%左右。柏柏尔人占总人口的7%左右。

绝大多数人信奉伊斯兰教。

阿拉伯语为国语,通用英语,少数居住在山区的柏柏尔人仍使用柏柏尔语。

主要习俗为阿拉伯风俗。用传统的命名反映血统关系,姓名的排列有一定的顺序:本人名、父名、祖父名、家庭名。款待宾朋的佳肴是一道现宰的生羊肝。客人到来后,立即宰羊一只,掏出羊肝,并切成薄片,摆在瓷盘里,撒一些辣椒粉和香料,然后端到客人面前。如果客人不吃,就被视为不礼貌。

拜会客人必须事先约定时间,没有约定或约定未被答应,不得登门打扰。应邀做客,只有男性参加。送给对方礼品,只能送给男性,不得送给夫人。

西餐为主,喜甜、辣风味食品,有饮茶或咖啡的习惯。绝对禁止猪肉类食品和酒精饮料。吃饭不用刀叉而是用手抓，只能用右手。主人待客时，先盘坐在毯子上，客人依次围成一圈。主人先伸出双手，由仆役用水壶替客人依次冲手。然后开吃，边吃边谈。最后再上一道咖啡。不上咖啡，客人不可起身告辞。烤全羊是阿拉伯人的名菜。

利比亚过伊斯兰宗教节日，有伊斯兰教元旦、圣纪日、穆圣登霄节、开斋节、宰牲节等。

最早在利比亚境内生活的有柏柏人、图阿雷格人和图布人。公元前7世纪迦太基人入侵。利比亚人在反抗迦太基统治的斗争中建立了统一的努米底亚王国。公元前146年，罗马人占领了利比亚地区，并统治利比亚长达800年之久。公元5至6世纪，沃达尔人和拜占庭人先后入侵。公元7世纪，阿拉伯人打败拜占庭人，并征服了当地的柏柏尔人，带来了阿拉伯文化和伊斯兰教。从16世纪中叶起直到20世纪初，奥斯曼土耳其人占领利比亚。进入20世纪，意大利、英国等殖民主义国家，先后占领利比亚。第二次世界大战后，由联合国对利比亚行使管辖权，英、法、美等国实际上对利比亚实行军事占领。1949年11月，联大四届会议通过了利比亚独立的决议。1951年3月，利比亚临时政府成立；同年12月24日宣布独立，建立利比亚联合王国。1963年4月15日，利比亚改名为利比亚王国。1969年9月1日，卡扎菲带领“自由军官组织”推翻伊德里斯王朝，成立阿拉伯利比亚共和国，以卡扎菲为首的革命指挥委员会行使国家最高权力。1970年1月起，卡扎菲任共和国总理兼国防部长。1973年5月，卡扎菲提出既非资本主义也非共产主义的“世界第三理论”。同年发动“文化大革命”，宣布停止执行一切法律。1977年3月2日，卡扎菲改国名为“阿拉伯利比亚人民社会主义民众国”。1986年改称现国名。1988年实行大赦，采取一些开放政策。取消省、市、区级政权，将全国划分成1500个公社。

利比亚的国家机构有全国人民大会、总人民委员会、司法机构。全国人民大会是国家最高权力机构，由各地基层委员会和人民委员会的秘书组成。负责制订有关法令、内政外交政策，缔结条约，任命全国人民委员会成员，审查全国人民委员会的工作等。每年召开一次例会，大会闭幕期间，由其常设机构全国人民代表大会秘书处负责处理日常工作。总人民委员会是全国最高行政机构。在人民委员会秘书（总理）领导下，共有19名成员（秘书即部长）组成。利比亚由司法人民委员会掌管司法权。最高法院由1名首席法官和10名法官组成，下设上诉法院、初审法院、人民法庭和特设革命法庭。1988年3月9日成立人民法院。

利比亚是农业国，从事农牧业的人口占80%，适于农牧业的土地仅占全国土地面积的2%。但是从20世纪50年代中期发现石油开始，石油开采业发展迅速，成为主要石油生产国。石油的大量出口和巨额收入，使利比亚一跃成为非洲和阿拉伯世界最富的国家之一。石油工业是其经济命脉和主要支柱产业。石油生产通常占国内生产总值的70%。

利比亚在“绿色革命”口号下采取了一系列促进农业发展的措施，给农民提供不收年息的援助贷款，对农业生产有一定的促进作用。利比亚的主要粮食作物有小麦、大麦、玉米、高粱。经济作物有烟草、花生、椰枣、橄榄、葡萄等。

政府重视发展教育，各级学校一律实行免费教育。儿童从6岁入小学，学制为初等教育6年，中等教育6年，高等教育一般为4年。教育经费投入约占每年国家预算的20%。

该国重要城市有的黎波里、班加西等。的黎波里是利比亚首都，位于地中海沿岸，有3000多年历史的古城，现为利比亚最大城市，是政治、文化、经济和交通的中心。

利比亚货币叫“利比亚第纳尔”，由利比亚中央银行发行。主辅币制为1第纳尔等于1000迪拉姆。

已经发行的货币面额有1/4，1/2，1，5，10第纳尔纸币和1，5，10，20，50，100迪拉姆硬币。

ISO 货币符号是 LYD。

在 1/4 第纳尔纸币的背面是利比亚要塞和棕榈树。在 1/2 第纳尔纸币的背面是麦穗(略)。

卢旺达共和国货币及货币上的植物

卢旺达共和国,非洲国家,位于非洲中东部赤道南侧。东连坦桑尼亚,南与布隆迪接壤,西和西北与扎伊尔为邻,北与乌干达交界。领土面积 2.6338 万平方公里,全国划分为 10 个省,省下设专区、县、区。

卢旺达领土的地形环境特点是“两多”,即丘陵多、山地多。境内共有大小山丘 1800 多个。国家的东部是丘陵、沼泽和湖泊地带;西部沿湖低地是东非大裂谷西支的一部分;中部是高原地带,地势起伏不大,平均海拔在 1500 米以上;中西部属于高地边缘,这一带有很多陡峭的悬崖,海拔大部分在 2000 米以上;西北部是火山群地区,死火山一座连着一座,各火山的峰顶一般在海拔 3400 米以上。

大部分地区属于热带高原气候和热带草原气候,温和凉爽。虽然靠近赤道,但由于地势普遍较高,所以,年均温度仅为 18℃,有“常春之国”的美称。森林面积约占全国面积的 29%。

卢旺达自然资源较丰富,已经开采的矿藏有锡、钽、铌、钨、黄金、绿柱石等。泥炭蕴藏量约 3000 万吨,天然气为 600 亿立方米。

卢旺达居民由班图系的胡图、哈莫系的图西、俾格米系的特瓦三个部族组成,胡图人占 85%,图西人占 14%。

官方语言为卢旺达语和法语。

卢旺达人是个讲究礼貌的民族,他们待人斯文,看重礼仪。问好的话常挂在嘴边。朋友见面，青年人要举手行礼，老人则脱帽点头致意。男女熟人之间多日不见，见面后要行亲热的拥抱礼。如有贵客临门，主人会捧出美酒，与客人同饮。

卢旺达的历史可追溯到公元10世纪。公元10世纪初，图西人进入这一地区，起初是部落联盟，后来建立起封建王国。他们在这片四季如春的土地上，过了几百年的平静生活。当历史进入19世纪，图西人的田园生活被殖民主义者打破了。19世纪中叶，英国、德国、比利时相继侵入。1890年，卢旺达沦为"德属东非保护地"。1922年，比利时接替战败的德国人，成了这里的统治者。1928年，卢旺达人民掀起大规模反抗暴动，被比利时统治者镇压下去。但是，当地人民始终没有停止斗争。1946年，根据联合国大会决议，卢旺达继续由比利时"托管"。卢旺达人民坚决反对外来统治者，他们不断地进行斗争，到1962年7月1日，卢旺达终于获得了独立，并成立共和国。

1994年春，卢旺达的图西族和胡图族在首都爆发了激烈的武装冲突和种族大屠杀。到1994年8月，这场部族大屠杀已造成约80万人死亡，其中绝大多数是图西族人，200多万胡图族人流亡国外。

尽管卢旺达自然条件优越，资源也较丰富，可是，长期的殖民统治和种族冲突，严重影响了经济发展，所以，在20世纪末，被联合国确认为世界上最不发达的国家之一。

卢旺达是农牧业国，农牧业人口占全国人口的大多数。主要种植粮食、蔬菜、咖啡和茶叶。咖啡和茶叶生产，在国家经济中占有决定性地位。这两种作物是该国外汇的主要来源。

工业生产主要有制革、制鞋、金属加工、食品、收音机装配、制糖、制酒等小型企业。

卢旺达教育不发达。小学实行8年制，中学6年制。各级学校均实行英、法语双语教学。公立和私立教育并行。国内有公私立大学各6所。

卢旺达主要城市是基加利，是卢旺达首都，位于国土中部，建在10余座相连的山丘上。是全国政治、经济和文化中心，国内最大城市。卢旺达最有名的旅游景点是芒密达兰哈德植物园，这里生长着各种热带植物。尤其是“笑树”，能够发出一种像人一样的“哈、哈”笑声，给游人增添了极大的情趣。

卢旺达的货币叫“卢旺达法郎”。由卢旺达国家银行发行。主辅币制为1法郎等于100分。

已经发行的货币主要有面额为100，500，1000，5000法郎的纸币和面额为1/2，1，2，5，10，20，50法郎的硬币。

ISO货币符号是RWF。

在50法郎硬币的正面是橄榄。

橄榄

橄榄，又名“青果”“白榄”。橄榄科。常绿落叶乔木。奇数羽状复叶，小叶长椭圆形，春夏开花，花为白色。花序呈圆锥状。核果呈椭圆形、卵形、纺锤形，绿色。熟后淡黄色。核坚硬。

橄榄果实具有重要经济价值。其果肉可以吃，果核可以榨油。橄榄花大约在6月开花，随后花瓣逐渐凋落结果。再过一两个月，长成椭圆形橄榄。橄榄可生吃，也可做成菜肴。吃橄榄果，咬第一口可能很苦或没有滋味，咬第二口，就会感觉清香满口，余味无穷。

中国是橄榄的原产地之一。最初的橄榄树是野生的，其生命力很强，可以在贫瘠的土地上开花结果。主要集中于广东、广西、福建、台湾等沿海地区。西方国家主要集中于地中海沿岸各国。地中海的气候十分适合橄榄树的生长。充足的日照，炎热的夏季，湿润多雨的气候，是橄榄树生长最优越的自然条件。这些国家是西班牙、意大利、葡萄牙、摩洛哥、希腊、叙利亚、以色列、突尼斯、阿尔及利亚、埃及等，其中西班牙“黄金种植园”地区出产的“康乐氏”橄榄果品种最好。与其气候类似的有远在南纬度的阿根廷、秘鲁、南非等国。这里也适宜于橄榄树生长。

橄榄的种植很讲究技术。其中最重要的是选择树枝，剪枝是为了得到更加优质的橄榄。其次是水分，虽然橄榄喜旱耐干，但也需要适当的水分。所以，灌溉的方法，环境气候都会影响橄榄的生长。采摘技术会影响橄榄油的质量。高品质的橄榄是用手工摘的。大部分橄榄是用机械采摘。这种机械是用一种震动杆，在橄榄树上没有绿色时“扫荡”似的震下果实，同时用一种机械来吸入，最后用清洁机清洗。

在欧洲和美洲，人们十分崇尚油橄榄，认为油橄榄的绿叶能带来幸福和宁静。因此，油橄榄被当作和平的象征。送橄榄枝表示传递和平愿望。

马达加斯加共和国货币及货币上的植物

马达加斯加共和国，东非国家。位于非洲大陆东南的马达加斯加岛上。其领土包括马达加斯加岛及其附近小岛。隔莫桑比克海峡与非洲相望。南北长约1570公里，东西最大宽度580公里。领土面积62.7万平方公里。

岛国马达加斯加，以岛多著称。马达加斯加岛是这个国家最大的岛屿，在地球上的岛屿中，其面积为世界第四大岛。马达加斯加的岛屿多数是由火山岩构成的。岛屿的周围是海洋，岛国的面积虽然不大，但海岸线却很长，其海岸线总长为3991公里。马达加斯加岛的中部是中央高原，海拔在800至1500米之间。北部有察拉塔纳纳山主峰马鲁穆库特鲁山，海拔2876米，是这个国家的最高点。东部是带状低地。西部为缓倾斜平原。岛上河流众多，较大河流有贝齐布卡河、齐里比希纳河、曼戈基河和曼戈鲁河。

该国的面积虽然不大，可是，气候条件却很复杂，东部沿海一带属热带雨林气候，湿润多雨；中部属高原气候；西部是该国的干旱地区，降水量很低。

马达加斯加的矿藏十分丰富,已经探明的主要有石墨、云母等矿藏。此外,还有铀、铅、金石、石英、金、银、铜、镍、铝矾土、铬等。石墨储量居非洲首位。

岛国的林木资源丰富,森林面积占国土面积的23%。主要产红木、黑檀木、橡胶、药材等。

该国的官方语言是法语,民间通用马达加斯加语。

马达加斯加的风俗与非洲大陆不同,与亚洲的印度尼西亚却很相似。他们崇拜特定的动物,把蛇和鳄鱼看作神圣之物。马达加斯加人基本属蒙古人种。所以,把牛看作财富的标志和国家的象征。谁家养的牛多,谁家的财富就多。

这里实行一夫多妻制,只要有钱财,可以娶几个妻子。

马达加斯加的许多农村还盛行祖先崇拜,认为人的肉体与灵魂是可以分离的,当一个人死后,他的灵魂还活着。因此,当地人很重视葬礼。认为把人的尸体安放在一个安全的地方,就是为他的灵魂提供了一个避难所。

马达加斯加历史悠久,早在1到10世纪间的近千年时间里,岛上就陆续来了印度尼西亚和阿拉伯移民。他们在这里放牧、狩猎、捕鱼,繁衍生息,过着原始的田园生活。14世纪后,在马达加斯加中部和东南部沿海,出现了国家。在中部建立起的是伊麦利那王国。16至17世纪,西部和东部也出现一些小国。1794年,伊麦利那王国吞并了几个周边小国,建立起中央集权国家。19世纪初全岛统一,建成马达加斯加王国。

1500年以后,葡萄牙、荷兰及法、英殖民者曾相继侵入过马达加斯加群岛,没过多久,就离去了。1830年,法国进入这个岛国,并于19世纪末强占马岛及其属岛,把马达加斯加作为法国殖民地。

第二次世界大战后,马达加斯加人民为民族独立进行了长期的斗争。在殖民地人民反抗斗争的压力下,法国殖民者被迫同意马达加斯加在1957年成为"半自治共和国",1958年10月成为"自治共和国"。马达加斯加于1960年6月26日宣布独立,并成立马达加斯加共和国,1975年12月21日改为现国名。

马达加斯加的经济较落后，被列为世界上最不发达的国家之一。工业基础薄弱。农业是国民经济的命脉。农业人口占国内总人口的80%以上。20世纪80年代以来，政府逐步采取经济自由化政策，鼓励私人投资吸引外资；实行对外贸易自由化。这些措施使马达加斯加的经济有了明显的发展。

马达加斯加的农业产值占国内生产总值的40%。2/3以上的耕地种植稻米。经济作物主要有丁香、咖啡、剑麻、甘蔗、花生、棉花等，这些经济作物以出口为主。其中丁香产量和出口量均居世界首位。其畜牧也较好，草场面积广阔，畜产品出口占农产品出口的13%左右。该国盛产驼峰牛。

工业主要是轻工业、采矿业、农产品加工业及手工业、炼油、农机维修等。

马达加斯加的货币叫“马达加斯加法郎”。由马达加斯加中央银行发行。主辅币制为1法郎等于100分。

已经发行的货币，主要有面额为500，1000，2500，5000，10000法郎的纸币和面额为1，2，5，10，20法郎的硬币。

ISO货币符号是MGF。

在500和2500法郎纸币的背面是马达加斯加国树——凤凰木。

(1)凤凰木

凤凰木，又称“火树”。豆科，落叶乔木。成年树高可达20米。树冠宽广，树荫如盖。二回羽状复叶，羽片10至24对；每个羽片有小叶20至40对，小叶长椭圆形。夏季开花，总状花序。花一般为红色，也有黄色等花色。花有光泽。果实为豆荚状，荚果为木质。长度可达50厘米左右。凤凰木的原产地就是马达加斯加。所以，马国把该树定为国树。

在500法郎纸币的正面是姑娘头像和旅人蕉。

(2)旅人蕉

旅人蕉又名“扇芭蕉”，为旅人蕉科，旅人蕉属常绿乔木状多年生草本植物。乔木状，不分枝，叶大，具长柄，两行排列于茎顶呈扇状。花序腋生，较叶

凤凰木

短;花两性,略为两侧对称;于舟状苞内排成蝎尾状聚伞花序;萼片3片,分离,近相等;花瓣3片,两侧的萼片状,当中的1片较短;发育雄蕊6枚,分离;子房3室,花柱线形。蒴果木质,具多数种子。旅人蕉,高大挺拔,高度可达20米左右,直径粗约50厘米,叶子既粗壮又长大,一般可达3至4米。

在非洲沙漠,炎热干燥,旅人蕉不仅可为人们遮挡烈日强光,而且是天然的饮水站。旅人蕉的每个叶柄底部都有一个酷似大汤匙的"贮水器",可以贮藏好几斤水,只要在这个位置上划开一个小口子,就像打开了水龙头,清凉甘甜的泉水便立刻涌出,可供人们开怀畅饮,消暑解渴。而且这个"水龙头"拧开后又会自动关闭,一天后又可为旅行者提供饮水。因此,人们又称旅人蕉为"旅行家树""水树""沙漠甘泉""救命之树"等。

由于奇特造型和特殊的储水功能,深受马达加斯加人民喜爱。

马拉维共和国货币及货币上的植物

马拉维共和国,南部非洲国家,位于非洲东南部的内陆区域。西临赞比亚,东北连坦桑尼亚,东部和南部与莫桑比克领土相连。领土面积约11.84万平方公里。

马拉维的地理环境特别，东非大裂谷纵贯南北，谷底是马拉维湖和希雷河。西部高原平均海拔 1500 米以上。东部高地地表起伏大，平均海拔在 1000 米以上。

马拉维原名尼亚萨兰，意思是“广阔的水面”。为水乡之国，马拉维湖占全国面积的 25%。湖面积 30800 平方公里，是非洲第 3 大湖。希雷河全长 500 公里，其中 405 公里流经马拉维境内，中游是瀑布。

马拉维属热带草原气候。年均温度 20℃。一年之中分为 3 季，即凉干季、热季和雨季。每年的 5 至 8 月是凉干季节，9 月到 11 月属热季，12 月至次年 4 月是雨季。年均降水量 1000 到 1500 毫米。有的地区降水高达 2000 毫米以上。

马拉维有丰富的矿产资源，主要矿藏有煤、铝钒土、石棉、石墨、磷灰石、铀、铁矿、金矿等。煤藏量约 7 亿吨，铝矾土藏量 2800 万吨。

由于雨量充沛，气温适宜，马拉维的树木很多，森林面积约占国土面积的四分之一，国有林 73 万公顷。

该国的主要居民为班图语系黑人，班图内格罗人种，主要支族有尼昂加、契瓦和瑶族等 8 个部族。另外有欧洲人、亚洲人。

英语和奇契瓦语为官方语言，各民族亦有自己的语言。

各族人均按母系续谱、居住和继承财产，行一夫多妻制。86%的人住在农村。在家居生活中，人们习惯于席地而卧，房屋内没有家具。

境内土地实行公有制，最先种地者有优先使用权。

塑料首饰在当地比象牙首饰还贵。巫师在部落中间很出名。

最早到马拉维地区生活的是科伊桑人。从 6 世纪开始，受班图人同化。16 世纪初契瓦族在此建国，称“马拉维”。英国人的入侵，破坏了这里的安宁，1891 年英国宣布马拉维为“英属中非保护地”。1904 年直接管辖。1907 年设总督，改称“尼亚萨兰”。1953年为中非联邦成员。1963年,“中非联邦”解体,尼亚萨兰实行内部自治。1964年7月6日独立,改名马拉维。1966年7月6日成立共和国,仍从属于英联邦。

尽管马拉维自然资源丰富,条件良好,可是,由于长期的殖民统治,殖民主义者只掠夺,不建设,所以,至今这里还是世界上最不发达的国家之一。经济以农业为主,1999年国内生产增长率为4.2%,人均国内生产总值200美元。

主要农作物为玉米、水稻、木薯等,主要经济作物有烟草、茶叶、甘蔗等。烟叶、茶叶和甘蔗是三大经济作物,烟草、桐油和茶叶产量均居非洲前列。农业区主要在马拉维湖沿岸低地、奇尔瓦湖滨低地和希雷河流域。

工业基础很薄弱,以农产品加工为主,有制茶、制烟、榨油、制糖、肉类和鱼类加工,纺织和水泥制材等。

马拉维从1971年2月15日开始发行本国货币,货币叫“马拉维克瓦查”。由马拉维储备银行发行。主辅币制为1克瓦查等于100坦巴拉。

已经发行的货币主要有面额为5,10,20,50,100,200克瓦查的纸币;另有1,2,5,10,20,50坦巴拉和1克瓦查的硬币。

ISO货币符号是MWK。

在20克瓦查纸币的背面是茶园和采茶场面(略)。

马里共和国货币及货币上的植物

马里共和国,位于非洲西部撒哈拉沙漠南缘,内陆国家。西邻毛里塔尼亚、塞内加尔,北、东分别与阿尔及利亚、尼日尔相连,南接几内亚、科特迪瓦和布基纳法索。领土面积124.1238万平方公里,全国划分为8个大区,46个省,18个市,285个县。

国土地形以台地为主,地势平坦。只有最东部和中、西部分别有一些沙岩低山和高原。最高峰洪博里山,海拔 1155 米。主要河流有尼日尔河和塞内加尔河。该国北部属热带沙漠气候,夏季气温最高达 55℃,最大日温差达 50℃;降水极少,干旱严重。中、南部属热带草原气候,全年分为旱季和雨季,10 月至次年 5 月为旱季,6 至 9 月为雨季。南部年平均降水量最高可达 1300 毫米。北部年降雨量最低只有 50 毫米。

马里为多民族国家。全国有 23 个部族,主要有班巴拉族、颇耳族、塞努福族、萨考列族、桑海族、马林凯族、多贡族等。班巴拉族人口最多,占全国人口的 34.5%,主要居住在中、西部。其他还有颇耳族、毛里族、萨莫族、博博族、诺诺族、迪尤拉族等。

法语为官方语言。70%的居民通用班巴拉语。各个部族都有自己的语言。

有 60%以上的居民信仰伊斯兰教,30%以上的人信奉传统的拜物教,只有少数人信奉基督教和天主教。

马里传统的礼服叫“布布”。一件“布布”要用布 5 到 6 米,无领、宽肩、袖肥,十分凉爽。穿“布布”时,要上配毡帽,下配拖鞋。马里的黑人妇女把黑色视为吉祥的、最美的颜色。她们的肤色是黑的,还嫌黑度不够,要用“地阿比”树叶将手、足和牙龈都染得漆黑。男人选择配偶,首先要了解姑娘是否具备染足、画手、染牙龈的手艺,这是考虑对方是否合适的第一个条件。染技高超的女孩,会赢得更多人的爱戴和求婚。

马里曾经是西非的文明古国。但从 1895 年起沦为法国殖民地,称“法属苏丹”,开始接受欧洲文化侵略。经过长时间斗争,到 1960 年争得了独立,改国名为马里共和国。1979 年 6 月举行总统和立法选举,第二共和国诞生。

马里的国家权力包括,总统、议会和政府三部分。宪法规定:国家实行立法、行政、司法三权分立。总统是国家元首,直接普选产生,任期 5 年,可连任一次。议会是国家最高权力机构,一院制,议员由普选产生,任期 5 年。政府是国家最高行政执行机关。

马里是农业国家,工业基础薄弱。属于世界上经济最不发达的国家。主要粮食作物有谷子、高粱、水稻、甘薯、木薯等。工业主要有纺织、食品加工、卷烟、药品制作、食糖、碾米、榨油、机电、化工、建筑材料等。

马里教育不发达,文盲占全国人口的70%。沿用法国教育体制,分基础、中等和高等教育,实行9年制免费义务教育。

马里的主要城市是巴马科、莫普提。巴马科是马里首都。位于西南部,是马里政治、经济、文化中心,也是重要的交通枢纽。

马里使用的货币名称叫非洲金融共同体法郎。由马里中央银行发行。主辅币制为1法郎等于100分。已经发行的货币有面额为500,1000,5000,10000法郎的纸币;另有5,10,25,50,100法郎的硬币。

ISO货币符号是XOF。

在5000法郎纸币的背面,是椰子树林画面。在100法郎硬币的背面,是三只玉米。(略)

毛里求斯共和国货币及货币上的植物

毛里求斯共和国,位于非洲东南印度洋上,西距马达加斯加约800公里,离非洲大陆2200公里。毛里求斯是个岛国,由毛里求斯岛、罗德里格斯岛、阿加莱加群岛和卡加多斯群岛等组成。最大岛为毛里求斯,面积为1865平方公里,占国土的91%。海岸线长217公里。沿海多为平原,中部为高地,地势北高南低,海拔平均为200至700米。小黑河峰为岛上最高峰,海拔827米。该岛为欧、亚、非、大洋洲之间的海上交通枢纽。领土面积约为2040平方公里。全境分3个大区、5个直辖市,区下设9个县、98个村。

毛里求斯属热带海洋性气候,分雨季和旱季。年平均气温沿海 25℃。年平均降水量沿海 1270 毫米。

毛里求斯是一个多民族国家。居民中有印度人、巴基斯坦人、克里奥尔人、华人、法国人等。其中印度和巴基斯坦人后裔占多数,约为 68.4%。华人仅有数万人。

英语为官方语言,通用法语。居民中多数讲印地语和克里奥尔语。各民族大多保留了自己的母语。

宗教信仰比较复杂。约有 51%的居民信奉印度教,31.3%信奉基督教,16.6%,信奉伊斯兰教,还有少数人信奉佛教。

塔莫伊斯人是印度人后裔,他们保留印度民族的种姓制度,每年三次去庙宇举行洗礼活动。传统的洗礼分为洗浴、接受针刺和跳火等程序。

华人的春节是法定节日。

毛里求斯的历史不长。这里原为荒岛,从公元 10 世纪开始,先后有阿拉伯人、葡萄牙人到过这里。1598 年荷兰人以荷兰王子的名字,将这片土地命名为"毛里求斯"。1715 年,法国人占领毛里求斯岛。1810 年,英军打败法军后占领此岛,这里成为英属殖民地。1968 年 3 月 12 日独立,但仍留在英联邦内。1992 年 3 月 12 日,毛里求斯改名为毛里求斯共和国。

毛里求斯国家权力机构由议会、政府和司法机构组成。国家实行共和制,总统为国家元首。立法议会是国家最高权力机构。负责制定法律,批准政府的各项法令和财政预算等。政府是国家最高行政首脑机关。司法机构由最高法院、民事上诉法院、刑事上诉法院和地区法院组成。

毛里求斯在非洲属经济发展较好的国家。以种植甘蔗为主。该国有"甜岛"之称。政府致力于经济多样化的发展,在巩固和加强糖业、出口加工业和旅游业三大经济支柱的同时,先后建立了享受税收优惠政策的经济特区,创办交易所,开设银行,兴建自由港,大力鼓励外资投资,力求毛里求斯成为西南印度洋地区金融中心。到 20 世纪末,人均收入已经达到 1 万美元。

国家工业以制糖和出口加工业为主。糖产品出口占出口收入40%。人均蔗糖出口量占世界第二位,仅次于古巴。

毛里求斯是非洲教育比较发达的国家。入学率为98%。教育的投入占财政预算的13%以上。小学、中学均为免费教育,全国30岁以下的文盲率在5%以下。

该国主要城市是路易港,是毛里求斯首都,有大洋都会之称。是全国政治、经济、文化和交通中心。

毛里求斯货币叫"毛里求斯卢比"。主辅币制为1卢比等于100分。

目前已经发行的货币,主要有面额5,10,20,50,100,200,500,1000卢比的纸币;另有1/2,1,5,10卢比和1,5,20分硬币。

ISO货币符号是MUR。

在50卢比纸币的背面是芭蕉树。

(1)芭蕉

芭蕉,芭蕉科,芭蕉属。常绿大型多年生草本。茎高达3至4米,不分枝,丛生。叶长而宽,长可达3米,宽约40厘米,呈长椭圆形,有粗大的主脉,两侧具有平行脉,叶表面浅绿色,叶背粉白色。入夏,叶丛中抽出淡黄色的大型花。

芭蕉经济价值很高。其果实似香蕉。茎、叶适合于喂猪。夏、秋两季可采叶饲喂,这时芭蕉生长旺盛,叶片肥大柔嫩,每棵树每月只能采收1至2片叶子,多采会影响芭蕉的生长。采叶要在叶缘稍呈黄色时进行。冬、春两季可采地上假茎饲喂。假茎要选择生长2年以上的采收。霜冻到来之前,用刀割去全部叶片,在离地面30厘米高处砍收。假茎砍收之后,要用稻草等物覆盖芭蕉蔸部,以防止冻害,等春暖后将覆盖物取下即可。芭蕉根系发达,可固土以减少水土流失,所以芭蕉有"土地卫士"的称号。适于房前屋后、田边地角、沟堤塘埂、溪岸河滩等土质肥沃地带栽种。

在500卢比纸币的背面是甘蔗。

(2)甘蔗

甘蔗为禾本科,一年生或多年生草本植物。茎直立,圆柱形,有节,节间实心。蔗皮有蜡粉,皮色有深红、紫、绿、白等颜色。叶子互生,叶片有肥厚的中脉。大型圆锥花序顶生。颖果细小,长圆或卵形。矮的几十厘米,高的可达数米。在热带为多年生,温带为一年生。

甘蔗

甘蔗有两种,即糖蔗和果蔗。糖蔗纤维比较粗,含糖量高,适宜制糖;果蔗皮脆薄多汁,含糖量较低,可作水果食用。甘蔗全身是宝,除含糖分外,还含有蛋白质、脂肪、多种氨基酸、乙酸、乙醇酸、钙、磷、铁、锰、锌等成分。性味甘、涩、寒,有止渴生津功效。主治热病伤津、心胸烦热、虚热咳嗽、反胃、肾炎、低血糖、急慢性咽喉炎、婴儿湿疹等症。甘蔗皮能治小儿秃疮、坐板疮。甘蔗也有副作用,脾胃虚寒、痰湿咳嗽者不宜食用。

在制糖工业中,蔗糖的副产品糖蜜可提取酒精、乳酸、醇酮等化工原料,也可制其他饮料。蔗渣可制人造纤维、纤维板、纸浆、活性炭等。

甘蔗的野生品种在中国南方广为分布,人们叫它"甜根子草""草鞋蜜"。栽培的甘蔗在中国古代叫"柘"。"柘"与"蔗"同音,是由人们嚼食果蔗时口里发出的"咋咋"声发展而来。《楚辞·招魂》记载:"胹鳖炮羔,有柘浆些。"司马相如《上林赋》记载有"甘柘巴苴"。《南方草木状》记载说:"诸柘……交趾所生者”,都是指甘蔗而言。

中国甘蔗的栽培历史悠久,中国南方早在战国时期开始栽培甘蔗。秦汉之际,在中原地区得到推广。晋代中国还从扶南国(今柬埔寨)引进过甘蔗的优良品种。

蔗糖被人类认识之后,立即受到了人们的普遍青睐。有资料说,世界上最早生产蔗糖的国家是印度。印度地处热带、亚热带,很早就种植甘蔗,并用它制糖。在2000多年前,印度就出口蔗糖,古希腊人称糖为“印度盐”,古罗马人则称为是“印度蜜”。也有资料称,虽然印度种植甘蔗的历史很早,不过制糖技术却是中国传去的。印度人历来把糖称为“中国”。印度文中的“糖”与“中国”是同义字,印度人还常说“中国对于印度是甜蜜的”。还有一种折中的说法,中国南方在战国时期就开始生产蔗糖,最初生产的产品不能结成晶体,黏糊糊的,质量也不高。唐代初期,唐太宗听说印度的蔗糖好,就派人到印度去学习制糖技术,回来后又进行了改进,使中国的蔗糖生产技术大为提高,甚至超过了印度。不但能制作红糖,还能生产白糖和冰糖。后来印度反要向中国学习了。

公元7世纪,印度甘蔗传到埃及,10世纪传到阿拉伯和叙利亚,11世纪传到西班牙。16世纪从西班牙传入美洲。西班牙殖民者维拉斯格斯带着甘蔗苗渡过温德华海峡,把第一批甘蔗苗种在古巴东部巴拉哥阿的土地上。古巴的气候土壤特别适宜甘蔗的生长,于是很快就繁殖开来。在那里,蔗田播种一次,可以收获10年。每年的甘蔗刚收割,新苗又从根上长了出来,很快就是甘蔗成林。在一段较长时期内,古巴是世界上生产和出口蔗糖最多的国家。

毛里求斯98%的耕地覆盖着葱郁的甘蔗林,近三分之一的人口从事甘蔗业。甘蔗种植业已有350多年历史,因而具有“甜岛”的美誉。

在1000卢比纸币的正面是总督头像和酒瓶椰子。

(3)酒瓶椰子

酒瓶椰子属常绿乔木,茎干高可达4米,基部较细、中部膨大,近茎冠处收缩似瓶颈,故而得名。羽状复叶,长30至40厚米,簇生于茎顶。酒瓶椰子极具观赏价值,是热带地区美化和绿化城市的优良树种。毛里求斯是酒瓶椰子原产地之一。在马斯克林群岛到处可见。毛里求斯人喜爱它,就把它作为国树。

摩洛哥王国货币及货币上的植物

摩洛哥王国,非洲国家。位于非洲大陆西北角。东、东南接阿尔及利亚,南接西撒哈拉,西濒大西洋,北隔直布罗陀海峡与西班牙相望。海岸线长 1700 多公里。领土面积 45.9 万平方公里,全国划分为 35 个省、2 个直辖市。

摩洛哥国土地形复杂,有山地、高原、沙漠。中部和北部属阿特拉斯山脉。西北沿海一带为狭长低缓的平原。最高峰图卜加勒山,海拔 4165 米,是非洲北部的最高峰。气候条件较复杂。北部属地中海型气候,夏季炎热干燥,冬季温和湿润;中部属副热带山地气候,温和湿润;东部、南部属沙漠性气候。

摩洛哥属阿拉伯国家,阿拉伯人占全国人口总数的 80%左右。

阿拉伯语为国语,通用法语。

绝大多数国民信奉伊斯兰教,少数人信奉天主教和犹太教。

该国有饮茶习惯,茶是摩洛哥人生活的重要组成部分。早晨起床后第一件事就是喝一杯清茶,中餐和晚餐也要喝煮好的清茶。饭后有时要喝三道茶。招待客人、宴请亲友时,都要献上一杯甜茶。在节日、宴会和社交活动中茶可以代酒。

在柏柏尔族居住区的一些部族,流行“抢新娘”习俗。在举行婚礼时。村里的小伙子们设法把新娘子抢走,并保护一段时间。柏柏尔部族有新娘集市,又叫“穆塞姆节”,每年 9 月举行。在这个“集市”上,离过婚的妇女和寡妇最受欢迎,人们认为这样的妇女最会持家。孩子出生后,要举行庆生会,把孩子的头发剪掉,让它重新长出。还要施行割礼,孩子出生一定时间后,要举行割礼。

摩洛哥是最早建立阿拉伯国家的地区之一,公元 788 年建立起第一个阿拉伯王国。柏柏尔人建立的伊斯兰教的阿尔摩拉维德王朝,是该国历史上最为强盛的时期。15世纪起,先后遭到欧洲国家入侵。1904年10月,法国和西班牙签订了瓜分摩洛哥的协定。1912年3月30日,法国迫使摩洛哥苏丹签订了"非斯条约",把摩洛哥国变为法国"保护国"。同年11月27日,法国和西班牙签订《马德里条约》,摩北部狭长地区和南部伊夫尼等地区,划为西班牙的"保护地"。1921年2月,摩北部里夫地区爆发大规模农民起义,以此开始了反侵略、反压迫,寻求独立的斗争。经过数十年的斗争,到1956年3月摩洛哥终于获得独立。1957年8月14日,定国名为"摩洛哥王国"。苏丹改称国王。

摩洛哥宪法规定,摩洛哥为君主立宪制的伊斯兰国家。国王是国家元首、宗教领袖和武装部队最高统帅。王位世袭。议会由众议院、参议院两院组成。众议院议员直接选举产生。参议院议员由地方行政机构、各行业协会、薪俸阶层代表选出。政府是国家最高行政机关。司法机构分4级,最高法院、上诉法院、初级法院和初级法院派驻的法官处。国王任命法院院长和法官。

摩洛哥工业在非洲名列前茅。磷酸盐矿是摩洛哥经济的重要支柱之一,产量和出口量均居世界前列,出口量占世界出口总量的31%。农业人口占全国总人口的57%,主要农作物有大麦、玉米、水果、蔬菜等。

摩洛哥特产是沙丁鱼,是非洲第一大产鱼国,沙丁鱼出口居世界首位。

摩洛哥政府重视国民教育。强调教育普及化、教材统一化、教师摩洛哥化和教学阿拉伯化。

摩洛哥主要城市有拉巴特、达尔贝达、非斯等。拉巴特是摩洛哥首都,历史名城,建于12世纪。面积2100平方公里。

摩洛哥货币叫"摩洛哥迪拉姆"。由摩洛哥银行发行。主辅币制为1迪拉姆等于100分。

已经发行的货币主要有面额为5,10,50,100,200迪拉姆纸币;另有1,5,10,20,50分和1/2,1,5,10迪拉姆硬币。

ISO货币符号是MAD。

在50迪拉姆纸币的背面是石竹。

石竹

石竹，石竹科，多年生草本植物。全株粉绿色。叶对生，线状披针形。夏季开花，花单生或2至3朵疏生枝端。花瓣淡红色或白色。先端浅裂成锯齿状，蒴果包于宿存萼内。石竹原产于中国。现在世界各地广有分布。

同属植物300余种，常见栽培的有须苞石竹，又名“美国石竹”“五彩石竹”，花色丰富，花小而多，聚伞花序，花期在春夏两季；锦团石竹，又名繁花石竹，矮生，花大，有重瓣；常夏石竹，花顶生2朵至3朵，芳香；瞿麦，花顶生呈疏圆锥花序，淡粉色，芳香。

石竹在中国栽培历史悠久，唐代诗人在《云阳寺石竹花》中写道：“一自幽山别，相逢此寺中。高低俱出叶，深浅不分丛。野蝶难争白，庭榴暗让红。谁怜芳最久，春露到秋风。”作者以蝶、榴显示出石竹的神态与形象。宋代王安石写下《石竹花二首》，其中之一“春归幽谷始成丛，地面芬敷浅浅红。车马不临谁见赏，可怜亦解度春风”。明朝《花史》记载“石竹花须每年起根分种则茂”。扼要地总结概括了石竹宜经常分栽的特征。清朝《花镜》描述石竹“枝叶如苕，纤细而青翠”。石竹花变化万端，耐寒，适应性强，花期长。可广泛用于花坛、花境、花台或盆栽。

石竹作为美化环境花卉，其栽种方法很多，主要有分株栽种法，将整墩尖叶石竹分成直径约5至6厘米的小墩。在栽种地挖出约10至12厘米深的穴，将小墩种苗埋入穴中，埋深以枝叶高出地面三四厘米为好。回填土后将土壤和种苗压实即可，确保植株周边没有空隙。整墩栽种法挖出与尖叶石竹根系大小相同深度的洞穴，将种苗的根部垂直放入洞穴中，回填土后将周边土壤和种苗压实即可。营养钵栽种法，营养钵栽种方法比较简单，将种在营养钵中的种苗移栽下地，栽后浇一遍水即可，不需要缓苗。

石竹是耐旱植物，只在开春和入冬封冻前各浇一遍水即可，靠自然降雨能够满足需要。尖叶石竹生长低矮，株高8至10厘米，一般不需要修剪。目前还

石竹

未发现尖叶石竹有虫害，只是在夏季梅雨季节易出现枯萎病。在日常养护时如果发现个别死苗，可就近分株补种。

在100迪拉姆纸币的背面，是玫瑰花。（略）

莫桑比克共和国货币及货币上的植物

莫桑比克共和国，非洲国家。位于非洲东南部，南邻南非、斯威士兰，西界津巴布韦、赞比亚、马拉维，北接坦桑尼亚，东濒印度洋与马达加斯加隔莫桑比克海峡相望。海岸线长2630公里。领土面积79.938万平方公里，全国划分为10省1市，省下设县（128个）、区、村。

莫桑比克地形特点是西北高，东南低，沿海为平原，内陆为高原，西北部为高原山地。宾加峰为全国最高峰，海拔2436米。中部为台地，东南沿海平原海拔平均为100米，面积约33万平方公里，是非洲最大的平原之一。莫桑比克属热带草原气候。年平均气温20℃，分暖湿季和凉干季两个季节。年降水量最高为1000毫米，最低为750毫米。

全国有60多个部族,班图语系约占总人口的97%左右。有数万名白种人移民和混血人及印度人、华人等。

葡萄牙语为官方语言。主要部族都有自己的语言。

信仰原始宗教人占多数,另有部分人信伊斯兰教、天主教、基督教新教以及印度教。

部分部族内保持着图腾崇拜的传统,相信巫术。有的部族允许一夫多妻。一个男人的能力和地位,不完全取决于他所拥有的财富,而取决于他的生育能力。

公元13世纪起,马绍纳人建立过莫诺莫塔帕王国。16世纪初,葡萄牙人侵入。18世纪初,莫桑比克地区成为葡萄牙人的"保护国"。1752年设总督统治,称"葡属东非洲"。1951年,葡萄牙宣布莫桑比克为该国的"海外省"。1962年6月,莫桑比克解放阵线成立,领导人民进行反对葡萄牙殖民主义的斗争。解放了北方大部分地区。1974年9月7日,莫桑比克解放阵线同葡萄牙政府签署关于莫桑比克独立的《卢萨卡协议》。1975年6月25日,莫桑比克正式宣告独立,成立莫桑比克人民共和国。1990年更改国名为莫桑比克共和国。

莫桑比克实行总统制,总统为国家元首和政府首脑,兼任武装部队总司令。总统由居民直接选举产生,任期5年,最长两届。共和国议会是国家最高权力机关,具有立法权。常设机构是人民议会常务委员会。部长会议是国家最高权力的执行机关。总理受总统委托召集并主持部长会议。司法机构是最高人民法院,省、县、区人民法院和共和国检察院。

莫桑比克属农业国,是联合国宣布的世界上最不发达国家之一。全国84.2%的劳动力从事农业生产。主要农业经济作物是腰果、棉花、甘蔗、椰子、茶和剑麻等。腰果是莫桑比克著名特产,莫桑比克腰果具有果仁香脆,果壳含油量大,可提炼高级工业用油等特点。腰果产量占世界总产量的45%。莫桑比克有"腰果之乡"的美称。

工业生产主要是加工工业和矿产业。加工工业有制糖业、制茶业、粮食及腰果加工业，以及卷烟、榨油、纺织、木材、水泥、炼油、机车车辆制造、电池及轮胎制造等。矿业主要有煤矿、铁矿开采等。

莫桑比克政府注重教育，强调学校与社会生产相结合，小学实行义务教育，发展职业教育、成人教育和扫盲工作。

莫桑比克主要城市是马普托、贝拉等。马普托是该国首都，位于东南部印度洋之滨、马普托湾北岸，是东南非最大港口。人口110万。莫桑比克政治、经济中心。

莫桑比克货币叫“梅蒂卡尔”。由莫桑比克银行发行。主辅币制为1梅蒂卡尔等于100分。

已经发行的货币主要有面额为50，100，500，1000，5000，10000，50000，100000梅蒂卡尔的纸币和1，5，10，20，50，100，500，1000梅蒂卡尔的硬币。

ISO货币符号是MZM。

在20梅蒂卡尔硬币的背面是腰果。

腰果

腰果是腰果树结的果实。腰果树，属于漆树科，常绿大乔木。高可达12米，具乳汁。单叶，互生，革质，长10至20厘米，宽5至10厘米长椭圆状卵形，全缘。开花，花为黄色。有淡红色条纹。圆锥花序。腰果比较耐旱，每年可开3次花，结3次果。果实因其形状称为腰果。果树种类，有西方腰果树、鸡腰果树等品种。

腰果树与美洲毒常春藤和毒漆树有亲缘关系。它们的坚果形如粗大的豆子，长度超过2.5厘米，形状奇特，好像一端被压入梨形膨大的肉质果柄中。果柄比坚果大3倍。果柄淡红色或黄色，当地用它做饮料、果酱和果冻。坚果具有两层皮，外壳薄，略有弹性，坚实，表面光滑如玻璃，成熟前为橄榄绿，成熟后为草莓红色；内壳坚硬。两层壳之间有棕色的油，这种油可做润滑油、杀虫剂，并用于塑料生产。坚果有浓郁而独特的香味。去壳的加工过程需要小心，避免被其有毒成分伤害。

腰果是一种营养丰富的干果。腰果含脂肪高达47%,蛋白质21.2%,碳水化合物22.3%,还含有A、B_1、B_2等多种维生素以及矿物质,其中的锰、铬、镁、硒等微量元素含量较高。腰果具有抗氧化、防衰老、抗肿瘤和抗心血管病的作用。腰果所含脂肪多为不饱和脂肪酸,其中油酸占总脂肪酸的67.4%,亚油酸占19.8%,是高血脂、冠心病患者的食疗佳果。

腰果是广受欢迎的干果果品。无论是油炸、盐渍、糖饯,皆香美可口。腰果即可当零食食用,又可制成美味佳肴。腰果也有副作用,它含有多种致敏原。吃腰果过敏者,轻会导致腹痛、恶心,嘴唇、眼睑水肿,咽部痒痛,眼、耳、鼻发痒,打喷嚏,流清涕,头晕心慌;较重者全身起风团或过敏性休克;最危险者是呼吸道水肿。如果喉头水肿,可致喘憋、窒息,抢救不及时可致死亡。特别是原有支气管哮喘的人,病情会更重。在哮喘发作期间,支气管对刺激物的敏感性增高。腰果内的某些成分会引起哮喘病人发生I型变态反应,继而出现一系列临床过敏症状。有过敏体质、哮喘病、呼吸道疾病者慎食。

腰果有一定的药用价值。中医学认为,腰果味甘,性平,无毒。可治咳逆、心烦、口渴。《本草拾遗》云:腰果仁"主渴、润肺、去烦、除痰"。《海药本草》亦云:"主烦躁、心闷、痰鬲、伤寒清涕、咳逆上气。"

腰果原产于南美洲,在那里,人类栽培腰果已有4000多年的历史。16世纪,腰果被引到亚洲和非洲的一些国家。现在腰果分布在南北纬20度以内的几十个国家和地区。巴西、印度、莫桑比克、坦桑尼亚和中国海南省西南部等地,都有广泛种植。

在非洲的莫桑比克,腰果受到了当地人们的特别宠爱,无论是在书刊、绘画、广告、挂历、雕刻等作品中,还是在家具、服饰等日常用品上,腰果或腰果树的图案都随处可见,一些以腰果为题材的小说、散文、诗歌也得到大量出版。每当腰果成熟季节,农民穿着民族服装,兴高采烈地去采摘腰果,笑语欢歌,洒满田野,一派节日景象。

腰果已成为世界上四大坚果之一,与扁桃、胡桃、榛子齐名。年产量超过

50万吨。

纳米比亚共和国货币及货币上的植物

纳米比亚共和国,非洲国家。位于非洲西南部,北邻安哥拉、赞比亚,东与博茨瓦纳为邻,南与南非接壤,西濒大西洋,领土面积82万多平方公里,人口仅有168万,是非洲人口密度最小的国家。

居民中有奥万博族、卡万戈族、达马拉族等。

纳米比亚国民多数人信奉基督教。

官方语言为英语,通用语言是南非荷兰语。

纳米比亚共和国土地,大部分是高原,境内最高点为布兰德山,海拔2610米。有大量间歇河和盐沼,常年河分布在边境上,有奥兰治河与库内内河,分别是纳米比亚与南非和安哥拉的界河。北部有世界上最大的地下湖泊。

大部分地区属热带、亚热带沙漠气候,燥热少雨,年降水量由东北部向西南部递减,为500至10毫米。来自内陆的东南信风,同本格拉寒流结合在一起,使这里的纳米布沙漠成为世界上降雨量最少的地区之一,有的地方几乎终年无雨。

纳米比亚矿产资源丰富,为非洲第四大矿产国,有钻石、铀、铜、铝、锌、钨、镉、铍、锂、钒、锰、锚、银和石油等矿藏。

纳米比亚的一些民族还保留着自己的奇异习俗。如,在霍屯督人的女孩成人仪式中,有的让女孩赤裸身体到大雷雨中"冲邪";或过一段与世隔绝的囚禁生活后,再用牛奶和湿牛粪擦遍全身。卡拉哈里沙漠有男方为女家婚前"服役"的习俗。如果某个男孩看上了某家女孩子,去女家求婚。女孩有意这门亲事,小伙子便自动搬到姑娘家里,义务劳动5年。5年劳动过后,如果女方家长认为这位准女婿能吃苦耐劳,便把女儿嫁给他。如果女方不满意,那么,他就算白白劳动了。

纳米比亚在历史上是长期遭受侵略的国家。原来这片土地被称作"西南非洲"。从15世纪到18世纪,先后有葡萄牙人、荷兰人、英国人等侵入这里。1890年,德国人打败了其他侵略者,占据了西南非洲。1915年,南非出兵占领了西南非洲。1949年,南非议会非法通过决议,企图吞并西南非洲。1950年,在亚非各国的压力下,联合国国际法院宣布,南非吞并西南非洲的行为是非法的。1957年,联合国通过决议,要求南非把西南非洲置于联合国的托管之下。可是,这一决议却遭到英国和美国等国的抵制。1968年6月,联合国通过决议,谴责南非无视联合国决议,继续占领西南非洲,并根据当地人的愿望,把"西南非洲"改为"纳米比亚"。同年8月,联合国又通过决议,要求南非当局,必须在1969年10月4日前撤出纳米比亚。直到1990年,纳米比亚才获得了独立,成立了纳米比亚共和国。

纳米比亚的经济以矿业、畜牧业和渔业为主,工业不发达,农业也很落后。经济生产对南非的依赖很大。

工业以采矿业为主,其非燃料矿物在非洲居第四位,钻石储量居世界第三位,铀产量居世界第四位。

此外,纳米比亚的水产品很多,主要出产白鱼、鲭鱼、沙丁鱼和鲱鱼等。

建国后,纳米比亚于1993年开始发行本国货币。货币叫"纳米比亚元"。主辅币制是1元等于100分。由纳米比亚银行发行与管理。

目前正在流通的纳米比亚货币,主要有面额为10,50,100,200元的纸币;5,10,50分和1,5元的硬币。

ISO货币符号是XAR。

在5分纳米比亚硬币的背面,是一株棕榈树(略)。

南非货币及货币上的植物

南非,位于非洲的最南部,东、西、南三面濒临印度洋和大西洋。东北与莫桑比克、斯威士兰为邻,北与津巴布韦、博茨瓦纳、纳米比亚毗连。领土面积122.1万余平方公里。

南非是沿海国家,其海岸线长约2500公里。境内除东南沿海为平原外,大部分地区为高原。地势从东南向西北逐渐降低。高原的最低部分是卡拉哈里盆地,海拔在600米左右。全国最高点卡斯金峰,海拔3660米(在纳塔尔省)。最大的河流有奥兰治河和林波波河。奥兰治河为非洲南回归线以南最长河流,全长2080公里。

南非属亚热带气候,气候差异大,变化大。12月至次年2月为夏季,最高温度可达32℃以上;6到8月为冬季,最低温度为-10℃以下。降水量分布不均,东南沿海可达1500毫米以上。西南部沿海属地中海式气候,降水量在600毫米以下。内陆高原,降水量最少地区仅几十毫米。

南非国家的矿藏资源很丰富,是世界上24种重要矿产品的生产国之一。它有丰富的石油和铝土资源,还有黄金、锰、钒、铬、铝、硅酸盐、萤石等重要资源。其中,黄金储量占世界总储量的39%,锰储量占78%;钒储量占49%;铬储量占81%;锑储量占50%;石棉储量占50%;铀储量占50%。

除了丰富的矿产资源外,南非的野生动植物资源也非常丰富,这里有陆地上最大的哺乳动物大象,还有白犀牛、河马、狮子、长颈鹿、猎豹等。南非有鸟类880余种,占世界已知鸟类品种的10%。除鸵鸟外,还有体重达20多公斤的南非鸨。南非有蝴蝶品种800多个,植物种类达2万多种,其中以南非帝王花最为有名,它是地球上花卉直径最大的花朵。

南非是一个多种族和民族构成的国家,这里有黑人、白人、有色人种和亚洲人等。

南非语言种类也较多,主要有祖鲁语、科萨语、索托语、茨瓦纳语、佩迪通加语、斯威士语和华语。大多采用拉丁字母的文字。国内通行南非荷兰语,英语为官方语言。

南非有的黑人部族中有裸浴相亲的习俗。当女孩子到了找对象的年龄,就在父母带领下,到人们熟悉的河流中脱光了洗澡。洗澡时不怕男人看。当男子在裸浴的女孩中发现了理想对象后,先打听家庭住址,然后登门求婚。如果被女方看中,女方父亲便在次日送一头小牛给男方的父亲,就算是订亲。

南非的黑人中还保留了一夫多妻制习俗。

南非的历史很特殊,早在欧洲殖民者到来之前,班图人、布须曼人和霍屯督人就居住和生活在这里。15 世纪末期,先后有葡萄牙人、荷兰人和英国人相继来到这里。英布战争后,德兰士瓦和奥兰治自由邦成为英国的直辖殖民地。1910 年,英国把在南非的 4 块殖民地即开普省、德兰士瓦、纳塔尔、奥兰治自由邦组成"南非联邦",作为英国的自治领地。1961 年 5 月 31 日,南非宣布退出"英联邦",成立南非共和国。

白人在南非统治了 300 多年。白人统治者一直在国内推行种族歧视和种族隔离政策。1989 年 9 月,德克勒克就任总统后,实行开明的政策,并开始进行民主改革。到 1991 年 6 月底,南非议会已陆续废除了 80 多项种族主义立法,修改了立法中 140 多项有关种族主义内容。释放了一大批政治犯。

1994 年 5 月 9 日,纳尔逊·曼德拉当选为总统,这是南非首任黑人总统。

南非因其丰富的自然资源和悠久的工业历史,成为非洲经济最发达的国家,国民生产总产值占整个非洲地区生产总值的 1/3 左右。

采矿业是南非的重要支柱产业。有 24 种重要矿产的生产和出口均居世界前五名。南非黄金的储、产量均居世界首位。一个多世纪以来,南非生产黄金累计 4 万吨,占人类有史以来所产黄金总量的 40%。南非也是全球著名的"钻石之国"。按产值计算,南非钻石生产居世界第一位。铁矿开采,自 20 世纪 80

年代以来，产量一直居非洲首位。锰的产量居世界第2位。煤储量约占世界的11.3%，居世界第4位。目前煤的产值已超过金刚石，仅次于黄金的产值。

南非的冶金业和制造业也很发达。南非是世界主要钢铁生产国之一，钢产量占非洲钢铁总产量的90%。

南非的制造业主要有钢铁、矿产品加工、纺织、食品加工等工业部门。

南非电力充足，其发电量占整个非洲国家的一半以上，人均发电量接近西欧水平。

南非土地资源很丰富，有可耕土地1317万公顷，另有牧场和草地8138万公顷，占国土面积的66.6%。粮食种植也发达，近几年一直是世界上粮食净出口国。主要农作物有玉米、高粱。甘蔗是南非最重要的经济作物。

南非牧业以饲养绵羊为主，南非的美利奴细毛羊和卡拉库尔羔羊闻名于世界。每年产羊毛近10万吨，是世界第四羊毛出口地区。

由于工业和农业都很发达，促使南非的交通运输业发达起来。南非铁路总长3.41万公里，其中1.82万公里是电气化铁路。公路总长23.2万公里，其中高速公路1380公里。航空运输业也很发达，有77条重要航线，机场260多处。

南非的货币叫“南非兰特”。由南非储备银行发行。主辅币制为1兰特等于100分。

已经发行的货币主要有面额为5，10，20，50，100，200兰特的纸币；另有1/2，1，2，5，10，20，50分和1，2，5兰特的硬币。

ISO货币符号是ZAR。

在50兰特分硬币的背面是天堂鸟花。

(1)天堂鸟花

天堂鸟花又叫鹤望兰，属旅人蕉科，多年生草本植物。植株高达1米，株型丛生，叶似芭蕉，叶柄较长，排成扇状。开花时，花茎从叶腋抽出，花可长达50至60厘米。高高挺立于叶腋之上。在绽放时，总苞紫红，整个花形犹如一只展翅欲飞的漂亮飞鸟。

天堂鸟花原产于非洲,后引入中国。现在中国广泛栽培。在长江以北地区多为盆栽。盆栽天堂鸟在每年的5至6月开花,单支花花期15至20天,全花期长达2至4个月。

在原产地,天堂鸟花的自然繁殖方式很奇特,主要靠蜂鸟来传播花粉才能结籽。种子的发芽率极低,生长期也较长。一般在幼苗定植后3年,生长出90多片叶子才能开花。所以,自然繁殖的天堂鸟花卉很少。1984年,第23届奥运会在美国洛杉矶举行,大会宣布,谁若获得金牌,就献给谁一支天堂鸟花。由此可见这种花的稀少。天堂鸟花是许多国家迎接贵宾时摆放于会客厅的名贵花卉。

天堂鸟花的高雅与独特造型,使爱花人趋之若骛。为了满足热爱天堂鸟花卉的人们的需要,植物学和农学界创造了人工栽培技术。人工栽培使天堂鸟繁育很快。许多国家用先进栽培技术,开始规模化生产。

天堂鸟花喜欢阳光,但也不能在烈日下暴晒。它要求夏季凉爽,冬季温暖,环境湿润。生长适宜的温是20℃至30℃,如低于8℃则停止生长,降至3℃就会被冻死。适合于种植在富含腐殖质和排水透气的沙质土壤中。水少会干死,水多会造成根系腐烂。

在春、夏两季,盆栽天堂鸟要放在阴棚南侧半见光。旱季,在棚中每天喷水增加空气湿度。秋凉时移到直射阳光下,及时追施有机液肥,花期停止追肥。10至15天应施肥一次。浇水必须干湿相间,夏季及时浇水,冬季控制浇水。亚热带地区应在10月中旬移入温室越冬,室温应保持在10℃至24℃。温室应注意通风、透光。

在10兰特分硬币的背面是马蹄莲。

(2)马蹄莲

马蹄莲,又名野芋,慈菇花,观音莲等。天南星科,马蹄莲属。多年生宿根草本。株高50厘米至100厘米,地下具肉质根茎。其茎节部向下生长须根,向上抽生茎叶。叶基生,叶片长盾形具长柄,鲜绿色。花茎高出叶丛,肉穗花序鲜

马蹄莲

黄色，佛焰苞大形，开张成马蹄形，包在肉穗花序外，有白、黄、粉等色，以白色马蹄莲最常见。

马蹄莲原产于南部非洲的河流沼泽地中，喜欢温暖多湿的环境，不耐干旱。怕寒冷，忌盐碱。生长适宜的温度在20℃左右，不能低于10℃。夏季养植，应防强风烈日。冬季在室内养植，需要光照充足。要求富含腐殖质、松散略带黏性的肥沃土壤。可用风化河泥团粒、腐叶土和沙土适度调配。

北方地区除大面积生产切花外，大都用来做盆栽花卉。盆栽马蹄莲，夏季暴露于室外，秋末入温室养护，冬春开花。次年入夏，高温干燥时节被迫休眠。在冬无严寒、夏不干热、春无干旱、秋无湿涝的温和湿润环境下，马蹄莲可以增多开花数量，明显延长花期。

马蹄莲在中国已经培育成观赏性花卉。繁殖方法主要是球根繁殖。4月末盆株移到室外，荫蔽环境下养护。6月中旬，叶片日渐枯黄，马蹄莲将进入休眠。此时，应剪去枯叶，把盆面清理干净。控制浇水，盆土微潮为宜，放阴凉通风避雨处，使其安静休眠。立秋以后，整坨磕出，抖去泥土，将根茎周围孳生的小球剥下，另培植一年，第2年即可开花。选3个至4个球为一组，在培养土下垫适量碎蹄片等干肥,上 25 厘米以上内径的筒盆定植,覆盖 5 厘米左右的土壤。浇透水,放置于荫凉湿润通风的环境中。等待 20 天左右,种球即可发芽出苗。10 月初移入温室,光照要充足。保持适当温度,经常浇水,适度通风,保持空气清新。每周追施一次稀薄有机液肥。花蕾生出前后,控制氮肥,施以磷钾肥为主的复合肥催花。元旦期间开花,春节即进入盛花期。

尼日利亚联邦共和国货币及货币上的植物

尼日利亚联邦共和国,非洲国家。位于西非东南部,尼日尔河中、下游地区。东邻喀麦隆,东北隔乍得湖与乍得相望,西接贝宁,北与尼日尔交界,南濒大西洋的几内亚湾。海岸线长约 800 公里。领土面积 92.3768 万平方公里,全国划分为 36 个州和 1 个联邦首都区,州以下设 772 个地方政府。

尼日利亚地形复杂,地势北高南低。沿海为带状平原,在海拔 50 米以下;南部低山丘陵,海拔在 200 至 500 米间:中部为尼日尔-贝努埃河谷;北部豪萨兰高地,平均海拔 900 米;西北索科托盆地;东部边境为山地。整个国家受赤道海洋与热带大陆气团影响,雨量和气温差距较大。东南部属热带湿润气候,全年高温多雨。西、北部为干湿季交替的热带草原气候,最北部为干旱气候。每年的 5 至 10 月为雨季,11 月到翌年 4 月为旱季。最高年均降水量为 3000 毫米,最低年降水量为 500 毫米。

尼日利亚是非洲人口大国,占非洲人口总数的 1/7 左右。全国有 250 多个部族,都属于黑色人种。人数最多的部族有豪萨族、伊博族和约鲁巴族,其次是富拉尼族和米努里族。

有 47.2%的人信奉伊斯兰教,34.5%的人信奉基督教,还有部分居民信奉原始拜物教。

英语为官方语言。不同部族、不同地区有不同的语言。北方通用豪萨语,西部通用约鲁巴语，东部通用伊博语。

不同部族有不同习俗。在伊博族，以胖为美，胖是衡量女人漂亮与否的主要标准。姑娘出嫁，要得到部族酋长的同意。酋长认为可以出嫁的姑娘，被安排到单独的房子里进行“育肥”。这种房子被称作“育肥房”。姑娘住育肥房的唯一任务是把自己养胖。

豪萨族的习俗是结婚典礼不让新人参加。婚礼由双方的亲属代为举行。婚礼期间，新郎应到朋友家居住，新娘也在家与姐妹们聊天。拜天地则由双方指定的代理人代替。

尼日利亚是非洲较古老的国家之一。公元8世纪，卡努里人的祖先在乍得湖附近建立卡奈姆一博尔努帝国。200多年后，北部豪萨族建立一些城邦国家。他们在这里平静地生活了500多年。1472年，葡萄牙殖民者入侵，打破了尼日利亚地区和平安宁的生活，开始了奴隶贩卖和殖民统治。1861年，英国占领拉各斯，打败了葡萄牙殖民主义者，尼日利亚又沦为英国殖民地。尼日利亚人民进行了百年反英斗争。1954年10月1日，英国被迫把尼日利亚殖民地和保护国改名为尼日利亚联邦。1963年10月1日，尼日利亚宣布成立联邦共和国，仍留在英联邦内。

尼日利亚宪法规定，国家实行立法、司法、行政三权分立的政治体制。总统为国家元首，最高行政长官。总统由选举产生，任期5年。联邦议会由参、众两院组成，是国家最高立法机关。设联邦最高法院、上诉法院和高等法院，各州设州高级法院和地方法院。

尼日利亚原为农业国，20世纪70年代以后，随着石油开采业发展和石油产量增加，国家迅速富裕。石油工业成为国民经济的支柱产业，目前已成为非洲最大的产油国。

农业在国民经济中的比重随着石油产业的发展下降。农业生产以粮食作物为主，主要粮食作物有玉米、水稻、谷子、高粱、甘薯和木薯等。经济作物有花生、棉花、可可、棕榈、橡胶等。

政府重视教育,从 1976 年起全国实施小学免费教育。学制为初等教育 6 年,中等教育 6 年,高等教育一般为 4 年。

尼日利亚主要城市有阿布贾、拉各斯、伊巴丹等,阿布贾为尼日利亚首都,政治、经济和文化中心。

尼日利亚货币叫"奈拉"。主辅币制为 1 奈拉等于 100 考包。

在已经发行的货币中,有面额为 1,5,10,20,50 奈拉纸币;另有 1/2,1,5,10,25,50 考包和 1 奈拉硬币。

ISO 货币符号是 NGN。

存 50 考包硬币的背面是玉米穗(略)。在 10 考包硬币的背面,是经济作物油棕榈树(略)。

塞舌尔共和国货币及货币上的植物

塞舌尔共和国,非洲国家。位于印度洋西部的群岛上,距非洲大陆 1500 公里,南距马达加斯加 900 余公里,由大小 115 个岛屿组成。领土面积一 455 平方公里。

塞舌尔属海岛国家,领土主要由两大部分组成,一部分是北方 32 个岛屿,另一部分是南方的 83 个岛屿。北方的岛屿为花岗岩岛,南方的岛屿多为人烟稀少的珊瑚岛。其中马埃岛最大,面积 148 平方公里。全部岛屿分为 4 个岛群,马埃岛及其周围卫星岛;锡卢埃特岛和北岛;普拉斯兰岛群;弗里吉特岛及其附近礁屿。岛上丘陵山地多,平原少。没有河流。全岛属热带雨林气候,终年高温多雨。岛屿周围有 200 海里经济区,盛产金枪鱼。

岛国的居民以克里奥尔人和班图黑人为主体,此外还有法国人、印度人、华人等。

克里奥尔语为国语,英、法语属通用语。

塞舌尔人的民俗习惯是戴一只耳环。

岛上早就有土著人。他们原来过着平静的生活，16世纪之后，岛国人民开始遭殃。16世纪，葡萄牙人侵入岛国。1609年，英国入侵。1756年，又被法国人占领。1814年，正式沦为英属殖民地。岛国人民一直为民族独立而斗争，直到1970年才实行内部自治。1976年6月29日宣告独立，成立塞舌尔共和国。

塞舌尔属中等收入的发展中国家。矿产资源不丰富，经济不发达，农业落后，粮食几乎全靠进口。畜牧业、农业在国民经济中占很大比例。

工业较落后。基础薄弱，以制造业、修理业及加工业、手工业为主。主要靠旅游业支撑国家经济。旅游业产值占国内生产总值的37%，占外汇收入的70%。岛上无铁路，运输以公路为主，岛屿之间靠水运和空运。

塞舌尔的货币名称叫塞舌尔卢比，由塞舌尔中央银行发行。

主辅币制为1卢比等于100分。

已经发行的货币主要有面额为10，25，50，100卢比的纸币；另有面额为1，5，10，25，50分和1，5，10卢比的硬币。

ISO货币符号是SCR。

在5卢比硬币的正面，是雌性海椰子。在5分硬币的正面，是雄性海椰子。

海椰子

海椰子，又名双椰子、臀形椰子、塞舌尔椰子。海椰子属于棕榈科，树高20至30米；树叶呈扇形，宽2米，长可达7米，最大的叶子面积可达2.7平方米，像大象的大耳朵。由于整棵树庞大无比，所以，人们称它为“树中之象”。海椰子的果实横宽35至50厘米，外面长有一层海绵状的纤维质外壳，剥开外壳后就是坚果。海椰子的一个果实重可达25公斤，其中的坚果也有15公斤，是世界上最大的坚果，被称为“最重量级椰子”。海椰子的坚果是一种复椰子，好像是合生在一起的两瓣椰子，因此，塞舌尔人将其誉为“爱情之果”。海椰子坚果内的果汁稠浓至胶状，味道香醇，可食亦可酿酒，果肉熬汤服用，可治疗久咳不止，并有止血的功效。海椰子的椰壳经雕刻镶嵌，可作装饰品。

海椰子是塞舌尔独有的植物。生长速度极慢,海椰子通常需要 20 至 40 年才能开花结果,百年才能长成大树,果实要 8 年才能成熟,种子发芽通常需要 3 至 12 个月。

最初人们发现塞舌尔有 5 个岛上长有海椰子树,但是现在只有普拉兰岛南部的"五月谷"有海椰子树,其他 4 个岛上的海椰子树均已基本绝迹。每年收获的种子只有 1200 粒左右。所以,被塞舌尔政府划出"天然保护地",严禁乱砍滥伐,私人不得擅自采摘、出售、出口海椰子,违者受重罚。

海椰子属于雌雄异株植物。两棵树的树根在地下缠绕。雄株每次只开一朵花,花长 1 米多,形状似男性外生殖器;雌株的花朵受粉后结出小果实需要两年。雌株结的果成熟后剥开外壳,里面的核形状似女性臀部,并有女性外生殖器的特征。

如今海椰子已经成为塞舌尔共和国的重要旅游资源。世界各地的旅游爱好者。到塞舌尔的首要目的,是一睹在其他地方难以见到,而又带有神秘色彩的海椰子。

圣赫勒拿货币及货币上的植物

圣赫勒拿,属英国殖民地。位于非洲西南的南大西洋西部,距非洲大陆 1840 公里,火山岛。全岛长 16.8 公里,宽 10.4 公里。面积 412 平方公里。

圣赫勒拿岛地势崎岖多山,最高处海拔 823.5 米。属热带海洋性气候,年平均气温 21℃。年降水量西部为 300 至 500 毫米,东部为 100 至 1300 毫米。

圣赫勒拿人占总人口的 96%。另有欧洲人、印度与非洲人的混血人种、少量非洲黑人和华侨。

英语为通用语言。多数居民信奉基督教。

在近 500 年的历史中,圣赫勒拿岛在几个资本主义国家中几易其手。最早是葡萄牙人于1502年发现此岛。1633年荷兰人占领该岛。1659年,英国东印度公司占据该岛,并行使管辖权。该岛还有一个引人注意之处,就是法国皇帝拿破仑于1815至1821年被放逐于此。最终拿破仑死在了该岛。1834年4月,英国议会通过决议,宣布圣赫勒拿为英国直辖地。第二次世界大战期间,英军在此建立海军基地。1960年以后,此岛发展为电信中心。

该岛由英国派总督统治。岛上设立法会议和行政会议,总督任行政和立法会议主席。行政权和立法权归属英王室。政府由总督、政府秘书、司库和发展秘书及各部门负责工作的委员会主席组成。设最高法院、地方法院、债务法院和少年法院。

该岛属殖民地经济,经济发展依赖英国政府提供的援助。以农牧业为主,主要农作物有甘薯、马铃薯、玉米、新西兰麻、大麻、亚麻等。

岛上有小学、中学,另有培训中心、师资中心。实行免费教育。

岛上唯一的城镇是詹姆斯敦,是圣赫勒拿首府。

圣赫勒拿货币名称为圣赫勒拿磅,主辅币制为1磅等于100便士。

货币面额主要有1,5,10,20磅和50便士纸币;另有1,2,5,10,20,50便士和1磅硬币。

ISO货币符号是SHP。

在10便士硬币的背面是马蹄莲(略)。

斯威士兰王国货币及货币上的植物

斯威士兰王国,非洲国家。位于东南非洲,属内陆国家。北、西、南三面为南非所环抱,东与莫桑比克为邻。领土面积约1.7万平方公里,全国分4个区。

斯威士兰王国是山地和高原国家。地处德拉肯斯堡山脉东坡,境内多山地和高原,地势西高东低,形成面积大致相等的高、中、低三级梯状地带。境内河流众多，水量充足。属亚热带气候，年平均气温16℃，东部20℃。年降水量东部500至700毫米，西部1150至1900毫米。

主要民族有斯威士兰族、祖鲁族等。居民多数信奉基督教、天主教等。英语和斯瓦蒂语为官方语言。实行一夫多妻制。酋长权力很大。男子传统服装为兽皮披肩，妇女穿裙装、围裙和披肩，善歌舞。

斯威士兰自古就是斯威士兰族人和祖鲁族人的土地。1906年，英国侵略者来到了这里，把斯威士兰纳入自己的保护地。成了这里的统治者。从此，斯威士兰人民开始了为独立自主而进行的艰苦斗争。经过半个多世纪的努力，使英国殖民统治者看到了人民的力量。为了欺骗斯威士兰人民，英国殖民统治者于1963年5月抛出了一个所谓的宪法改革骗局。结果，在公民投票中，斯威士兰人民否决了英国人炮制的所谓"新宪法"。1967年，斯威士兰人民举行大选，"因博科德沃民族运动"组织获得了全部议席。1968年9月6日，斯威士兰宣布独立，成立君主立宪国家。国王为索布扎二世。

斯威士兰政府重视国民教育，成年人识字率达到67%以上。

姆巴巴内是斯威士兰最大城市，也是该国首都和政治、经济、文化中心。

赌博业是斯威士兰旅游业的重要特点。外来游客中，大多数是为赌博而来。

斯威士兰经济属农业经济，主要种植棉花、稻谷、玉米、花生等。

货币名称为斯威士兰里兰吉尼。主辅币制为1里兰吉尼等于100分。目前已经发行的里兰吉尼主要有面额为1，2，5，10，20，50，100里兰吉尼的纸币；1，2，5，10，20分和1，2，5里兰吉尼的硬币。

ISO货币符号是SZLL。

在5分硬币的背面是百合花。

百合花

百合花，多年生草本。地下有扁形或近圆形的鳞茎。鳞片肉质肥厚。早春于鳞茎中抽出茎，茎的叶腋中有时生出珠芽。夏季开花，花被六片，有红黄、黄、白或淡红色。百合花喜温暖干燥,适合于砂壤土质。栽种方法是,秋季用鳞茎、珠芽或鳞片繁殖。

百合花原产于亚洲。现在已经传播到世界许多国家,而且成为世界性花卉。

苏丹共和国货币及货币上的植物

苏丹共和国,非洲国家。位于非洲东北部,北部与埃及接壤,西北部与利比亚相连,西部与乍得、中非共和国毗邻,东部与埃塞俄比亚交界,南部与扎伊尔、乌干达和肯尼亚相接,东北部濒临红海,海岸线约长 800 公里。领土面积 250.5813 万平方公里,是非洲面积最大的国家。全国划分为 26 个州。

苏丹中部是一个大型凹陷盆地,称“苏丹盆地”。盆地以北是大沙漠台地。尼罗河从这里穿过,河东是努比亚沙漠,河西是利比亚沙漠。盆地以西是地势渐高的科尔凡多高原和达富尔高原,东部是埃塞俄比亚高原的延伸部分,沿海有狭长的平原,南面是东非高原的斜坡。苏丹属热带大陆气候,是世界上最热的国家之一,大部分地区高温少雨,季风明显、雨量集中。有时常年不下雨,有时又暴雨成灾。

苏丹是部族国家。全国有 570 多个部族。主要居民有阿拉伯人,苏丹黑人,约占 30%。土著居民有努比亚人、贝贾人、富尔人、努巴人等。

苏丹有 110 多种语言。全国近半数以上的人使用阿拉伯语。阿拉伯语是官方语言。

半数以上的人信奉伊斯兰教。另有相当多的人信奉原始拜物教,少数人信奉基督教。

阿拉伯人、努比亚人、努巴人和尼罗特人都有文面的习俗,南方有些黑人部落不仅文面,还文身。

阿拉伯人吃饭习惯用右手抓食,不用刀叉和筷子。男人爱穿具有阿拉伯特色的大袍子,戴小圆帽,脚穿拖鞋或凉鞋。妇女不戴面纱,喜欢穿无袖连衣裙,外出时用一条9码长白布或白纱从头到脚披裹上。

苏丹阿拉伯人很讲究礼节。男友相遇,一般是握手问候,久别重逢要热情拥抱。妇女相互问候的方式,是互吻对方面颊,妇女问候自己近亲男性时吻对方的手,让对方吻自己的头部。老年妇女问候男性时,吻对方的头,但对方不回吻。城市中男女见面先握手,然后互相拍对方的背。

努比亚人婚俗奇特。结婚后的7日内,新郎每天只能在新娘身边坐15分钟。7天后,新娘才进入新郎的房间。婚后新郎要在女方家中住一个月,才能把新娘接回去。

苏丹国有着悠久的历史。公元前4000年左右,苏丹北部的尼罗河流域就有原始部族居住。公元前2800至前1000年,被古埃及王朝控制。在埃及王朝控制的后期,努比亚建立了奴隶制国家——库施国。公元1至3世纪,库施国创造出了自己的文字。公元6世纪末,基督教传入苏丹。13世纪,阿拉伯人移居苏丹,与当地居民通婚,并大力宣传伊斯兰教,使伊斯兰教取得统治地位。15世纪末,阿拉伯人建立了芬吉和富尔两个伊斯兰教国家。19世纪初,埃及人侵入苏丹。随后,英国殖民主义者也侵入苏丹。1877年2月,英国在这里任命了总督。1881年,苏丹爆发了民族大起义。1885年9月,建立了马赫迪伊斯兰国家。1896年,在英埃军队联合进攻下,马赫迪国失败。1899年1月19日,英埃签订共管苏丹协定,实际上英籍总督掌握着苏丹的全部权力。1951年12月,苏丹民族解放阵线建立,并宣布纲领,要求废除英埃共管制度。1956年1月1日,苏丹宣布独立,成立苏丹共和国。

苏丹国的权力,由总统、全国大会、议会、政府、司法机构分享。总统是国家元首、内阁领导人及武装部队最高统帅。全国大会是国家最高权力机构,每两年召开一次,其成员由总统、各部门、各地区推荐产生。议会负责制定和通过法律,议员分别由全国大会推选和全国各选区直接选举产生,任期4年。政府工作由总统主持，下设总统事务部长、内阁事务部长及若干部。司法为独立机构，设高级司法委员会，下设最高法院、国家安全机构和总检察院。

苏丹是联合国宣布的世界上最不发达的国家之一。农业人口占全国总人口的80%以上。主要粮食作物有高粱、谷子、小麦。经济作物主要有棉花、芝麻、花生、阿拉伯树胶等，其中棉花占首位。

政府重视教育，提出“教育苏丹化”。1988年前，苏丹学校全部实行免费教育，1988年6月，教育部决定小学仍为免费教育，中等和高等教育取消免费。

苏丹国的重要城市有喀土穆、恩图曼、苏丹港等。喀土穆是苏丹的首都，是全国政治、经济、文化中心。位于青、白尼罗河的交汇处，由喀土穆、北喀土穆和恩图曼三镇组成。

著名旅游景点是丁德尔国家公园，是世界第二大天然动物园，总面积达2470平方公里。

苏丹货币叫“苏丹第纳尔”，由苏丹银行发行。主辅币制为1第纳尔等于100皮阿斯特。

已经发行的货币面额有5，10，25，50，100，1000第纳尔纸币和1，2第纳尔硬币。

ISO货币符号是SDP。

在5第纳尔纸币的背面是高粱和向日葵。

向日葵

向日葵，也叫朝阳花、葵花、大菊、西蕃菊、迎阳花、西蕃葵等。菊科，一年生草本植物。茎直立，圆形多棱角。质硬被粗毛。叶通常互生，广卵形，两面粗糙。头状花序单生，花头具有向光性。花序边缘生舌状花，黄色，中性。花序中部为两性管状花，结籽粒。这些籽粒俗称葵花籽。籽粒瘦而长，籽皮木质。籽粒含油量较高。是重要的油料作物。

向日葵原产美洲，16世纪传入中国。据说，传入中国时，分南、北两路。南路是从美洲传到南洋群岛，在南洋群岛种植成功后，又传入中国西南各省。北路则是由俄国传入中国东北各省。南路比北路早。

向日葵从南路传到中国后，人们对它还不够认识，称之为“毒物，能堕胎”。出版于1688年的《花镜》一书，正式把这种植物定名为“向日葵”。并对它下了这样的断语：“只堪备员，无大意味，但取其随日之异耳。”19世纪成书的《植物名实图考》，对向日葵有了较深的认识：“此花向阳，俗间遂通称为向日葵，其籽可炒食，微香。”在很长一个时期里，向日葵在中国主要作为炒货对待，并没有深入开发它的油料作物价值。

现代科学的发展，使人们越来越深刻地认识到向日葵的价值。向日葵从籽粒到禾秆，全部具有很高的价值。葵籽仁含油高于大豆，且油脂中的亚舳酸比玉米油还丰富。其油的食用价值非常高，长期食用，有益健康。葵花的茎、花盘可作饲料和燃料。花可制成“葵花滴剂”，是治疗疟疾的良药。葵花也是很好的蜜源。即使榨油后的副产品，也含有维生素E、卵磷脂等。渣饼可加工成粗蛋白粉。葵花籽还含有维生素B_3，不饱和脂肪酸和丰富的钾，对医治神经衰弱、降低胆固醇都有一定疗效。

索马里共和国货币及货币上的植物

索马里共和国，非洲国家，位于非洲最东部索马里半岛。西南与肯尼亚接壤，西北与吉布提毗邻，东濒印度洋，北隔亚丁湾同阿拉伯半岛相望。是连接亚、非、欧三大洲和太平洋、印度洋、大西洋的交通要冲。海岸线长3200公里。领土面积63.7657万平方公里，全国划分为18个州，87个区。

索马里国土有沿海低地，北部山地，内陆高原等地形。大部分地区属热带沙漠气候，终年高温，干旱少雨。内地气温在20℃至42℃之间。年平均降水量200至500毫米。

索马里族占绝大多数。萨马勒族是构成索马里居民的主体。另有班图黑人和盖拉黑人,以及来自阿拉伯半岛的移民与当地居民混血的后裔——阿马内尼人和巴祖尼人。

索马里语和阿拉伯语为官方语言。

95%以上的居民信奉伊斯兰教。

索马里人婚俗独特。结婚时在公园的僻静处搭起帐篷作为洞房,婚礼结束后,先将新郎送入帐篷中等待,然后新娘在一片欢呼声中缓缓地步入洞房。新郎新娘需在洞房中住上一星期或更长的时间,由两家各派一名妇女送饭送水。

索马里历史比较复杂。在公元前1700多年,索马里境内居民就建立了以出产香料著称的"邦特"国。公元7世纪,阿拉伯人移居索马里。近代则主要由英国殖民主义者控制索马里地区。第二次世界大战期间,南、北索马里先后为意大利和英国控制。1949年,联合国决议将原意属索马里仍交意大利"托管"。"英属索马里"于1960年6月26日独立。"意属索马里"于同年7月1日独立。南北两区合并,成立索马里共和国。每年的10月21日为国庆日。

索马里独立后,战乱不断。一直到20世纪90年代末期,才在各派系之间达成停火协议。

索马里实行总统制。总统是国家元首和武装部队总司令。总统候选人经全民选举产生,任期7年,可连选连任。总统任命总理、副总理。议会是国家最高立法和权力机关。政府是国家最高行政首脑机关。

由于长期战乱,索马里成为世界上最不发达的国家之一。经济以畜牧业为主。主要种植高粱、玉米、谷类、豆类等粮食作物和香蕉、芝麻、甘蔗、棉花等经济作物。该国特产是乳香产品,其产量占世界总产量的1/2以上。

索马里教育不发达。1972年才创立了索马里文字,并规定为官方文字。实行小学、初中、高中和大学四级体制。

主要城市是摩加迪沙、哈尔格萨。摩加迪沙是索马里首都。

索马里货币叫"索马里先令"。由索马里中央银行发行。主辅币制为1先令等于100分。

已经发行的货币主要有面额为5,10,20,50,100,500,1000先令纸币;另有5,10,50分和1先令硬币。

ISO货币符号是SOS。

在5先令纸币的背面是香蕉园和硕大的香蕉串(略)。

赞比亚共和国货币及货币上的植物

赞比亚共和国,非洲国家。位于非洲中南部,东连马拉维、莫桑比克,南接津巴布韦、博茨瓦纳、纳米比亚,西部和北部与安哥拉、扎伊尔接壤。领土面积75.261万平方公里,全国划分为9个省,省下设68个县。

赞比亚为内陆国家。国土大部为高原。地势东北高、西南低。东北部为东非大裂谷区,北部为加丹加高原区,西南部为卡拉哈里盆地区,东南部为卢安瓜河河谷区,中部为卡富埃盆地区。东北边境的马芬加山为全国最高峰,海拔2164米。属热带草原气候,全年分为3季:凉干季(5至8月)、热干季(9至11月)、暖湿季(12月至次年4月)。

班图语系黑人占人口总数的98%。另有少量欧洲和亚洲人。

官方语言为英语。许多部族都有自己的语言。

信仰原始宗教居民达80%以上,另有少数人信仰天主教、基督教新教、印度教和伊斯兰教。

赞比亚人绝大多数崇拜铜。铜制的工艺品、纪念品是男女婚嫁必备之物。

公元9世纪时,境内先后建立过卢巴、隆达、卡洛洛和巴罗兹等部族王国。19世纪末,英国殖民者塞西尔·罗得斯在此建立"英国南非公司",从此,破坏了原始的部族生活。1911年,英国以罗得斯的名字命名为"北罗得西亚保护地"。1924年,英国派总督直接统治。1953年,英国把南罗得西亚(现津巴布韦)、北罗得西亚和尼亚萨兰(现马拉维)合并为"中非联邦"。1963年12月,

"中非联邦"解体。1964 年 1 月,北罗得西亚实行内部自治,组成内部自治政府。同年 10 月正式宣布独立,定国名为赞比亚共和国,仍留在英联邦内。

赞比亚国家权力机构为议会、政府和司法机构。国民议会为最高立法机构,实行一院制。议员每届任期 5 年。政府实行总统内阁制,不设总理。司法机构由最高法院、高等法院和地方法院组成。

国家实行 9 年制普及义务教育。文盲人数约占总人口的 21%。

采矿经济是赞比亚经济支柱。主要开采铜和钴。全国约 54%的人从事农业生产。主要农作物有烟草、咖啡等。

该国主要城市有卢萨卡、基特伟、恩多拉等。卢萨卡是赞比亚首都,全国最大城市,被誉为铜都。

赞比亚货币叫"赞比亚克瓦查"。发行机构为赞比亚银行。主辅币制为 1 克瓦查等于 100 恩韦。

货币面额主要有 20,50,100,500,1000,5000,10000 克瓦查纸币;另有 1,2,5,10,20,25,50 恩韦和 1,5,10 克瓦查硬币。

ISO 货币符号是 ZMK。

在 5000 克瓦查纸币的背面,是狮子头像和苎麻。

苎麻

苎麻,荨麻科,多年生草本。地下部分由根和地下茎形成麻蔸。茎丛生,被有绒毛。叶广卵形或近圆形。背面密生白茸毛。花单性。雌雄同株。复穗状花序,雌花生在花序上部。黄绿色。果实很小。苎麻耐旱,不喜水。

苎麻是中国的特产,西方国家称它为"中国草"。苎麻的纤维细而柔和,用苎麻纤维织成的布,亮白光滑,穿起来很凉爽,适宜于南方人夏季穿着,所以苎麻布又叫夏布。在古代中国苎麻就传到朝鲜和日本,到 18 世纪后才传到欧美各国。

在中国,苎麻开发利用很早。苎麻的纤维是很好的纺织原料。苎麻的根和叶可以供作药用。根利尿解热,有安胎、治淋、消渴、下血等功效。叶治创伤出血。

根叶并用治急性淋浊、脱肛、子宫炎、赤白带。嫩叶可作饲料。麻骨可用于造纸。苎麻布除用于衣着外,还广泛用于制作降落伞、飞机翼布、帐篷、防雨布等。

苎麻于近代传到非洲,成为许多国家的农业经济作物。在赞比亚广泛种植了苎麻。

中非共和国货币及货币上的植物

中非共和国,位于非洲大陆中央,内陆国家。东邻苏丹,北接乍得,西与喀麦隆接壤,南与刚果、扎伊尔相连。领土面积62.3万平方公里,划分为16个省,1个直辖市,省下设53个县。

中非国土以高原和山地为主,平均海拔700至1000米。南部是刚果盆地的北缘,中部为阿赞德高原,东部有邦戈斯高原,东北边境的恩加亚山海拔1388米,是全国最高点。西部有耶德高原,它是洛贡河和乌班吉河西段支流的源地。大部分领土属热带草原气候。南部属热带雨林气候,终年湿润,北部向热带沙漠气候过渡。

中非是一个部族国家,有大小部族60多个,主要有班达、巴雅、班图、乌班吉人和恩格班吉部族等。

官方语言为法语,通用桑戈语。

多数居民信奉原始宗教。另有部分居民信奉基督教、天主教、伊斯兰教。

一些部族人人都携带一个头顶罐子的小木偶,他们将此木偶奉为神灵。如果外来者对小木偶流露出轻慢,将会受到当地居民的冷落和报复。最有特点的是俾格米人,他们身高只有1.3米左右,长着一头短而弯曲的长发,椭圆形的脸。

在9至16世纪,中非这块土地上曾出现过班加苏、腊法伊、宰米奥三个部落王国。19世纪初,法国人的侵入,打破了这块土地上原有的平静生活。1891年,法国将中非作为自己的殖民地,取名“乌班吉沙立”。1911年,又被德国占领。第一次世界大战后,成为法国的海外领地。1957年,法国宣布乌班吉沙立为半自治共和国。1958年12月1日,成为法兰西共同体内的自治共和国,取名为中非共和国。1960年8月13日,中非共和国宣布独立,12月1日定为国庆日。

中非实行总统制,总统直接普选产生,任期6年,可连选连任。国民议会是国家最高机关。政府由总理、部长组成,部长由总统直接任命。司法机构由最高司法会议、最高法院、特别最高法院、上诉法院、大审法庭、初审法庭及刑事、军事、行政等组成。

中非经济落后,是世界上经济最不发达的国家之一。

钻石、咖啡、棉花、木材是国民经济的主要支柱。

政府重视教育。大中小学均实行免费教育。

中非主要城市是班吉,这里是中非首都。

中非货币名称为中非金融合作法郎。发行机构为中非国家银行。主辅币制为1法郎等于100分。

发行货币主要有面额100,500,1000,5000,10000法郎纸币;另有1,2,5,10,25,50,100法郎硬币。

ISO货币符号是XAF。

在10000法郎纸币的背面是椰子树和采摘香蕉的场面(略)。

三、欧洲国家

爱沙尼亚共和国货币及货币上的植物

爱沙尼亚共和国,欧洲国家。位于欧洲东部,西、北连接波罗的海和芬兰湾，东与俄罗斯联邦接壤，南同拉脱维亚为界。领土面积4.52万平方公里，全国划分15个区，33个市，24个镇。

爱沙尼亚属欧洲小国，国土长约350公里，宽约240公里，境内地势低平，南部为丘陵地带。气温适宜，年平均气温，2月6℃，7月17℃。年降水量600至700毫米。

爱沙尼亚人口中，以爱沙尼亚人为主，占人口总数的66%。另有俄罗斯人，占人口总数的28%。其余为乌克兰人、白俄罗斯人等。

主要语言是爱沙尼亚语。

大多数人信奉基督教路德新教。

爱沙尼亚重视服装，仅民族服装就有100多种。爱沙尼亚人所穿服装，色彩鲜艳，图案多种多样。在饮食方面，爱沙尼亚人多以面食、肉制品和奶制品为主。人们喜欢喝啤酒。

爱沙尼亚历史不算悠久。公元12至13世纪，爱沙尼亚部族逐渐形成。13世纪起，爱沙尼亚人民先后击退了日耳曼人和丹麦人的入侵。后被日耳曼十字军征服。16世纪末，爱沙尼亚被瓜分，北部被瑞典控制，南部属于波兰立陶宛王国，萨列马岛被丹麦占据。根据尼斯塔特和约，1721年爱沙尼亚被并入俄罗斯。1917年，十月革命后建立了苏维埃政权，1918年11月29日，在纳尔瓦宣告成立爱沙尼亚苏维埃共和国。1940年7月21日，成立爱沙尼亚苏维埃社会主义共和国，属于苏联的一个成员国。1990年5月8日，爱沙尼亚改苏维埃社会主义共和国为爱沙尼亚共和国。1991年8月20日，爱沙尼亚宣布独立。

在政权上，爱沙尼亚为三权分立的议会制共和国。总统是国家元首兼军队最高统帅。议会是国家最高权力机关，行使立法和监督职能。政府是国家最高行政首脑机关。最高法院行使司法权。

爱沙尼亚经济以工业为主。主要的工业部门有页岩开采、页岩加工，在此基础上发展了电力工业和化工工业。此外还有机械制造、木材加工和造纸业、棉纺轻工业和食品工业等。

该国农业以乳、肉用养畜业为主。乳类和肉类产品的产值约占农业总产值的70%。

爱沙尼亚文教事业发展较好。实行12年义务教育。基本消灭了文盲。

爱沙尼亚的主要城市是塔林、塔而图等。塔林是爱沙尼亚首都,政治、经济、文化中心。

爱沙尼亚货币叫“爱沙尼亚克朗”。由爱沙尼亚银行发行。主辅币制为1克朗等于100分。

已经发行的货币面额有1,2,5,10,25,100,500克朗纸币;另有5,10,20,50分和1,2,5克朗硬币。

ISO货币符号是EEK。

在10克朗纸币的背面是一棵巨大的栎树。

栎树

栎树,被子植物门,双子叶植物纲,壳斗科(主要特征是坚硬的果实都长在

栎树

碗状的硬壳内),栎属。栎树又称“柞树”“橡树”,属于落叶阔叶树。树干略显黑色,有些弯曲、顺风向有些倾斜,比较粗糙。果实就是橡子,坚果单生,果皮内壁无毛,不发育的胚珠位于种子基部外侧。叶子边缘有锯齿,雄花柔荑花序下垂,雌花单生于总苞内。叶片在秋季落叶前会发红褐色,从远处看十分美观。

栎树的分布与地势有一定的关系,大多生长在坡地上。

栎树的应用十分广泛，栎树成材后可做地板，还可烧制木炭。栎树的叶含有蛋白质、碳水化合物、脂肪、纤维素等成分，可用来养蚕。果实含淀粉较多，可用来制作橡酒、酒精、淀粉、橡油等，也可做饲料。从栎树树皮、叶片、壳斗、橡实中提取的单宁，是制革工业、印染工业和渔业所必需的材料。树皮的皮层较厚，可作工业上的软木材料。栎树还可培养木耳、香菇等多种食用菌。

栎树在欧美地区品种较多，中国近些年有多个品种引进。

德意志联邦共和国货币及货币上的植物

德意志联邦共和国，欧洲国家。位于欧洲中部，北濒北海和波罗的海，南靠阿尔卑斯山脉。德国的北邻是丹麦，东邻是波兰、捷克和斯洛伐克，南部连接瑞士、奥地利，西边与荷兰、比利时、卢森堡和法国为邻。领土面积 35.697 万平方公里，全国划分为联邦、州、地区三级。现有 16 个州，14808 个地区。

德国地形呈南高北低形状。有 5 种不同的地形区。北海沿岸是沙丘和沼泽地区，波罗的海沿岸是沙地、岩石各半，沙嘴、潟湖很多。北海、波罗的海沿岸和中部山地边沿之间，是平原地带。德国中部是山地。北德平原以南，多瑙河以北的中部属山地。西南部是莱茵断裂谷地区。南部是巴伐利亚高原和阿尔卑斯山区。

德国属温带气候，西北部为海洋性气候。东、南逐步向大陆性气候过渡。年降雨量为 40 至 1000 毫米。南部山地降雨量最高在 1000 毫米以上。

德意志人占总人口的 90%以上，另有丹麦人、荷兰人和吉卜赛人，还有一些南斯拉夫人、意大利人、希腊人、奥地利人等。

德语是通用语言。外国移民允许使用本民族语言。

大部分居民信奉基督教。

德国有些地区的服饰风格独特。如巴伐利亚州，每当节日，妇女穿敞口上衣,袖口有花边,围着类似围裙的裙子,色彩十分鲜艳。男人则头戴小呢帽,上插一支羽毛,身穿皮短裤,挂着皮带,穿长袜和翻皮鞋,上衣外套无翻领,多为墨绿色。

德国著名节日是啤酒节。它是世界上规模最大的民间庆典之一,地点在慕尼黑。以每年5月为序幕,9月的最后一周进入高潮,至10月的第一个星期结束。节庆活动的形式多种多样,但都离不开啤酒这个主题。

德国人非常讲究清洁、整齐,体现在衣着上,工作时都穿工作服。工作结束后,一定穿戴得整整齐齐才下班。出门做客,穿戴得更为整齐。去看戏,尤其去看歌剧,女的要穿长裙,男士要穿礼服。

德国历史悠久而且非常复杂。公元前约1000年,德国境内居住着日耳曼人。到公元2至3世纪才形成了萨克森、法兰克等部落联盟。公元486年,建立起法兰克王国。10世纪,在东法兰克王国的基础上,形成了德意志封建国家。公元961年,神圣罗马帝国诞生。13世纪中期,中央政权日趋衰落,德意志开始走向封建割据。"三十年战争"后,分裂成300多个独立的诸侯领地和上千个骑士领地。18世纪初,奥地利和普鲁士崛起。1862年,普鲁士国王威廉一世任用俾斯麦为首相。1866年,德国战胜奥地利。1867年,建立北德意志联邦。1870至1871年,在普法战争后,建立起统一的德意志帝国。德国是第一、第二两次世界大战的挑起国。1914年发动第一次世界大战,战败后建立魏玛共和国。1933年1月30日,希特勒出任总理,12月出任元首。1938年3月起,相继吞并奥地利、捷克和斯洛伐克。1939年9月1日,发动第二次世界大战。1945年5月8日,战败投降。战后,根据雅尔塔协定和波茨坦协定,德国分别由美、英、法、苏四国占领,建立四个占领区,并由四国组成盟国管制委员会,接管德国最高权力。1947年1月1日,美、英成立联合占领区。1948年6月,美、英、法三国占领区合并。三国占领区于1949年5月23日正式建立德意志联邦共和国。苏占区于1949年10月7日成立德意志民主共和国。1990年10月1日,英、法、美、苏和两德外长签署宣言,宣布停止英、法、美、苏四国在柏林和德国行使权力。10月3日,德国实现统一。

德国是联邦自治国家,在联邦统一领导下,每个州都有自治权。总统是国家元首,由联邦大会选举产生,任期5年,可连任一次。议会是德国的最高立法机构,为两院制议会。联邦议院由选民直接选举产生,任期4年。联邦政府为国家最高行政机构,联邦总理握有实权,总理以下设联邦部长若干人。联邦宪法法院是最高司法机构,有16名法官,由联邦议院和联邦参议院各选一半,经联邦总统任命,任期12年。

德国是高度发达的工业国。国内生产总值和工业生产总值居欧洲首位,仅次于美国和日本。

工业在德国国民经济中占绝对优势。德国技术先进、信息产业发达,是欧洲信息技术的最大市场。德国农业也很发达,机械化程度很高。农产品可满足本国需要的80%。主要农作物有黑麦、小麦、马铃薯、甜菜和豆类等。

德国的教育历史悠久,历届政府都很重视教育,特别是高等教育。最古老的大学是海德堡大学,始建于1368年,已有600多年的历史。著名大学还有建于1810年的柏林大学等。全国实行12年义务教育。公立学校学费全免。高等学校修业年限是,传统大学6.6年,高等艺术、音乐、体育学校4.5年,高等师范学校4.4年,高等专科学校3.5年。

德国不仅经济、教育发达,而且在文学、哲学、艺术等方面,都创造过辉煌的成就。德国图书馆业也非常发达。据21世纪初的统计,在世界上最大的十个图书馆中,德国就占有2个,分别是莱比锡图书馆,藏书800万册,在世界图书馆排行榜上居第8位;法兰克福图书馆,藏书700万册,在世界图书馆排行榜上居第10位。

德国是世界上都市化水平最高的国家之一。著名城市有柏林、汉堡、慕尼黑、波恩、法兰克福等。

德国货币叫马克,主辅币制为1马克等于100芬尼。

曾发行的货币主要有面额为5,10,20,50,100,200,500,1000马克纸币;另有1,2,5,10,50芬尼和1,2,5马克硬币。

ISO货币符号是DEN。

在500马克纸币的背面是蒲公英。

蒲公英

蒲公英,又名婆婆丁、黄花三七等。菊科,多年生草本植物。全株含白色乳

蒲公英

汁。叶子丛生,匙形或狭长倒卵形。边缘羽状浅裂或齿裂。冬末春初开花,花茎1至数条,每条顶生头状花序,总苞片多层,内面一层较长,花冠黄褐色或淡黄白色。多数具白色冠毛的长椭圆形瘦果。果实成熟时,如同一只白色绒球,可随风飘洒。根呈圆锥状,多弯曲,长3至7厘米。表面棕褐色,抽皱。根头部有棕褐色或黄白色的茸毛,有的已脱落。

蒲公英有很高的营养价值,有材料称,蒲公英的叶子可食率达84%,每100克可食部分含蛋白质4.8克,脂肪1.19克,碳水化合物5克,粗纤维2.1克,钙216毫克,磷39毫克,铁10.2毫克,尼克酸1.9毫克,维生素C47毫克,还有胡萝卜素,多种氨基酸和维生素。食用方法是,蒲公英的嫩叶可拌凉菜生食,根茎去皮抽芯亦可腌咸菜。据称,在日本、美国和欧洲等国家和地区,蒲公英的食用价

值得到有效的开发,成为特殊的蔬菜和食品。

蒲公英的药用价值也很高。在中草药中,蒲公英具有清热解毒,消肿散结,利尿通淋等功能。可在医生指导下,用于治疗疔疮肿毒、乳痈、瘰疬、目赤、咽痛、肺痈、肠痈、湿热黄疸、热淋涩痛、急性扁桃体炎等疾病。

蒲公英在中国各地均有野生。主要集中于山西、河北、山东及东北等省。由于蒲公英的药用价值较高,这种植物已经开始栽培生产,并发展了栽培技术。

蒲公英生命力和繁殖力极强,耐涝,抗旱,对土壤要求不严格。耐寒性较强,平均地温达到4度就能迅速生长。人工栽培的主要方法有:早春栽培。选肥沃、湿润、疏松、有机质含量高、向阳的沙质壤土播种。播种前翻耕土壤,铺垫农家肥基肥。精细整畦,在畦内开浅沟,将种子与细沙拌均匀,条播于沟内,覆土1至2厘米。成熟的种子从播种到出苗需10至12天。天气寒冷时,可覆地膜,出苗率达70%时,立即取下地膜。在生长季节追肥1至2次。夏季也可栽培,7月播种,9月定植。定植30至50天后即可采收。蒲公英茎叶再生能力强,可一次播种多茬收获。当叶片达到10至15厘米时,即可沿地表下1至2厘米处平行收割,每平方米产0.8至1.0公斤。现代农业技术发展出软化栽培。在育苗之后,蒲公英萌发出芽,然后进行沙培。在特定的环境下,铺1厘米厚的细沙,叶片露出地面1厘米后,再次进行沙培。当叶片长出沙面8至10厘米时,连根挖出,洗净,去掉须根,即可食用或上市销售。软化栽培的蒲公英,苦味降低,纤维减少,品质有所提高,食用性增强。

荷兰王国货币及货币上的植物

荷兰王国,欧洲国家。位于欧洲西部,东与法国为邻,西、北濒临北海,南与比利时交界,处于莱茵河、马斯河、斯海尔德河的入海口处,是比利时东部、德国部分地区以及法国东北部重要的出海口。领土面积4.14万平方公里,全国共分12个省。下设714个市镇。

荷兰地理环境的最大特点是地势低洼。被称为世界“低地之国”,全境有1/3的土地仅高出海平面1米。约有25%的土地低于海平面,最低的土地在海平面以下6米多。海拔50米以上的地区不到20%。国土面积的48%是沙地。

地势低洼必然会水网稠密,水面占国土面积的1/6以上。

荷兰地处温带,在北纬50至54度之间,1000多公里的海岸线所临的是不冻海。气候条件属海洋性温带阔叶林气候,冬温夏凉。天气多变,一年中晴朗的日子只有60至65天。

荷兰自然资源比较贫乏,主要有石煤、褐煤、石油、岩盐、黏土、沙和石灰岩,储量都不高。天然气资源较丰富,格罗宁根省的气田是世界大气田之一。天然气开发量仅次于独联体、美国、加拿大,居世界第4位。

原来的自然植被覆盖率很低,但经过多年努力,植被层已被人工改造,国家大部分土地面积都成为草地、牧场和谷场与经济作物的种植地。受到严格保护的森林中有獾、狐、鼬鼠、鸡貂、野兔,鸟类也很多。

所辖海域鱼类资源较丰富,主要有鲜鱼、鲤鱼、鲭鱼等。

居民中90%以上是荷兰族,其次是弗里斯族。

官方语言为荷兰语和弗里斯语。

荷兰人性格开朗、热情,对新事物接受快。荷兰国家的民族有着自己独具特色的风俗习惯。荷兰人最喜欢的物品是鲜花、风车和木鞋。

荷兰人崇尚节俭,其“国菜”是胡萝卜、土豆和洋葱头混合煮的大烩菜。风车是荷兰民族的象征。在鹿特丹以东将近8公里的肯德代克村,保留着19个建于18世纪三四十年代的风车。这是当今世界上最大的风车群。每一个风车就是一个风车塔房,塔房呈圆锥形,墙壁自下而上逐渐向里倾斜,风车的4片长方形翼板,固定在塔房顶部的风标上。塔房内部的砖墙上楔着大铁钉,用来挂工具、灯具和衣物。塔房是多层的,上面几层内部没有隔开,是几个相互贯通且宽敞的圆屋子。下面几层由墙壁隔成不同形状的屋子。

荷兰在近代史上有过辉煌,它是世界上第一个实行资本主义制度的国家,早在12到13世纪,随着商品货币关系和城市的发展,资本主义萌芽在荷兰出现。这些新兴势力与封建势力的矛盾越来越激烈。14世纪下半叶到15世纪初发生的激烈王朝斗争,削弱了荷兰贵族势力。1433年,国家权力被勃艮第公爵侵占。公元16世纪,由查理五世统治。这个时代,荷兰成为大勃艮第一哈布斯堡公国的一部分。16世纪60年代,钱袋鼓起来的新兴资产阶级,开始向政权进军,它以卡尔文教为思想旗帜,在奥兰也王室的王子威廉领导下,进行了资产阶级革命,成立尼德兰省联合共和国,并争取到了民族独立。威廉在历史上被称为荷兰王国国父。这个进步的贵族夺得政权后,没有维护封建制度,而是促使资本主义生产关系建立起来。这一革命性进步,促进了荷兰生产力和经济的发展,使荷兰一度成为海上殖民强国。逐渐强盛起来的荷兰,开始向海外发展,先后侵占过印度尼西亚、中国台湾等地。1810到1814年,荷兰军队被法国军队打败,荷兰一度被置于拿破仑的统治之下。拿破仑失败后,荷兰不再参与国际纠纷,到第二次世界大战前,荷兰一直坚持中立。1940年5月,希特勒的入侵,打碎了荷兰人的中立梦,荷兰沦为德国的殖民地。1945年5月,德军被赶出荷兰,荷兰人民才获得了解放。恢复了君主立宪制度。1948年,威勒米娜退位,由其女儿朱丽安娜继位。

荷兰是设有议会制的世袭君主立宪王国。国王是国家元首。立法权属国王和议会,议会由上院、下院组成。任期4年。行政权属国王和内阁,司法权独立。国务委员会是最高国务协商机构,成员由国王指定。

荷兰自然资源贫乏,但它却是当前世界发达国家。早在15世纪,荷兰的造船业就发展起来。当时凭借先进的造船技术和生产能力,一度称霸世界。第二次世界大战后,荷兰在国外的殖民地基本丧失干净,全力以赴地注重发展本国经济。20世纪后半叶,荷兰经济获得了飞速增长。到20世纪末,国内生产总值和人均国内生产总值就已达到2274.9亿美元和15413美元。成为世界上最富的国家之一。

荷兰的土地资源并没有优势，可是，其农产品生产和出口额却高居世界第3位，每年的海外投资额在130亿美元左右，是世界第六大对外投资国。乳品生产居世界首位，还是世界上最大的土豆、可可制品和奶制品出口国。荷兰的农业以畜牧业为基础，拥有世界上最发达的牧业。平均每人有一头牛，一头猪。荷兰的花卉在世界独占鳌头。花卉年出口额占世界花卉市场交易额的70%，是世界最大的花卉出口国，有“西欧花匠”“鲜花之国”的美称。

荷兰不仅是一个农业发达国家，也是一个发达的工业国。2001年7月公布的世界500强中，荷兰的壳牌、荷兰商业银行集团、菲利浦和联合利华等大公司，位列前50名中。

著名的公司有英荷壳牌石油公司、埃克森公司、切夫隆石油公司和英国石油公司。石化工业企业主要分布在北荷兰和南荷兰两省。鹿特丹是欧洲最大的炼油基地，世界三大炼油中心之一。荷兰的电气、电子工业比较发达，主要产品有各种高、精、尖电子元件、照明设备，电子仪器和家用电器。菲利浦电气公司是世界最大的电气电子工业垄断组织之一。造船业是荷兰最古老也是最发达的工业部门，主要以制造挖泥舶、钻探平台、浮吊、淘金船等见长。

荷兰重视教育，5至16岁人员实行免费教育。教育机构包括：小学、中学、特别学校、高等教育学院、国际教育学院。

荷兰非常重视科学技术。历史上的重要发明有望远镜和显微镜。主要研究机构有荷兰皇家科学院、荷兰应用自然科学研究院、荷兰纯科学研究院。荷兰的科研经费相当于当年国内生产总值的2%。

荷兰主要城市有阿姆斯特丹、海牙、鹿特丹等。阿姆斯特丹是荷兰的首都，王宫所在地。海牙是政府所在地。

荷兰的货币叫“荷兰盾”。由荷兰银行发行。主辅币制为1荷兰盾等于100分。

曾发行的货币主要有面额为10，25，50，100，1000盾纸币；另有1，2.5，5，10，25分和1/2，1，5盾的硬币。

ISO 货币符号是 NLG。

荷兰人喜爱植物,有欧洲花匠之称。

在 50 盾纸币的正面和背面,是漂亮的向日葵(略)。

在 100 盾纸币的背面是荷兰著名花卉郁金香。

郁金香

郁金香,百合科,多年生草本植物。地下具鳞茎。叶基出,3 至 4 枚,广披针形,带粉白色。春初抽花茎。顶部开一朵花。杯状。花大而美丽,花被 6 枚,2 列,有黄、白、红或紫色。有些变种具有条纹或斑点。也有重瓣花朵。用鳞茎繁殖。

郁金香是荷兰的国花,它和古老的风车、木鞋一样,已成为荷兰的象征。荷兰对郁金香的栽培历史已有 400 多年。在 1994 年,荷兰举办了郁金香栽培 400 周年华诞庆祝展览。从 16 世纪开始,荷兰植物学家卡罗鲁斯·克鲁西尤斯从土耳其引进野生的郁金香,栽在林登植物园中。这位植物学家对郁金香进行了选育,后来荷兰人用他的名字命名了一个郁金香的古老品系。荷兰人被郁金香的天生丽质所倾倒,在 1634 年前后,形成了历史上闻名的郁金香狂热。一些人倾全部家产去购买著名的郁金香品种。名贵的种球甚至可以为不富裕人家的姑娘换来置办嫁妆的全部费用。荷兰首都阿姆斯特丹市博物馆里珍藏着一块石碑,它原是该市荷拉街上一幢房子的奠基石。碑文记述,这幢房子及石头建筑,系用三枚郁金香球根换来的。郁金香的产业化生产却是现代的事情。今天,世界郁金香栽培品种已有 6000 个以上,其中约有 3500 多个是由荷兰人培育的。荷兰已成为以郁金香为首的球根花卉生产王国。在荷兰利兹市郊的柯肯霍夫种植园,已成为世界最大的球根花卉观赏园,占地约 16 公顷,全园种植郁金香达 2000 种。

马耳他共和国货币及货币上的植物

马耳他共和国，欧洲国家。位于地中海中部，是大西洋通往印度洋和地中海东部的交通要冲，是联结欧、亚、非海运的枢纽，有“欧洲心脏”之称。它东距埃及亚历山大港994海里，南与北非大陆相距180海里，西离直布罗陀1141海里，北与意大利西西里岛相隔58海里。马耳他由5个岛屿组成。马耳他岛最大，约为246.5平方公里，占全国总面积的78%。奥代什岛是第二大岛，还有凯穆纳岛居于二岛中间，此外，还有无人居住的科米诺托岛和费尔费拉岛。全境海岸线长达180公里。领土面积316平方公里，全国共分58个村镇。

马耳他岛地势西高东低。西南海岸多为陡壁悬崖，中部和东部为丘陵地带，间有小盆地，呈台地状态。喀斯特地形表现很明显。海拔最高点为248.9米。属于亚热带地中海式气候，年平均气温约为18.7℃。年平均降雨量为525毫米。全年大半时间天空晴朗，日照充足。

马耳他人约占全国人口的96.7%。另外还有少量的英国人、意大利入和阿拉伯人。

官方语言为马耳他语和英语。

罗马天主教是马耳他的国教，也有少数人信奉基督教和希腊东正教。

马耳他的节日非常多，仅国家法定节日就有15个。比如，元旦节、圣保罗船只失事节、复活节、圣诞节、耶稣殉难日等。过节期间，人们可以上街游玩，可以组织乐队、舞蹈、彩灯和焰火，许多人还戴上面具，参加化装舞会和各种娱乐活动。

早在6000年前，就有人从西西里岛渡海来到马耳他群岛，并在岛上建立起农业社会。公元前218年，马耳他群岛被罗马人占领，在罗马长期统治下，马耳他一直是海上贸易中心。随着地中海控制权的转移，继罗马人之后是阿拉伯人的统治,他们在一个世纪的统治中,建立了几乎同罗马一样的大帝国。1814年,巴黎条约签订后,马耳他沦为英国的殖民地,成为英国在地中海的皇家海军基地。1947年9月,英国允许马耳他颁布新宪法,实行内部自治。1964年9月21日,马耳他宣布承担起管理自己国家事务的全部责任,正式独立。1979年3月31日,收回英国在马耳他的军事基地。

议会是马耳他最高立法机构,称众议院。议员普选产生,任期5年。政府为责任制内阁。设法院,分民事和刑事法院两种,法官由总统任命。

马耳他自然资源贫乏,长期沦为英国的殖民地,形成了畸形"基地经济"特点,对基地租金和为英军服务的收入依赖性很大。

马耳他独立后,政府很重视发展教育事业。实行中小学免费教育。教育经费通常占国家预算的10%左右。努力发展民族文化和教育,现有大学两所。马耳他大学的在校生已超过7000人。

马耳他的主要城市是瓦莱塔,是国家首都。

马耳他货币叫"第纳尔",由马耳他国家银行发行。主辅币制为1第纳尔等于100第尼。

已经发行的货币主要有面额为10,20,50,100,500,1000,5000第纳尔纸币;另有1,2,5第纳尔和50第尼硬币。

ISO货币符号是MCD。

在25分硬币的背面是马耳他著名花卉欧洲瑞香(略)。

瑞士联邦货币及货币上的植物

瑞士联邦,欧洲国家。位于欧洲中西部,内陆国家,东与奥地利、列支敦士登接壤。南部与意大利为邻,西接法国,北临德国。领土面积4.1万余平方公里。

瑞士属内陆国家，境内多山，有欧洲屋脊之称。约有58%的土地属山区。高原占全国总面积的32%。地势为南高北低。欧洲著名的阿尔卑斯山，占该国面积的60%。年平均降水量在1000毫米以上。多雨和多山，使该国河流纵横、湖泊甚多。气候自西向东由温和湿润的海洋性气候向冬寒夏热的气候过渡。阿尔卑斯山以南是海洋气候，阿尔卑斯山以北，有时温和而潮湿，有时寒冷干燥。空气湿润加上民众环保意识强，使瑞士的绿色植被发展很好，森林占国土面积25%。

瑞士矿产资源贫乏，只有岩盐储藏量较丰富。

主要民族是日耳曼族。另有法兰西人和意大利人等。

瑞士人口素质较高，在西方人中，瑞士人以吃苦耐劳和善于理财而闻名。

德语、法语和意大利语为官方语言。

首都是伯尔尼。

瑞士的历史可追溯到公元3世纪，那时，首先是阿勒曼尼人迁入瑞士东部和北部定居。勃艮人则迁入西部并在那里建立第一勃艮王朝。公元6世纪，西部建起第二个勃艮王朝。公元11世纪，强盛起来的罗马帝国统治了这一带，并消灭了勃艮王朝。这一地区沦落为罗马帝国的属地。从1231年到1240年，圣哥大附近的乌里、施维茨及下瓦尔登，先后取得了一些自由。1254年，阿尔卑斯南北两侧的村落和自由城市结成了各式各样的联盟。这一时期，奥地利统治者开始在这里建立自己的统治。一位叫威廉·里尔的弓箭手杀死了当地的奥地利长官盖斯勒，33名爱国者攻入敌人碉堡，消灭了守卫在那里的敌人，组织这一带瑞士人建立起联盟。这就是瑞士联邦的雏形。1370年结成联邦。过了100多年，到1513年，联邦成员增加到13个。1648年，摆脱罗马帝国的统治，宣布独立，并奉行中立政策。但是，法国人于1798年侵入瑞士，并把此地改为海尔维希共和国，降为法国的卫星国。拿破仑失败后，瑞士才获得了独立。1803年恢复瑞士联邦。1815年维也纳会议，承认瑞士为永久中立国。该国不结盟、不称霸。专心发展经济。

瑞士在欧洲属自然条件差的国家，在自然条件不太好的中欧地区，由于专心发展经济，在现代历史上，瑞士成为经济发达国家。

瑞士的主要经济支柱是工业、金融业和旅游业等。其机械、钟表、化工等在世界处于领先地位。瑞士钟表业有500多年的历史，并且一直保持世界领先地位，有“钟表王国”之美称，每年生产3000万左右块手表。20世纪末期的年交易额达数十亿美元，高档表出口占世界市场的40%，高档表多用于宇航、军事设施、科研等方面。

瑞士的食品工业很发达，它生产的速溶咖啡和浓缩食品在世界上享有盛誉。这个不产咖啡的国家，却把咖啡产品卖到了世界各地。其最有名的雀巢公司，更是世界知名的咖啡加工企业。瑞士的金融业非常发达，共有600余家银行，分支机构5070家，银行总资本达5000多亿美元，纳税额占国家税收的20%多，在国民经济中居重要地位。瑞士人均在国外资产和投资占世界第一位，被称为“金融帝国”。

瑞士的货币叫“瑞士法郎”，由瑞士国家银行发行。主辅币制为1瑞士法郎等于100分。

目前使用的货币主要有面额为10,20,50,100,500,1000法郎的纸币；面额为1/2,1,2,5法郎和1,2,4,10,20分的硬币。

ISO货币符号是CHF。

在50法郎纸币的背面是猫头鹰和报春花。

报春花

报春花，俗名“樱草花”。报春花科报春花属，草本植物。是春季开花最早的植物之一，所以，人称“报春花”。报春花株丛雅致，花色鲜艳。虽然不及牡丹高贵，不如荷花高雅，更不如樱花热烈奔放，但是，其开花期正值元旦和春节，此时，在北方是万木休眠，满眼枯黄的景色。在萧瑟的大自然中，即使有一点点新绿，也会给世界带来惊喜。而报春花不仅带来新绿，而且带来鲜花。所以，人们认为报春花是带着春天的脚步，报告新的一年的开始。

报春花

由于气候原因，报春花宜盆栽。开花期间的报春花，可装点客厅、居室及书房。在温暖地区，还可陆地植于花坛、假山、岩石园、野趣园等处。

全世界报春花属植物约580余种。北半球许多国家都有报春花生长。

罗马尼亚共和国货币及货币上的植物

罗马尼亚共和国，欧洲国家，位于欧洲东南部，巴尔干半岛北端，多瑙河下游。东北部与摩尔多瓦、乌克兰为邻；西南、西北分别与南斯拉夫、匈牙利接壤；南面与保加利亚多瑙河为邻；东濒黑海。领土面积23.75万平方公里，全国划分为40个县和1个直辖市、237个市、207个乡。

罗马尼亚国土平原、山地、丘陵和高原各占一定比例。被分为多瑙河下游平原区，东南部多布罗加丘陵，东部摩尔多瓦高原区，中部东喀尔巴阡山-南喀尔巴阡山地区，西北部蒂萨河平原区，中北部特兰西瓦尼亚高原区。南喀尔巴阡山，是罗马尼亚最高峰，主峰摩尔达维亚努峰海拔2543米。主要河流是多瑙河，全长2850公里，在罗马尼亚境内1075公里。

罗马尼亚属海洋性气候与大陆性气候的过渡地带，气象条件复杂，年均降水量为 640 毫米。

国家主要矿物资源是天然气、金、铁、锰、煤、锑、盐、铀、铅等。其储量位居欧洲国家前列。

罗马尼亚是巴尔干地区的非斯拉夫民族国家。罗马尼亚族占人口总数的 89%。其余为少数民族,占人口总数的 11%。少数民族主要有匈牙利族、吉卜赛族、日耳曼族、犹太族、乌克兰族、鞑靼族、俄罗斯族、土耳其族等。

罗马尼亚语是官方语言。主要民族语言有匈牙利语、德语。

信奉东正教的占人口总数的 73.1%。此外,还有天主教、伊斯兰教、犹太教、卡尔温教等。

主要节日是上山节、牧羊节、仲夏节等。牧人每年 7 月的第一个星期天,庆贺“上山节”,这一天成千上万的人来到山上宽阔的大草坪上,载歌载舞欢度这一天。戈尔日县境内的诺瓦奇,每年都在林间草坪上举行“牧羊集会”。届时,人们扶老携幼,载歌载舞。牧羊入汇集在一起,以便结伴上山去放牧。每年夏至这一天(6 月 21 日或 22 日)是罗马尼亚人的仲夏节。这一天,农村通常要举行以祭祀色列斯(神话中的谷物女神)为中心的庆祝活动。

罗马尼亚历史悠久。早在公元前 1 世纪,有个叫布雷比斯塔的人,在喀尔巴阡山-多瑙河-黑海地区建立了中央集权的独立的达契亚国。在特兰西瓦尼亚境内形成最早的罗马尼亚国家结构。1310 年,喀尔巴阡山南面形成了瓦拉几亚封建国家,1359 年,在喀尔巴阡山东面建立了摩尔多瓦封建国家。在中古时代,瓦拉几亚、摩尔多瓦享有独立地位;特兰西瓦尼亚被并入匈牙利王国,享有一定的自治权。14 至 15 世纪,罗马尼亚各封建王国反抗并挫败了匈牙利、波兰的扩张,同时开始了反抗奥斯曼帝国的长期斗争。1848 至 1849 年欧洲革命期间,在摩尔多瓦、瓦拉几亚和特兰西瓦尼亚也爆发了资产阶级民主革命。1859 年摩尔多瓦和瓦拉几亚合并,1862 年 1 月 24 日起称为罗马尼亚,但仍附于奥斯曼帝国。俄土战争期间,罗马尼亚取胜,于 1877 年 5 月 9 日宣告国家独立,1881 年改称为罗马尼亚王国。1918 年曾处于奥匈帝国统治下的西方领土特兰西瓦尼亚和布科维纳等地区同罗马尼亚合并，标志着统一的罗马尼亚民族国家形成过程的完成。第二次世界大战期间，罗马尼亚曾宣布中立，但在1940年9月建立的安尔尼斯库政权后来参加了德、意、日法西斯同盟。1944年8月23日，全国爆发了反法西斯武装起义，罗马尼亚武装部队掉转枪口反对希特勒德国，同爱国战斗队一道，推翻了安东尼斯库反动统治，使罗马尼亚转入反法西斯阵营。1947年12月30日建立了罗马尼亚人民共和国。1965年改名为罗马尼亚社会主义共和国。1989年12月28日改国名为罗马尼亚，保留共和制。

罗马尼亚为共和制度，实行立法、行政、司法三权分立的政治体制。总统是国家元首，武装力量的最高统帅和国防委员会主席。议会是国家的最高权力机关和唯一的立法机关，由众议院和参议院组成，议员由普选产生，任期5年。部长会议为国家最高行政机关。设最高法院、县和乡的地方法院以及军事法院。最高法院由议会选举产生，监督所有下级法院，向议会负责。设总检察院、县和乡地方检察院以及军事检察院。

罗马尼亚工业在国民经济中占主导地位。钢铁工业、石油和化学工业均是罗马尼亚的主要工业。在黑海大陆架共建有4座石油平台，年产石油约占全国产量的20%。岩盐在罗马尼亚国民经济中也占有重要地位。已探明的岩盐储量占欧洲第1位，据估算可够罗马尼亚用70万年，够全世界用1万年。农业是国民经济的一个基础部门。农村人口占全国人口的45.7%。主要农作物有粮食、甜菜、马铃薯、向日葵、大豆和蔬菜等。此外，罗马尼亚的葡萄种植业特别发达。全国有30多万公顷葡萄园。

罗马尼亚历来重视教育。教育全部免费。教育体制为学龄前、小学、初中、高中、高等教育和成人教育。已普及10年制义务教育。文盲率很低。

主要城市有布加勒斯特、布拉索夫、康斯坦察等。布加勒斯特是首都，全国最大城市和政治、经济、文化中心。

主要旅游景点是多瑙河三角洲、黑海之滨、摩尔多瓦地区北部、喀尔巴阡山区等。

罗马尼亚货币叫“列伊”。主辅币制为1列伊等于100巴尼。

货币面额主要有100,200,500,1000,5000,10000,50000列伊纸币;另有1,5,10,20,50,100列伊硬币。

ISO货币符号是RQL。

在1000列伊纸币的正面,是百合花。

(1)百合花

百合花,百合科,多年生草本植物。地下有扁形或近圆形鳞茎。鳞片肉质肥厚。早春于鳞茎中抽出茎,茎的叶腋中有时生有珠芽。夏季开花,花被六片。有红黄、黄、自或淡红色等。性喜温暖干燥。适于沙壤土生长。秋季用鳞茎、珠芽或鳞片繁殖。

百合具有抗寒、喜光、耐肥、畏湿的特性,适宜生长的温度是12至18℃。在冬天即使气温降至3至5℃亦不会冻死。缺乏阳光会影响正常开花。适应地域较广,南北各地都可地种或盆栽。因属球根植物,可用种鳞茎接播种。

百合花原产于中国。在公元4世纪时,人们只作为食用和药用。到南北朝时期,梁宣帝发现百合花很值得观赏,他曾诗云:“接叶多重,花无异色,含露低垂,从风偃柳。”赞美它具有超凡脱俗,矜持含蓄的气质。至宋代种植百合花的人更多。诗人陆游利用窗前的土丘种上百合花。他赞美百合:“芳兰移取遍中林,余地何妨种玉簪。更乞两丛香百合,老翁七十尚童心。”

中国的百合花传到世界各国后,备受推崇。日本人于公元8世纪将百合花作为贡品献给天皇。欧洲的圣经《新约·马太福音》有“百合花赛过所罗门的荣华”之说。12世纪,智利和法国把百合花作为国徽的图案,鼓励公众为争取民族独立和经济繁荣而斗争。

在5000列伊纸币的正面是狗蔷薇。

(2)狗蔷薇

狗蔷薇,落叶灌木,株高1至3米。5至7月间开花,花色为白色至淡粉色花。果熟时呈绯红色。花繁而美丽,果实有滋补作用。自古以来深受罗马尼亚人喜爱。狗蔷薇在欧洲大陆分布很广。第二次世界大战中,英国曾采集果实作为提取维生素的重要原料。

挪威王国货币及货币上的植物

挪威王国,欧洲国家。位于北欧斯堪的纳维亚半岛西部,其北部延伸到欧洲最北端。西濒挪威海,东与瑞典,东北与芬兰和拉脱维亚、立陶宛接壤,南与丹麦隔海相望。领土面积 38.6958 万平方公里,全国划分 1 个市、18 个郡,下设 454 个村镇。

挪威国土狭长,南北直线距离长 1700 公里,东西最宽 400 多公里,最窄的地方只有 6 公里。濒海国家,海岸线异常曲折,若将弯折部分拉成直线,海岸线总长达 2.13 万公里。沿海岛屿多达 5 万个,有“万岛之国”之称。挪威多山,高原、山地、冰川约占国土面积的 75%,格利特峰海拔 2470 米,为境内最高峰。

挪威是高纬度国家。领土面积的三分之一在北极圈内。北极圈内地区,冬季 3 个月左右不见阳光,夏季 3 个月左右不见日落。属海洋性气候。虽然纬度高,但大部分海面不结冰;内地山区则气候寒冷。海岸地区的年降水量约为 1000 至 2000 毫米,境内有很多冰河,总面积约有 5000 平方公里。

挪威是城市化国家,全国总人口的 71%居住在城市。

挪威人占全国人口的 97%。其他民族有拉普人、芬兰人、丹麦人、瑞典人等。挪威的国语为挪威语,属于印欧语系日耳曼语族。90%以上的居民信奉基督教路德宗。

在挪威最流行的是红色,红色的使用主要集中在女孩的大衣、儿童的滑雪衫和男人毡帽的镶边处。挪威人与人谈话时要保持 1.2 米左右距离,这已经成为习惯。超越或不足这个距离都要被看作是不礼貌的举动。挪威人守时,并且把守时与守信相等同。挪威忌讳数字“13”和“星期五”。

挪威王国形成于公元9世纪。到1397年,由于特殊的历史原因,与丹麦、瑞典等国组成喀马尔联盟,接受丹麦的统治。1814年,挪威被丹麦和瑞典分割,与瑞典成立瑞挪联盟。1905年脱离瑞典联盟,恢复独立国家,选丹麦王子为国王,称为哈康七世。在第一次世界大战期间,宣布中立。第二次世界大战初期,被德国占领。哈康七世率内阁流亡国外。1945年,德国战败,挪威恢复了独立国家。

挪威是世袭君主立宪制国家。国王是国家元首兼武装部队统帅。议会通过的法案需经国王批准方能生效。国王拥有皇家否决权,但对每一议案的否决权仅以两次为限。国王是最高行政代表,但需通过政府行使行政权力,首相和国务大臣由国王任命。国王无权解散议会。议会是挪威王国最高立法机构。政府是行使国家行政权的最高机关。法院分三级即最高法院、高等民事和刑事法院,独立行使职能。

挪威工业发达,是当今世界上最富裕国家之一。工业在国民经济中占非常重要的地位,主要传统工业部门有电力、冶金、电气、化工、造纸、木材加工、渔产品加工和造船业。20世纪60年代中期,挪威在北海、挪威海、巴伦支海先后发现石油,从1971年开始生产石油,挪威政府集中财力投资开发石油,5年后一跃成为西欧第一个石油和天然气出口国。

挪威海运业非常发达,有世界“海上王国”的美称。渔业是挪威国民经济的重要支柱,有大小渔轮2万多艘,海水养殖场上千个。

挪威政府重视教育。全国已实现9年制义务教育,学校大多数为公立。中央负责高等教育。地方负责中等教育和初等教育。

挪威人重视文学艺术,产生了易卜生、比昂等享有世界声誉的作家。

挪威主要城市有奥斯陆、卑尔根、特隆赫姆、朗伊尔等。奥斯陆是全国政治、经济、文化、交通中心和主要海港。

挪威的主要旅游景点有:悦耳纪念碑,一座让人用耳朵听的纪念碑。在碑内装有光学仪器和电子计算机。当阳光照射到纪念碑身时,光学仪器作用于电子计算机,电子计算机操纵音响系统,便发出了优美动听的电子音乐。极地博物馆,位于小城特罗姆瑟的极地博物馆,展出有千余件文物、图片、模型等,反映了人类为征服北极而进行的探险活动。

挪威的货币叫“克朗”。主辅币制为1克朗等于100欧尔。

已经发行的货币主要有面额为50,100,200,500,1000克朗纸币;另有1,2,5,10,25,50欧尔和1,5,10,20克朗硬币。

ISO货币符号是NOK。

在50克朗纸币的背面,是水百合。

水百合

水百合又名子午莲,水百合科。多年生水生草本植物。叶子浮于水面,叶片呈马蹄形,有长柄。花多为白色,也有黄、红、蓝等颜色。

水百合广泛分布于美洲、亚洲和澳大利亚。它的花朵大而艳丽,外貌像百合的鳞茎。

水百合

水百合是水生植物,喜欢水是天经地义的。可是,它同样喜欢阳光。在烈日炎炎的盛夏季节,几乎所有植物都被烈日烤灼得低下头,而水百合却高昂起花蕾,绽开鲜艳的花朵。不仅给人带来鲜花的美丽,而且能够使人有凉爽快意的感觉。水百合的开花很特别,往往是日开夜闭,夏季中午 12 至 14 时阳光最烈之时,水百合开花。到了傍晚,太阳下山,气温变得凉爽,水百合花朵却渐渐地闭合,好像入睡一样。

水百合是水生观赏花卉,适宜于公园、庭院的小浅池内栽培观赏,也可以栽于盆中,放置在书房、客厅中观赏。水百合在水中有绿叶红花、白花、黄花漂浮在水上,翠绿嫩蕊,亭亭玉立,给人以幽静幽雅的美感。

意大利共和国货币及货币上的植物

意大利共和国,欧洲国家。位于地中海北岸。其领土包括阿尔卑斯山南麓和波河平原地区、亚平宁半岛、西西里岛、撒丁岛以及其他一些小岛。东、西、南三面临海。北部与法国、瑞士、奥地利为邻,东北部与克罗地亚接壤。东面隔亚得里亚海与斯洛文尼亚相望。领土面积 30.1277 万平方公里,全国共分 20 个区,区下设 95 个省、8088 个市(镇)。

意大利是一个多山国家。山地占国家领土面积的大部分。主要是阿尔卑斯山脉和亚平宁山脉。在两山交接地带是意大利著名的波河平原。意大利境内最高的山是勃朗峰,海拔 4807 米。最长的河是波河,它由西向东穿过波河平原,全长 650 多公里。

意大利大部分地区属于地中海气候,夏季较炎热、干燥,冬季多雨,气候温和。

意大利属单一民族国家。国家总人口中 95% 以上是意大利人。少数民族主要有奥地利人、阿尔巴尼亚人、南斯拉夫人、法国人、犹太人、希腊人等。

意大利语是通用语和官方语言。

意大利是一个天主教国家。居民中有 90% 以上信奉天主教。在罗马帝国时期,罗马教会就成为帝国宗教活动的中心。公元 325 年,古罗马皇帝君士坦丁一世把天主教奉为国教,成为罗马帝国的统治工具。

意大利虽然是文明古国,其民间风俗有独特的内容。比如,意大利人嗜酒,不分男女,都会饮酒。喝酒很讲究,饭前喝开胃酒,饭后喝烈性酒。吃鱼时喝白葡萄酒,吃肉时喝红葡萄酒。戴帽子的男子走在路上遇到友人,必须把帽檐向下拉低,以示尊敬。对尊敬的人不能直视。

意大利的节日主要有泼水节、圣诞节、狂欢节和新年。

意大利是一个古老的国家。早在公元前753年,古罗马人就建立起罗马城市。后来发展为古罗马帝国。随着历史的推移,古罗马帝国分裂为东、西罗马。西罗马控制了今天的意大利地区。公元5世纪末,西罗马帝国灭亡,日耳曼人在意大利地区建立起国家。10世纪后,又由神圣罗马帝国控制。13世纪后,分裂为若干独立国家。15到16世纪,意大利成为文艺复兴发源地,1870年实现了统一,资本主义开始迅速发展。1922年,墨索里尼上台,建立起法西斯统治。1936年意大利与德国形成"柏林—罗马轴心"。意大利成为第二次世界大战的挑起国之一。1943年9月,意大利投降。1945年,意大利人民起义,消灭了境内的法西斯军队。1946年6月,成立意大利共和国。1949年加入北大西洋公约组织。

意大利为议会制共和国,实行立法、执法、司法三权分立。

总统是国家元首和民族统一的象征,不拥有行政权。总统由参、众两院议员和各大区代表组成的"大选举团",以无记名投票方式选举产生。任期7年,可连选连任。

议会由参议院和众议院组成,行使立法权。

中央政府是执行行政权力的最高机关,由总理、副总理和若干部长组成。

司法机构独立于国家权力机关,包括最高司法委员会、最高上诉法院、宪法法院、普通法院和巡回上诉法院。法官只服从法律。

意大利是工业较发达的国家。其工业主要是加工出口工业。主要工业部门有钢铁工业、机械工业、食品工业、纺织、服装、制鞋、皮革业等。意大利素有

"皮鞋王国"之称誉。

意大利原油加工能力居世界第6位,钢产量居欧洲第2位、世界第6位,拖拉机产量居世界第6位,发电量居世界第9位。

意大利农业也较发达,是欧洲最大蔬菜生产国之一,年产新鲜蔬菜占欧洲共同体的40%左右。意大利有名的水果是葡萄、柑橘、柠檬、苹果、桃、李等。小麦是意大利最重要粮食作物。橄榄是意大利重要经济作物,是欧洲主要橄榄生产国,其种植历史已有3000多年。

近代以来,意大利一直重视教育。宪法规定,14岁以下儿童享受义务教育,全国有2万多所小学,1万所初中。入学率很高,是世界文盲最少的国家之一。

中世纪以来,意大利创造了许多不朽的艺术,产生了许多影响历史的艺术家。主要艺术成就集中于诗歌、绘画、雕刻、建筑、音乐等领域。著名代表人物有但丁、达·芬奇、米开朗琪罗、拉斐尔等。

意大利主要城市有罗马、佛罗伦萨、威尼斯、那不勒斯、热那亚等。罗马是意大利首都和全国最大城市,古罗马帝国的发祥地,也是文艺复兴时期的艺术宝库之一。罗马是世界天主教的中心,共有大小教堂450多座,大小修道院300多所。罗马的名胜古迹很多,在帝国大道两侧,有元老院、神殿、贞女祠等。还有世界著名古迹——竞技场等。

意大利货币叫"意大利里拉",由意大利银行发行。主辅币制为1里拉等于100分。

ISO货币符号是ITL。

发行的货币主要有面额为1000,2000,5000,10000,50000,100000,500000里拉的纸币和1,2,5,10,20,50,100,200,500,1000里拉的硬币。

在面额100000里拉纸币的背面是杜鹃花。

(1)杜鹃花

杜鹃花又名红踯躅、山石榴、映山红,属杜鹃花科。杜鹃花种类繁多,形态各异。有高达数米的乔木,也有矮仅数寸的灌木。常绿、落叶均有。常见的品种为常绿灌木,高30厘米。按它的花期以及来源而分,有春鹃、夏鹃、西鹃三类。春鹃春季先开花后长叶,花色以红紫为主。夏鹃夏季开花,除红紫外,又有黄白诸色。西鹃为国外引进,开花于春夏之交,花期较长。杜鹃花花形喇叭状,簇生枝头,以红色最为常见,一丛千朵,艳如云霞。每年春到江南,杜鹃花开似火,映红万山,大地如锦,为人们的生活增添了无穷的乐趣。

在10里拉硬币的背面是麦穗。

(2)麦穗

麦子,禾本科,一或二年生草本植物。秆中空,有分蘖。叶片长披针形。复穗状花序,穗有芒或无芒。籽粒卵形或椭圆形。腹面有纵深沟。其种类很多,有小麦、大麦、燕麦、黑麦等,尤以小麦栽培最为普遍。小麦种子含淀粉53%至70%,蛋白质11%,糖2%至7%,糊精2%至10%,脂肪1.6%,粗纤维2%,还有维生素B、E、卵磷脂淀粉酶、蛋白酶和锌、镁、硒等多种微量元素。麦粒主要用作人类的粮食,也可用来制作精饲料、酿酒、制饴糖。秸秆可作编织工艺品、造纸的原料,也可作燃料。

小麦有冬小麦和春播小麦。冬小麦一般在秋后播种。春小麦主要在温带地区播种,当年播种,当年收获。

葡萄牙共和国货币及货币上的植物

葡萄牙共和国,南欧国家。位于欧洲西南的伊比利亚半岛西部,东部和北部与西班牙接壤,西部和南部濒临大西洋,是一块南北长、东西窄的近似长方形地带,另有位于大西洋中的亚达尔群岛和马德拉群岛。它北通西欧、北欧,南通南美、非洲、好望角。其领土包括大西洋上的海外领地亚速尔群岛和马德拉群岛。面积约9.2万平方公里,全国划分为18个行政区,2个自治区,305个市,

4000 余教区。

葡萄牙北部是高原，中部是山地，南部是丘陵，西部沿海是平原。河网密布，水资源丰富。北部属温带气候，南部属地中海式气候。冬季温暖湿润，夏季相对干燥。气候时有变化，是海洋性气候向地中海气候过渡区。西北部年降雨量超过 1000 毫米，有些山岭地带可达 2000 到 2500 毫米。在东北部和特茹河以南，干旱时有发生。马德拉群岛属地中海气候，比较湿润，气温较高，降雨量较低。

葡萄牙有丰富的动植物资源。北部地区主要是各种松树、橡树，及海洋地带的大量海生松林。还广泛分布着栗树、椴树、榆树、杨树、棒槐树等。另外还有栓皮栎树、角豆树、杏树、无花果树。野生动物有野山羊、野猪、鹿、狼和猞狸等。

居民多数为葡萄牙人。

官方语言是葡萄牙语。

爱喝葡萄酒是葡萄牙人的重要生活特点，特别是波尔图酒，是葡萄牙人之最爱。葡萄牙人对风很迷信。认为不同方向的风，代表不同的运气。比如，元旦第一天，刮南风，被认为是新的一年风调雨顺；刮西风，认为是捕鱼和挤奶的好年景；刮东风，认为是水果丰收的象征。

葡萄牙人宗教情节很浓，绝大部分人信仰天主教。

葡萄牙历史上是个起伏很大的国家。公元 10 世纪以前，先后受罗马人、日耳曼人和摩尔人统治。葡萄牙伯爵亨利之子阿丰索·恩里克斯，于 1139 年取得奥里基战役的胜利，为这个国家奠定了独立的基础。1143 年，葡萄牙成为独立王国。经过几百年的励精图治，到 15 世纪，进入海洋强国之列，并开始向海外进行殖民扩张。在漫长的海外扩张期间，先后占领了安哥拉、莫桑比克、几内亚等大片殖民领地。葡萄牙人从 1517 年起与中国通商。1553 年，借口遇风，要求上岸晒货物，乘机入侵澳门。1557 年后，擅自扩充居住地区，建筑城垣炮台，设官管理，窃据澳门为它的殖民地。16 世纪后半叶，葡萄牙开始衰落。1891 年成立第一共和国。1910年10月,发生共和主义革命,宣告废除君主制,成立第二共和国。第一次世界大战时,葡萄牙参加协约国。1919年6月18日,通过《凡尔赛和约》,葡萄牙得到了赔偿。第二次世界大战之初,葡萄牙保持中立,后期同意英国使用亚达尔群岛的军事基地。20世纪30年代,实现法西斯独裁统治。1974年4月25日,葡萄牙发生军事政变,推翻了统治40多年的独裁政权,开始了葡萄牙的民主化进程。1982年修改了宪法,结束了军人参政的过渡时期。

葡萄牙是议会制国家。议会是国家最高立法机关。议员按比例选举产生。4年选举一次。政府是最高行政权力机构。设最高法院,是国家最高审判机构。

葡萄牙是欧洲比较落后的国家。有一定的工业基础,工业以矿业、制造业为主。

农业生产较落后,能源和粮食对外依赖很严重。粮食不能自给。每年有50%至70%的粮食需要靠进口。但其葡萄生产和酒类生产却居世界领先水平。是葡萄酒的主要生产国和出口国,产量在欧洲占第三位。葡萄牙也是橄榄油的重要生产国。

葡萄牙实行9年义务教育,文盲率很低,但高等学校毕业生较少。全国只有2.1%的就业人员受过高等教育。

葡萄牙的主要城市是里斯本、波尔图等。里斯本是葡萄牙首都,也是欧洲大陆最西端的城市,被称为"欧洲之角"。

葡萄牙货币叫"埃斯库多",由葡萄牙银行发行。主辅币制为1埃斯库多等于100分。发行的货币主要有面额为500,1000,2000,5000,10000埃斯库多的纸币和1,2,2.5,10,20,50,100,200埃斯库多的硬币。

ISO货币符号是PTE。

在500埃斯库多纸币的背面是一束植物,包括向日葵、薰衣草和雁来红。

薰衣草

薰衣草，多年生草本或小矮灌木，多分枝，株高可达1米，叶对生，叶缘反卷。轮生花序顶生，长15至25厘米；每轮花序有小花6至10朵；花冠下部筒状，上部唇形，上唇2裂，下唇3裂；花长约1.2厘米，淡蓝紫色，或粉红至粉白。

熏衣草

薰衣草是著名香料植物，可以提炼香精，配置香料。也可作为观赏植物。它枝叶丰满，蓝紫色花序颖长秀丽，是多年生耐寒花卉，适宜花茎丛植或条植，也可盆栽观赏。还可作药用，药用功能是，净化心绪，舒解压力、松弛神经、帮助入眠、驱风、镇静、消除肠胃胀气、腹泻、头晕头痛等。还有解除焦虑，促进食欲、养颜美肤的功效。

薰衣草是良好的蜜源植物，采食薰衣草的蜜蜂生产的蜂蜜，色泽清澈，营养价值很高。

熏衣草原产于地中海地区。其植物特性是喜干燥，越是高海拔地区，其生长质量越好。法国是薰衣草的重要产地，其产量每年可达15000公斤。

四、美洲及大洋洲国家

古巴共和国货币及货币上的植物

古巴共和国，加勒比海国家。位于加勒比海西北部。由1000余座岛屿组成。东与海地隔海相望，南部与牙买加为邻，北面是美国。领土面积约11万平方公里，全国划分为14个省，1个特区。省下设169个市。

古巴是海岛国家，岛上平原和丘陵占较大面积。属热带草原气候，年平均降水量在1000毫米以上。另有部分地区属热带雨林气候。境内河流多而短，河水湍急。

在全国人口中，白人占70%，其余是黑人和混血种人。

官方语言是西班牙语。

部分居民信奉天主教。黑人信仰发源于非洲的各种教团。经常举行咒术和灵魂仪式。

古巴人喜欢喝酒。喜欢跳恰恰舞。

在古巴这片古老的土地上，原来生活着印第安人和土著人。1511年，西班牙殖民统治者侵入这里。残杀当地人民，占领他们的土地。1868年到1878年，古巴人民发动了第一次独立战争。1895年，在民族英雄何塞·马蒂的领导下，发动了第二次独立战争。虽然这些战争也获得了一定的胜利，打击了殖民统治者，但是，没有获得真正的独立。1898年，美国和西班牙发生了战争。美国打败了西班牙，并占领了古巴。为了长期控制古巴，1901年，美国人普拉特提出了所谓“修正案”并强行纳入古巴宪法。这个修正案规定,美国有出兵干涉古巴内政的“权利”。1902 年,古巴共和国成立。1952 年 3 月,巴蒂斯塔在美国的支持下发动政变,夺得国家政权。1953 年 7 月,卡斯特罗率领一批学生和青年人,攻打圣地亚哥的蒙卡达兵营。失败后建立了“七二六运动”组织。后来,经过几年的准备,再次发动武装斗争,1959 年 1 月 1 日,推翻了巴蒂斯塔独裁政权,建立了临时政府,卡斯特罗任武装部队总司令。同年 2 月,卡斯特罗任总理。

古巴自从独立以来,就与美国结下了很深的仇恨。美国一直对古巴实行封锁与经济制裁。严重阻碍了古巴经济的发展。

古巴的国家机构有,全国人民代表大会,部长会议和司法机构。全国人民代表大会是国家最高权力机关。部长会议是国家最高行政机构。最高人民法院是国家最高司法机构。

古巴共产党是该国唯一政党。

特殊的地理环境和不很发达的生产力,使古巴长期处于农业国行列。主要农作物有甘蔗、咖啡、烟草等。其中甘蔗最有名,产量也最高。古巴是世界上人均产糖和出口糖最多的国家。

古巴政府重视教育,实行 12 年免费义务教育。文盲率仅占人口总数的 4%。全国每 30 个人就有一个教师。全国每 7 个人中,就有一个受过高等教育。

主要城市有哈瓦那、圣地亚哥、关塔那摩等。哈瓦那是首都,也是该国政治、经济、文化中心。

古巴共和国的货币叫“比索”。有纸币和硬币两种。已经发行的货币主要有面额为 1,3,5,10,20,50 比索纸币;另有 1,3 比索和 1,2,5,20 分硬币。

ISO 货币符号是 CUP。

在 20 比索纸币的背面,是收获香蕉(略)。

在 3 比索纸币的背面是收获甘蔗(略)。

加拿大货币及货币上的植物

加拿大,北美国家。位于北美洲北半部,东濒大西洋,西濒太平洋,北临北冰洋。是为数不多的沿三大洋国家。面积为997万余平方公里,领土面积仅次于俄罗斯,居世界第二位,是世界上人口密度最低的国家。

加拿大是一个移民国家,全国人口中英裔居民和法裔居民占总人口的86%。其他欧洲裔居民,多来自意大利、德国、乌克兰等国家。还有来自亚洲、非洲等地的居民,此外还有土著人。土著人主要是印第安人、因纽特人和米提人。

英语和法语为官方语言。居民多数信奉天主教和基督教。

加拿大是地大物博的国家。有2万余公里的海岸线。全国地貌呈西高东低状。西沿太平洋的落基山脉,有许多海拔4000米以上的高峰,最高峰洛根峰海拔6046米。中部为大平原。面积占世界总面积的7%,居世界第2位。

加拿大主要河流有马更些河、育空河和圣劳伦斯河等。其中以马更些河最长,全长4241公里。著名湖泊有大熊湖、大奴湖、温尼伯湖和美、加交界处的几个大湖。加拿大是世界上湖泊最多的国家之一。

加拿大部分地区属大陆性温带针叶林气候。东部气温稍低,年平均降水量为1000至1400毫米。南部气候适中。西部气候温和湿润,年降水量为2400至2700毫米。加拿大有四分之三的土地靠近北极,这一地区冬天漫长而寒冷,一年仅两三个月温度在0℃以上。加拿大的北极群岛地带,终年严寒。

加拿大矿产资源非常丰富,主要有石油、天然气、金、银、铜、铁、铅、锌、镊等。石棉、镍、锌、白银的产量占据世界之首;铜、石膏、钾碱、硫硝的产量居世界第2位;钴、铬、钼、铂、铋、钍、钾盐等矿物储量均居世界前列。已开发生产的有石油、天然气、铜、铁、镍、锌、石棉、黄金、白银、铀、铂等60余种。加拿大是世界上最大的产矿国之一。此外，加拿大的水利资源、渔业资源和森林资源都十分丰富。森林覆盖率达44%以上。

在加拿大广阔的原野上，曾经是印第安人与因纽特人的故乡。他们祖祖辈辈在这里生存与繁衍。到了16世纪，英国人和法国人先后侵入这里，残杀印第安人，划分势力范围。17世纪初沦为殖民地。1756至1763年，英、法为争夺加拿大殖民地进行了长达7年的战争，最后，战争以英国人的胜利告终。从此，加拿大成为英国的殖民地。18世纪末，加拿大人不甘心忍受英国人的统治，爆发了大规模反殖民统治的斗争。迫使英国允许加拿大自治。1867年7月1日，加拿大省、新不伦瑞克和诺瓦斯科舍合并为联邦，成为英国的一个自治领。但是，到了1914年，加拿大才获得了完整的国内事务自治权。1926年，英国政府承认加拿大与英国有平等地位。至此，加拿大才获得了外交上的独立。1931年通过的“威斯敏斯特法案”，以法律的形式确定了加拿大与英国之间，有平等的互相不隶属关系。加拿大属英联邦国家。现行的制度是，中央与各省各拥有一定的权限。实行立法、行政、司法“三权分立”的政治制度。立法权属于议会；行政权名义上属于英国女王，由总督代表行使，实权掌握在内阁总理手中，总理由国民选举产生；司法权由法院行使。

在风俗与传统方面，由于加拿大居民大多数是欧洲移民，所以，他们继承了欧洲许多传统习俗。比如，父母非常注意培养孩子的吃苦、勤奋和自立的习惯。不娇惯孩子，子女从读高中起便开始在学习假期中找工作挣钱，高中毕业后就独立生活，边学习边工作。在学校放假期间，他们便出去打工，挣钱缴学费。子女婚后就要离开父母，自寻住处。有了孩子自己抚养，不靠父母帮助。每年感恩节或圣诞节，离开家的子女一般要回父母家看望，并带礼品。

加拿大人保留了欧洲人的进步习俗，他们讲礼貌，又不拘泥于特定礼节。相识的人见面时互致问候。男女相见时，一般由女子先伸出手来。女子如果不愿意握手，也可以只是微微欠身鞠一个躬。男子不能戴着手套与人握手。女子间握手时不必脱手套。亲朋好友之间请客吃饭，习惯于在家里，认为这样更友好。加拿大人在家中待客也可吃自助餐,由主人把饭菜全部摆在桌上后,客人可各自拿一只盘子,自己动手,取自己喜欢吃的食品。可以离开餐桌,到另一房间随便就座进餐,这样客人与主人,客人与客人之间,便可有更多时间交谈。如果应邀去朋友家里吃饭,不需送礼物。如遇到节假日或需要在朋友家小住,则应给女主人带点礼品。如一瓶酒、一盒糖等。离开主人家后,回到家中应立即给女主人写封信,告诉已平安抵家,并对受到的款待表示感谢。

加拿大有三大节日,即狂欢节、淘金节和郁金香花节。狂欢节是魁北克省居民最盛大的节日。节日活动要用雪筑成一座五层高的"雪之城堡";节日期间,要推选一位"狂欢节之王",作为临时"统治者"。这个虚拟的统治者要穿白衣,戴白帽,打扮成"雪人"模样。人们可以尽情欢乐。

淘金节是加拿大阿尔伯达省的节日,每年 8 月底连续 10 天举行淘金庆祝活动,以此来纪念他们祖先的奋斗精神。节日期间,人们身着淘金时代的服装上街游行,在埃德蒙顿广场举行各种文艺演出,夜晚燃放烟火。

郁金香花节是渥太华市的盛大节日。节日期间举行各种彩车游行。并选出一位美丽的"皇后"。在举行庆祝活动时,皇后坐在车上,乐队在前面开道,欢庆的人群尾随"皇后"的花车,招摇过市,热闹非凡。

加拿大是经济发达国家、西方七大工业化国家之一。加拿大以贸易立国。20 世纪 90 年代以来,加拿大经济发展特点是低速增长。加拿大是工业国家,工业经济高度发达,部门齐全,生产率很高。

加拿大主要工业有采矿业、电力、制造业等。

加拿大农业很发达,是世界上最大的粮食生产国之一,粮食产量仅次于美国、中国居世界第 3 位。但按人口平均的粮食产量,名列世界各国之首。加拿大农业劳动力只占全国人口的 2%或劳动力总数的 4.3%左右,每个农业劳动力一年可提供 20 万公斤粮食。肉牛在加拿大的产值已占畜禽生产总值的一半。每个劳动力每年提供的牛肉达 4000 多公斤,猪肉 2000 公斤。其主要农作物有小麦、玉米、豆类、亚麻、马铃薯、甜菜等。

加拿大渔场面积很大,大约有50多万平方公里,约有2.6万人从事渔业加工。鱼产量居世界前列。

加拿大也是当前世界贸易大国,它是最大的粮食出口国,也是最大的针叶林产品生产国和出口国之一,仅从西部出口的木材就占全世界木材出口量的一半。双边贸易额每年约为1600亿美元以上。

加拿大的货币叫“加拿大元”,主辅币制为1加元等于100分,由加拿大国家银行发行。目前流通的货币主要有面额为2,5,10,20,50,100,1000加元的纸币;面额为1,2元和1,5,10,25,50分的硬币。

ISO货币符号是CAD。

在2,5加元纸币的背面是鸟和芦苇。

芦苇

芦苇,禾本科,多年生草本植物。地下生长着粗壮匍匐根茎。叶片广披针形。排列成两行。夏秋季开花。圆锥花序长10至40厘米,分枝稍伸展。小穗含4至7小花。生长于池塘、沼泽、河岸、湿地等处。分布于世界温带地区。

芦苇生命力极强,且具有较高的经济价值。栽植于堤岸、河汊、海边,可防止水土流失,保护土地植被。杆是造纸、人造丝的尚好原料。还可用来织席子、编篓子。花序可用来扎扫帚。根可入药,具有清胃火,消肺热等功效。

尼加拉瓜共和国货币及货币上的植物

尼加拉瓜共和国,美洲国家。位于中美地峡中部,东濒加勒比海,南接哥斯达黎加,西临太平洋,北连洪都拉斯。领土面积12.1428万平方公里,全国划分为6个大区和3个特区,共辖16个省,省下设市镇137个。

尼加拉瓜地理环境复杂,全国分为3个自然区:一是太平洋沿岸低地,多火山、湖泊;二是加勒比海沿岸低地;三是中部高地,以伊萨贝里亚山脉和科隆山脉为主体。不同地区气象条件也不同，太平洋沿岸属热带草原气候。年均气温27℃，年降水量1000至1300毫米。加勒比海沿岸地区，属热带雨林气候，年均气温26℃，年降水量2500至3800毫米。尼加拉瓜湖为中美洲最大的湖泊。

国家人口中，69%的人口属于印欧混血人种。另有17%的白人，9%的黑人，5%的印第安人。

官方语言为西班牙语。

居民多数信奉天主教。

尼加拉瓜人保持着自然崇拜的习俗，将各种自然现象附以神秘的意义。其境内每一座火山、湖泊都有一段传说。位于马那瓜湖北岸的莫莫通博火山，以“太平洋的灯塔”闻名于世。当地居民则相信这座火山是他们酋长尼加拉奥的化身，保佑着他们子孙的幸福与和平。

尼加拉瓜的历史，是殖民化和反殖民化的历史。印第安人的玛雅族是这里的土著居民。1502年，哥伦布航行至此，1524年沦为西班牙殖民地。1821年9月15日宣布独立。1823年加入中美洲联邦。联邦解体后，于1839年建立共和国。1912至1933年，美军进驻尼加拉瓜。1936年，美国扶植亲美的索摩查实行独裁统治。1979年，索摩查家族统治被推翻。1987年实行新宪法。1993年1月，全国反对派联盟正式宣布，它是政府的反对派。1996年10月22日大选，自由联盟候选人阿莱曼获胜，但以奥尔特加为首的桑地诺解放阵线不承认大选结果。1997年1月8日，最高法院做出了裁决，宣布桑解阵把持国民议会通过的所有法会和文件均属无效。

尼加拉瓜奉行多元政治和不结盟政策。总统是国家元首和政府首脑，由人民直接投票选出，任期5年，不得连任。国民议会为一院制，职能包括制定和解释法律。议员任期6年。内阁设13个部，由副总统及各部部长组成。最高法院、若干上诉法院和共和国法院组成司法机构。

该国工业基础薄弱，加工工业产品主要满足国内需求。尼加拉瓜有金、银、铜、锑、锌、铅、石油等矿藏,是拉丁美洲主要产金国之一,居世界第13位。矿业是该国的重要收入来源。

尼加拉瓜农业、林业和渔业较有优势。农业人口达40%,主要农作物为咖啡、棉花、香蕉、烟草、水稻等。经济作物主要有咖啡、棉花、蔗糖、香蕉等。牧场面积约占国土面积的28.6%,以养牛业为主,为中美洲重要活牛和牛肉出口国。森林占国土面积的43%,盛产贵重木材,有松木、桃花心木等,主要供出口。渔业亦很兴盛,该国有金枪鱼、龙虾等渔业资源。

政府重视教育,实行中小学义务教育。学制为,小学6年,中学4年,大学4年。

主要城市有首都马那瓜、莱昂、格拉纳达等。

尼加拉瓜货币叫"科多巴"。主辅币制为1科多巴等于100分。

已经发行的货币面额主要有1,5,10,20,50,100,500,1000科多巴纸币;另有5,10,25,50分和1,5,500科多巴硬币

ISO货币符号是NIC。

在1,5,10,25科多巴纸币的背面,都是百合花(略)。

汤加王国货币及货币上的植物

汤加王国,位于南太平洋西部汤加群岛上,由汤加塔布、哈派、瓦乌3个群岛172个岛屿组成。领土面积697平方公里,全国在3个群岛设3个省。

汤加王国东部群岛地势较低,西列岛屿地势较高,死火山卡奥岛高1030米,是汤加最高点。

汤加属于湿季分明的热带气候,南部为热带草原气候,北部为热带雨林气候。12月到翌年4月为雨季,5至11月为干季。年平均气温南部23℃,北部27℃,年平均降水量1600至2200毫米。

汤加是世界上日出最早的国家。

汤加人占人口总数的98%,属波利尼西亚人种。另外还有欧洲人及其后裔、混血种人和从大洋洲其他岛屿及亚洲迁居来的人。

土著人通用汤加语,城市居民和政府公职人员通用英语。

基督教为国教,全国人都信仰基督教。

汤加人以胖为美。认为人越胖越美。身体肥胖,脖子短粗,没有腰身的妇女是标准美女。男子越胖越英俊。

汤加王国是一个古老的国度,有1000多年的历史。陶法阿豪王朝建立于1845年。1900年,英国殖民者侵入汤加,把汤加强行纳入英国的保护国。在一段时间里,国家政权在英国人的监视下,由女王萨洛特·普图掌握。1965年12月,由女王的儿子陶法阿豪·普图四世继承王位。1970年,汤加王国宣告独立,建立君主立宪政权。国王仍由陶法阿豪担任。

汤加实行君主立宪制,国王掌管军政大权。社会分王族、贵族和平民3个阶层,权力集中在贵族手中。议会由全体内阁成员和贵族、平民议员各9名代表组成,任期3年。政府是国家最高行政机关,由包括首相、副首相在内的8名内阁大臣及瓦乌、哈派岛两岛省长组成,终身任职。设枢密院、上诉法院、最高法院和地方警事法庭。

汤加国民经济的支柱是农业。农业产品主要是椰干、香蕉等。全境没有铁路。主要靠公路运输,公路总长1030多公里。

汤加王国重视教育。年教育经费占预算财政总支出的13%左右。对6至14岁儿童实行免费教育。

汤加是世界上发行邮票最早的国家之一,1886年就开始发行邮票。

汤加的重要城市是努库阿洛法,是汤加首都,全国政治、经济和文化中心,位于汤加塔布岛北部的海港城市。

汤加的货币叫“汤加镑”,也采用汤加潘加。主辅币制是1汤加潘加等于100分。货币面额主要有1,2,5,10,20潘加的纸币,另有1,2,5,10,20,50分和

1,2 潘加的硬币。

ISO 货币符号是 TOP。

在 5 潘加纸币的背面是铁树和其他树木。

(1)铁树

铁树,也称苏铁,凤尾松,凤尾蕉等。铁树科,常绿乔木。叶集生茎顶,大型,坚硬,羽状分裂。裂片线形,有一个中肋,边缘向下。花生在顶部。雌与雄异株。雄花由无数鳞片状雄蕊组成。雌花由一簇羽毛状心皮构成。心皮密被软毛。下部呈柄状。柄状两缘生有多妹胚株。种子呈核果状,微扁,颜色呈朱红色。

铁树分布于热带地区。可供观赏。种子可食。茎髓可采集淀粉。叶和种子均可入药。有收敛止咳功效。

在 50 分硬币的背面是西红柿。

(2)西红柿

西红柿又称"番茄","番李子""六月柿",茄科。一年生草本植物。植株有

西红柿

矮性和蔓性两种。蔓性的樱桃番茄品种为无限生长型,植株可长到 15 米长,由下而上不断开花结果。整株有软毛。叶片是不规则羽状复叶。夏秋开花,花以

黄色为主。3至7朵排成聚伞花序。果实为浆果,大都呈扁圆或圆形。色泽为黄或红色,未成熟时为绿色。长熟的西红柿美观、适口。西红柿果实含有丰富的维生素A、B_1、B_2、C、P,其中维生素A的含量是莴笋的15倍,维生素C的含量是西瓜的10倍,为水果之首。还有蛋白质、脂肪、糖类、胡萝卜素、苹果胶、柠檬酸、腺嘌呤、胆碱及钙、铁、磷等矿物质,以及抑制细菌生长的番茄素。

栽培型西红柿是在南美洲安第斯山区北坳的大森林里发现的。西红柿原本作为野生植物,年复一年地自然生长着。16世纪,葡萄牙考察队在南美洲发现了这种长着鲜红色果实的植物,感到很新鲜,就把它带回了欧洲。栽种于花园或庭院中,作为观赏植物。人们看到绿叶、黄花、红果实,觉得奇特,就把它作为一种奇花异草种植。英国公爵俄罗达拉里在罗诺岛旅游时,看见了这种观赏果实,觉得新鲜、可爱,就把一株西红柿移植到皇宫花园。长出了鲜红的果实后,就把西红柿果实献给他的夫人英国女皇伊丽莎白。公爵这种别致的举动影响了宫廷内外,不少贵族、大臣等纷纷效仿,醉心栽种西红柿,用它的果子作为象征爱情的礼物,西红柿因而有了"爱的苹果"之称。西红柿也随着这股潮流迅速传播。

在200多年的栽种历史中,西红柿仅仅作为观赏植物或象征爱情的物品赠送,而没有发现它的食用价值。它的果实虽然光滑美观,可是它的植株上长满了茸毛,有点像罂粟。且能分泌一种怪味液体,加上它又与曼陀罗、颠茄之类有毒植物同一家族,所以谁也不敢冒险去咬它一口。有人认为,只有狼才敢吃这种果子,所以又把西红柿叫作"狼桃"。18世纪末,一位法国人想通过冒险出一出名,就选择了试吃西红柿。在吃西红柿之前,他写下遗嘱,为自己准备好了后事。准备就绪之后,他战战兢兢地吃了一只"狼桃",然后躺在床上等死。大半天过去了,他头脑清醒,身体舒适,没有任何中毒的反应。和平常一样,一点事都没有。于是他高兴地从床上跳下来,烧毁了遗嘱,兴冲冲地端上一盘西红柿,一边吃一边向亲友介绍。这个冒险者带领人类打开了吃西红柿的大门。1820年,美国人罗伯特·约翰逊在美洲大陆,向公众做了吃西红柿的现场表演,各西红柿种植国,从此开始食用西红柿。1821年,西红柿作为商品初见于罗马市场。1853年,始见于波士顿市场,1893年,美国法院正式裁定将西红柿归于蔬菜队伍。

西红柿不仅可做水果蔬菜,而且有药用价值。西红柿果实性甘、酸,微寒,有生津止泻、健胃消食,清热解毒、养颜润肤的功效,主治发热烦渴、胃热口苦、中暑、肝炎、冠心病、高脂血症、夜盲症、齿龈出血、口腔炎等症。科学界研究发现,西红柿中含有一种抗癌、抗衰老的物质——谷胱甘肽,可防治肠胃系统的癌症。高血压患者每天早上生食200克西红柿,可降低血压;将250克西红柿炒60克猪肝做菜,可治夜盲症;西红柿蘸白糖食用,可治牙龈出血;正常人每天吃1至2个西红柿,能满足人体一天所需的维生素和矿物质,还能起到美容健身作用。

西红柿也有副作用,脾胃虚寒、寒湿太盛者,不宜吃西红柿。

别的国家把西红柿做水果蔬菜和观赏植物,而西班牙却把西红柿作为玩乐的工具。西班牙瓦伦西亚地区的布尼奥尔小镇,每年8月的最后一个星期三,举行西红柿节。也叫"番茄大战"节,已经成为一个传统节日。节日当天,成千上万的当地居民和外地游客脱掉上衣,奋力把熟透多汁的西红柿掷向他人。随着"战争"的持续,西红柿汁在小镇的街道上形成了一条条没过膝盖的河流。参战者的身体和欢笑也都淹没在西红柿红色的海洋之中。活动从中午开始,"激战"一小时。在"激战"中,人们可以尽情宣泄。成吨的西红柿被众人投掷一空。激战过后,居民自觉打开花园里的水管,将街道和全身沾满西红柿汁的人们冲洗干净。